Bernd Senf

Die Wiederentdeckung des Lebendigen

Bernd Senf

Die Wiederentdeckung des Lebendigen

Omega

Bibliographische Information der Deutschen Bibliothek

Die Deutsche Bibliothek verzeichnet diese Publikation in der Deutschen Nationalbibliografie;
detaillierte bibliografische Daten sind im Internet über http://dnb.ddb.de abrufbar.

4. Auflage September 2012

Das Buch erschien ursprünglich 1996 bei Zweitausendeins, Frankfurt am Main

Lektorat: Ekkehard Kunze (Büro W, Wiesbaden).
Typografie u. Satz: Dieter Kohler & Bernd Leberfinger, Nördlingen / Martin Meier, Aachen
Computergrafiken (nach Entwürfen des Autors): Karsten Schomaker, Berlin.
Covergestaltung: Martin Meier, Aachen

Druck: FINIDR s.r.o., Český Těšín, Tschechische Republik

ISBN 978-3-930243-28-0

Omega®-Verlag G. Bongart u. M. Meier GbR
Karlstr. 32, D-52080 Aachen
e-mail: info@omega-verlag.de
www.omega-verlag.de

Inhalt

1 Einführung

1.1 Krankheit und Heilung

Die Menschheit befindet sich in einer Phase tiefgreifender, umfassender Zerstörungsprozesse, die die ganze Erde erfaßt haben und die sich in vielfältigen Krisensymptomen äußern: wachsendes soziales Elend und Hungerkatastrophen, Eskalation von Gewalt in Kriegen und Bürgerkriegen, zunehmende Gewalt in den Städten, verheerende Dürren und Waldbrände, wütende Orkane und große Überschwemmungen, Winter- und Sommersmog und sterbende Wälder, vergiftete Böden, Gewässer und »Lebensmittel«, sich ausbreitende Wüsten, wachsendes Ozonloch und eine erschreckende Zunahme bedrohlicher Krankheiten.

Die Aufzählung ließe sich beliebig fortsetzen. Katastrophenmeldungen überschlagen sich mittlerweile derart, daß es einem fast den Atem verschlägt, wenn man noch nicht vollends abgestumpft ist. Und vieles davon ereignet sich nicht mehr nur in weiter Entfernung von uns, zum Beispiel in der Dritten Welt, sondern zunehmend in unserer unmittelbaren Umgebung, in den industriell hochentwickelten und hochtechnisierten Ländern der Ersten Welt. Der wissenschaftliche und technologische Fortschritt scheint immer weniger in der Lage, die sich zuspitzenden Krisen zu handhaben oder auch nur ihre tieferen Ursachen zu begreifen.

Was ist passiert mit der Menschheit, daß sie sich und das Leben auf diesem Planeten an den Rand des Abgrunds gebracht hat? Lassen sich die globalen Zerstörungsprozesse noch aufhalten oder gar umkehren, gibt es Wege, die aus den Krisen herausführen, gibt es Möglichkeiten zur Wiederbelebung der sterbenden Natur, Heilung für die kranke Menschheit und die kranke Erde? Die Antwort, die ich in diesem Buch geben werde und zu begründen versuche, lautet: Ja! Es gibt Wege der Heilung, auf den verschiedensten Ebenen, und dennoch auf der Grundlage gleicher Funktionsprinzipien: Heilung kranker Menschen, die als »unheilbar« gelten, Vorbeugung gegen chronische Krankheiten, Vorbeugung gegen Gewalt, Wiederbelebung kranker Gewässer und Böden, Heilung einer kranken Atmosphäre von Dürre und Smog.
So vielfältig und unterschiedlich die Ebenen sind, auf denen sich die Zerstörungsprozesse vollziehen, so sehr läßt sich doch auf ganz erstaunliche Weise eine gemeinsame Wurzel für sie finden, ohne deren Verständnis es keine tiefgreifenden Heilungsprozesse geben kann. Diese Wurzel liegt in der chronisch gewordenen Erstarrung des Lebendigen. Der gemeinsame Schlüssel für Heilungen der verschiedensten Art liegt demnach in der Auflösung oder Vermeidung von Erstarrungen, liegt in der Befreiung und Entfaltung dessen, was durch starre Strukturen an seinem natürlichen Fließen gehindert und dadurch in destruktive Bahnen umgelenkt wird: in der Befreiung der Lebensenergie aus ihren Blockierungen in uns, zwischen uns und in der übrigen Natur.
Die Lösung (der Blockierung) ist die Lösung! Durch Lösung von Blockierungen löst sich von selbst eine Fülle von Problemen, die erst aus der Blockierung entstanden sind. Das ist vielleicht der tiefere Sinn des Wortes »Lösung«. Wir brauchen dieses Wort nur wörtlich zu nehmen – es beinhaltet den

Schlüssel zu Heilungen vielfältiger Art. Das ganze Geheimnis tiefergehender, ganzheitlicher Heilungen liegt im Loslassen, im Fließenlassen, im Mitbewegen mit dem natürlichen Fluß der Lebensenergie.
Die Heilungen, die allein dadurch möglich sind, erscheinen vielen Menschen unbegreiflich. Das hängt damit zusammen, daß in einer über mehrere Jahrtausende sich entwickelnden »Kultur« und »Zivilisation« unser Weltbild, unsere Wahrnehmung, unser Denken und Fühlen so geformt wurden, daß darin für das spontane Fließen der Lebensenergie kein Platz ist. Wenn es dann dennoch geschieht, können viele Menschen die davon ausgehenden Wirkungen und Heilungen nicht verstehen und spalten sie als »Wunder« aus ihrer bewußten Wahrnehmung ab – oder leugnen schlicht und einfach deren Realität.
Menschen, die dennoch – entgegen dem »Zeitgeist« – auf der Realität solcher Ereignisse beharren oder gar diese Energie beeinflussen können, wurden und werden immer wieder ausgegrenzt: als Spinner, Betrüger, Scharlatane, Hexen oder Wahnsinnige.

1.2 Die Verschüttung und Wiederentdeckung des Lebendigen

Das Wissen oder die Weisheit um die Existenz und Wirkungsweise einer Lebensenergie, die uns und alle Natur durchströmt und bewegt, war in früheren Kulturen über den ganzen Erdball verbreitet vorhanden, und die Menschen haben im Einklang mit den Funktionen dieser Lebensenergie gelebt. Dieses Wissen ist nicht einfach verlorengegangen, es wurde vielmehr mit unglaublicher Brutalität durch einige Jahrtausende hindurch ausgerottet, bis es fast völlig in Vergessenheit geriet und ziemlich jede Spur davon verwischt war. Die über Jahrhunderte sich vollziehenden Hexenverbrennungen in Europa sind nur ein historisches Beispiel für diesen Vernichtungsfeldzug gegen das Wissen um die Lebensenergie. Die Zerstörung von Naturreligionen durch Ausrottung von Naturvölkern oder durch deren Missionierung und Unterwerfung im Zuge des Kolonialismus ist ein anderes.

Auch die westliche Wissenschaft, die sich mit dem aufkommenden Rationalismus vor einigen Jahrhunderten als Emanzipation von kirchlichem Machtanspruch und Dogmatismus verstand, hat mit dem von ihr geprägten »mechanistischen Weltbild«[1] nichts dazu beigetragen, dieses verschüttete Wissen wiederzuentdecken und wiederzubeleben. Im Gegenteil; in ihren Hauptströmungen (besser gesagt: in ihren dogmatischen Erstarrungen) leugnet sie bis heute die Existenz einer Lebensenergie und grenzt Forscher, die dieser Energie wieder auf die Spur gekommen sind, aus der »Gemeinde der Wissenschaftler« aus. Viele der etablierten Wissenschaftler haben sich eingemauert wie in einer Festung von scheinbar unerschütterlichen, absoluten Dogmen, und jeder, der an ihren Grundfesten rüttelt, läuft heute noch Gefahr, von ihnen mit Pech und Schwefel überschüttet zu werden. Robert Anton Wilson spricht in diesem Zusammenhang von der modernen Wissenschaft als einer »Zitadelle« und von einer »neuen Inquisition«.[2]

Und dennoch gab es immer wieder Menschen, die – unbeirrt von Ausgrenzung und Spott, von Bedrohungen und Anfeindungen – konsequent ihren Weg gegangen sind, den Weg der Wiederentdeckung der Lebensenergie und des Lebendigen. Vergleicht man diese Wege miteinander, so haben sie oft an ganz verschiedenen Punkten begonnen, und anfangs schienen die Wegstrecken überhaupt nichts miteinander gemein zu haben. Um so erstaunlicher ist die Tatsache, daß sich viele dieser verschiedenen Wege schließlich immer mehr annäherten, daß sich immer mehr Gemeinsamkeiten zeigten in bezug auf die Funktionen, die der wiederentdeckten Lebensenergie beigemessen wurden, und in bezug auf deren vielfältige Nutzungsmöglichkeiten. Es verhält sich so wie mit einem Berg, den man auf verschiedenen Routen besteigen kann und bei dem man dennoch am gleichen Gipfel anlangt, mit einem Ausblick, den niemand haben kann, solange er oder sie sich nur unten im Tal oder am Fuß des Berges befindet *(Abb. 1)*.

Vieles scheint vom Gipfel aus einfacher und klarer, schöner und hoffnungsvoller, erfüllt und bewegt von Liebe anstatt von Haß, Angst und Gewalt. Und dennoch – oder gerade deswegen – tun oder lassen Menschen immer wieder alles mögliche, um den Aufstieg zum Gipfel zu vermeiden und sich statt dessen in großer Geschäftigkeit mit der großen Masse um den Berg herum zu bewegen, oder auch in Trägheit zu verharren; und um diejenigen, die sich auf den Weg zum Gipfel machen und sich davon angezogen fühlen, immer wieder zurückzuzerren. Viele sind deshalb wieder umgekehrt, manche sind abgestürzt, und nur wenige sind trotz aller Hindernisse den Weg weitergegangen.

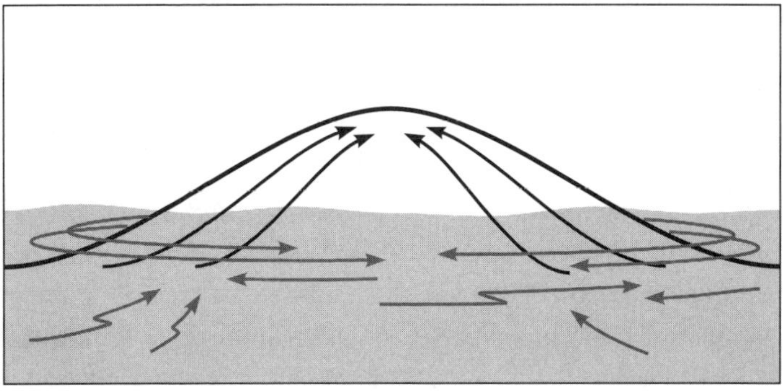
Abb. 1

1.3 Die Angst vor dem spontanen Fließen

Es scheint eine weitverbreitete und tiefsitzende Angst zu geben vor dieser »Gipfelerfahrung«, ganz ähnlich wie es bei vielen Menschen eine tiefe Angst vor dem sexuellen Gipfelerlebnis des Orgasmus gibt, weil sie in ihrer sexuellen Entwicklung auf dem Weg dorthin immer wieder mit Strafen, Schuldgefühlen, mit Gewalt und Angst beladen und zurückgezerrt worden sind. Und tatsächlich besteht ein tiefer Zusammenhang zwischen dem Zurückschrecken vor der Wiederentdeckung der Lebensenergie und der unbewußten Orgasmusangst. Keiner hat diesen Zusammenhang meines Wissens so überzeugend aufgedeckt wie Wilhelm Reich.[3]

Charakterpanzer, Körperpanzer und Orgasmusangst

Die Lebensenergie, die die ganze Natur, den ganzen Kosmos durchströmt und bewegt und seine Teile zu einem einheitlichen Ganzen verbindet, durchströmt und bewegt auch uns in unserem tiefsten Inneren, bewegt das Plasma in den Zellen unseres Organismus. Wenn wir uns diesen Strömungen gegenüber öffnen, anstatt uns zu blockieren, fühlen wir uns innerlich tief bewegt. Unsere Emotionen, sagt Reich, sind die subjektive Wahrnehmung dieser Energiebewegung in uns, und je nachdem, welche Bereiche unseres Organismus mit welcher Intensität davon erregt werden, nehmen wir sie unterschiedlich wahr.
Menschen, die unter dem Druck von Erziehung und Moral, unter dem Eindruck von Gewalt, Angst und Lieblosigkeit gelernt haben, sich gegenüber lust- und liebevollen Gefühlen zu blockieren, entwickeln eine chronische emotionale und körperliche Panzerung, was Reich »Charakterpanzer« bzw. »Körper-

panzer« nannte. Sie haben gelernt, die direkten Äußerungen ihrer Lebensenergie, ihre innere lebendige Energiequelle, mehr oder weniger in sich niederzuringen, sich selbst in ihrer Lebendigkeit zu beherrschen: »Selbstbeherrschung«.

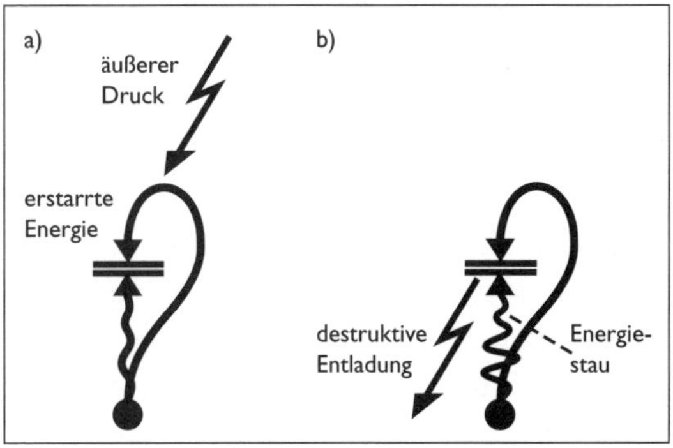

Abb. 2 links
Abb. 3 rechts

Abb. 2 und *3a,b* zeigen diesen Zusammenhang: Die innere Energiequelle wird durch den Kreis dargestellt, die fließende Energie durch den geschlängelten Pfeil und der äußere Druck durch den oberen Blitz. Die unter äußerem Druck entstandene, aber immer mehr verinnerlichte Herrschaftstruktur bindet ständig einen Teil der Lebensenergie, die aus der inneren Quelle abgespalten und ins Gegenteil verkehrt wird: Statt lebendiger Entfaltung und direktem Kontakt erfüllt diese abgespaltene Energie die Funktion, beides zu blockieren und niederzuhalten. Der äußere Druck, die äußere Gewalt können später sogar wegfallen, aber die durch sie entstandenen erstarrten Strukturen wirken unbewußt in gleicher Weise fort: sie zerstören lebendige Entfaltung, stauen die noch fließende Energie auf und lenken sie um in Destruktion (die destruktive Entladung wird durch den unteren Blitz in *Abb. 3b* dargestellt).

An die Stelle der anfangs offenen Gewalt ist somit »strukturelle Gewalt« getreten. Ihre lebensfeindlichen Wirkungen sind ähnlich, nur die ihnen zugrundeliegenden Mechanismen sind oft

noch schwerer zu durchschauen und zu bekämpfen bzw. zu überwinden und aufzulösen als im Fall von offener und damit offensichtlicher Gewalt.
Ist erst einmal die strukturelle Gewalt in Form des Charakter- und Körperpanzers in einem Menschen chronisch und unbewußt verankert, so schreckt dieser Mensch vor direkten, spontanen, auch lustvollen Äußerungen des Lebendigen und der Lebensenergie zurück und versucht unbewußt, sich vor ihnen zu schützen, sei es, indem er dieser »Gefahrenquelle« ausweicht oder aber deren Lebendigkeit zerstört.
Wer also in sich selbst die Lebendigkeit und Liebesfähigkeit unter schmerzlichen Erfahrungen niedergerungen hat, wer die fließende Lebensenergie in sich gebrochen, in starre Strukturen eingesperrt und seine innere Quelle verschüttet hat, der kann auch Lebendiges, Liebevolles, natürlich Sich-Bewegendes und Fließendes um sich herum nicht ertragen. Denn das bringt sein Energiesystem in Erregung, aber die Erregung ist in der Panzerung eingesperrt und wird dadurch nicht als Liebe und Lust empfunden, sondern als Wut und Haß.
Hierin sieht Reich die tiefste Wurzel dafür, daß Gesellschaften mit chronisch gepanzerten Charakterstrukturen auf alle direkten, spontanen, unverzerrten Äußerungen des Lebendigen und der Lebensenergie immer wieder mit abgrundtiefem Haß reagiert haben. So ist zum Beispiel die Geschichte der großen patriarchalischen und sexualfeindlichen Religionen eine Geschichte der massenweisen Zerstörung des Lebendigen, der Liebesfähigkeit und der Lebensfreude.[4]
Menschen also, die den Kontakt zu ihrer eigenen inneren lebendigen Quelle verloren haben, können sich auch nicht mehr verbunden fühlen mit allem anderen Lebendigen, das von der gleichen Energie durchströmt und bewegt wird. An die Stelle einer tief empfundenen, spirituellen Verbundenheit mit der Natur und

eines liebevollen Umgangs mit ihren Geschöpfen ist die Gewalt getreten: Gewalt gegen sich selbst, gegen andere Menschen, andere Völker, gegen Tiere und Pflanzen, Wasser und Luft; Gewalt gegen die Erde, die in früheren Kulturen als lebendiger Organismus, als »Gaia«, als »Mutter Erde« empfunden und zu der ein liebevolles Verhältnis gepflegt wurde.

Patriarchat und innere Spaltung des Menschen

Die globale Eskalation von Gewalt und die globale Umweltzerstörung sind so betrachtet nur zwei Aspekte ein und desselben Prozesses, der noch unendlich viele andere Facetten von Zerstörung hervorgetrieben hat und täglich neu hervortreibt: Die patriarchalisch geprägte, emotional gepanzerte Menschheit hat den Kontakt zur gemeinsamen Wurzel alles Lebendigen, den Kontakt zur kosmischen Lebensenergie verloren.
Vielleicht ist es das, was in dem Mythos vom Verlust des Paradieses bildhaft umschrieben ist und was der tiefen und weitverbreiteten Sehnsucht nach Wiedervereinigung mit dem Ganzen, den Religionen und der Suche nach Gott zugrunde liegt. Aber anstatt die verschüttete Lebendigkeit, das Göttliche in uns selbst wiederzuentdecken und die noch ungebrochene Lebendigkeit neuen Lebens vor Mißachtung, Gewalt und Zerstörung zu schützen, damit es in Kontakt mit sich selbst und dem lebendigen Ganzen bleibt, suchen die meisten kirchlich geprägten Menschen ihren Gott im Jenseits.
Die emotional gepanzerte Menschheit hat ihre innere lebendige Energiequelle, ihren »biologischen Kern«, wie Reich es nennt, gespalten und dadurch individuell wie gesellschaftlich destruktive Kräfte erzeugt. Ich möchte deshalb von »emotionaler Kernspaltung« reden, die in ihrem Funktionsprinzip und

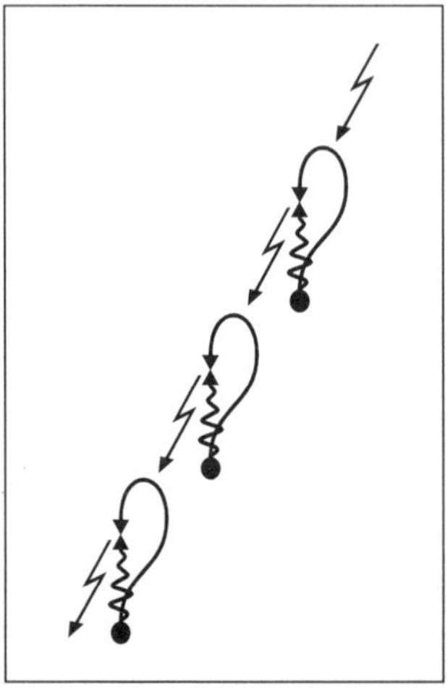

Abb. 4

in ihren Auswirkungen auf fatale Weise an die atomare Kernspaltung erinnert: Hier wie dort wird eine ursprüngliche Ganzheit gespalten, zertrümmert, zersplittert, und im Prozeß der Spaltung entstehen destruktive Kräfte. Hier wie dort kommt es zu Kettenreaktionen von Zerstörung, von denen andere bisher noch nicht gespaltene Ganzheiten in die Spaltung getrieben und ihrerseits destruktiv werden.

Abb. 4 stellt diese destruktive Kettenreaktion emotional gespaltener Strukturen dar, wobei hier jeweils nur ein Opfer von Gewalt unterstellt ist. Gäbe jedes Opfer die Gewalt jeweils an zwei andere Menschen weiter, wie in *Abb. 5* unterstellt, so käme es bereits zu einer Gewaltexplosion.

Abb. 5

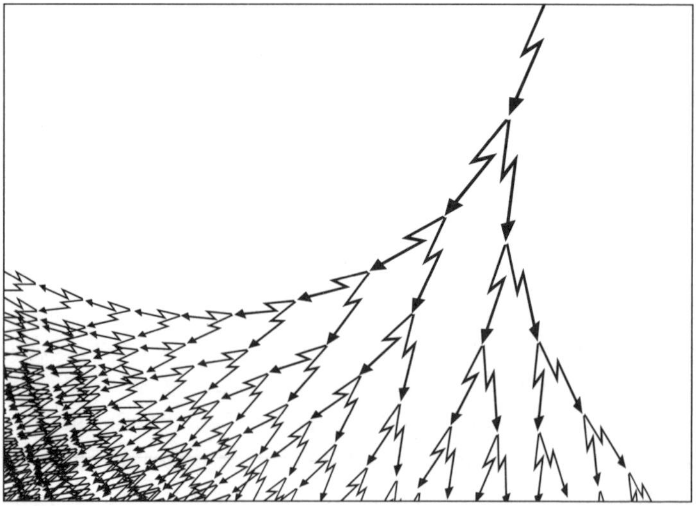

Der Kampf gegen die innere und die äußere Natur

Es erscheint auf den ersten Blick vielleicht absurd, diesen Vergleich zwischen atomarer und emotionaler Kernspaltung zu ziehen. Und dennoch gibt es einen tiefen inneren Zusammenhang zwischen beiden: Die Spaltung des emotionalen Kerns des Menschen, die Spaltung seiner inneren Lebensenergiequelle, Druck und Unterdrückung als Antrieb und Bewegungsprinzip, die Herrschaft des Erstarrten über das Lebendige – all dies, was dem gepanzerten Menschen selbst angetan wurde, trägt er unbewußt nach außen in seine sozialen Beziehungen, seine Beziehungen zur Natur, in die Art und Weise, wie er denkt und fühlt, wie er sich und die Welt wahrnimmt, in die Spaltung seiner Arbeits- und Lebensverhältnisse; in die Wissenschaft und Technologie, die er hervorbringt. Selbst unter Druck aufgewachsen, kann er sich nicht mehr vorstellen, daß sich jemand oder etwas ohne Druck bewegt, von innen heraus, einfach nur so. Jede spontane Bewegung macht ihm Angst, muß gebrochen, unter Kontrolle gebracht und ersetzt werden durch einen äußeren Antrieb, durch äußeren Druck, durch Gewalt.

Der zugespitzteste Ausdruck davon im Bereich der Technologie ist die Atomkernspaltung und ihre »Nutzung« als Waffe bzw. als Antrieb (Kernkraftwerke). Auf der gleichen Ebene liegen aber auch die Verbrennungsmotoren aller Art, zu deren Antrieb der Erde Rohstoffe entrissen und dann verbrannt werden, um Hitze und Druck zu erzeugen, der in mechanische Bewegung umgesetzt wird; oder das Aufstauen von natürlichen Flußläufen, um daraus Energie zu gewinnen. »Unsere Techniker bewegen falsch«, und zwar grundlegend falsch, hat der geniale Naturforscher Viktor Schauberger[5] schon in den zwanziger Jahren dieses Jahrhunderts gesagt; weil sie mit ihren technischen

Konstruktionen nicht bewegen oder bewegen lassen, wie die Natur es tut und immer getan hat, sondern der Natur Gewalt antun und Druck erzeugen, also permanent gegen die Natur ankämpfen. Das kostet Kraft, Energie, braucht Energieträger, Rohstoffe, die zwangsläufig immer knapper werden müssen und um deren Kontrolle es ökonomische, politische und militärische Konflikte geben wird. Das erzeugt darüber hinaus Schadstoffe und Hitze, die nur zum Teil genutzt werden kann, zum größeren Teil aber verlorengeht und die Umwelt belastet, die Gewässer und die Atmosphäre aufheizt und in die ökologische Katastrophe treibt. Dies alles – schon zu Anfang dieses Jahrhunderts formuliert – hört sich an wie eine Vision, die mittlerweile zur bedrückenden Wirklichkeit geworden ist, zur lebensbedrohlichen Wirklichkeit für den ganzen Planeten.

Auch hier, im technologischen Bereich, hat das Prinzip von Druck und Gewalt gegen die Natur, also von Naturbeherrschung, als Mittel zur Erhaltung von Lebensgrundlagen völlig versagt. Der sogenannte technische Fortschritt war nur ein trügerischer Schein, hinter dem seine lebenzerstörenden Voraussetzungen und Folgen allzu lange verborgen blieben, bis sie schließlich immer unübersehbarer, immer offensichtlicher und bedrohlicher wurden. Der Fortschrittsglaube war und ist vielfach von der Illusion genährt, der Mensch könne sich über die Natur erheben und sie beherrschen. Aber die Natur zeigt mit ihren Katastrophen immer deutlicher, daß sich der Mensch in seinem Größenwahn irrt, und verweist ihn zurück in seine Schranken. »Technischer Fortschritt« hat seinen Namen zu Recht: Er ist tatsächlich in vieler Hinsicht ein »Schritt fort« von der Natur.

Das grundlegende Funktionsprinzip dieses technischen Fortschritts gleicht auf verblüffende Weise der Art, wie der gepanzerte Mensch mit seiner inneren Natur verfährt: mit Druck und

Gewalt. Naturbeherrschung und Selbstbeherrschung sind nur zwei Aspekte eines Prinzips, das gegen die spontane, lebendige, aus sich heraus erfolgende Bewegung und Entfaltung gerichtet ist, diese innere Bewegung zerstört und damit Abhängigkeit von äußerem Druck erzeugt.

2 Die innere Bewegung des Lebendigen

Aber kann es denn überhaupt anders sein, oder ist es jemals und irgendwo anders gewesen? Ist der Mensch nicht von Natur aus träge und muß er nicht erst durch Erziehung, durch äußeren Druck oder Anreiz in Bewegung gebracht werden? Oder durch beides gleichzeitig: Zuckerbrot und Peitsche? Ist der Mensch nicht von Natur aus schlecht und muß er nicht erst dazu gezwungen werden, seine destruktiven Impulse möglichst unter Kontrolle zu halten, was nicht immer gelingt und dann zur Entladung von Gewalt führt? Ist die Geschichte der Menschheit nicht voll von Kriegen, Eroberungen, Gewalt gegen Menschen und auch gegen die Natur? Gibt es nicht – neben dem Lebenstrieb – so etwas wie einen »natürlichen Todestrieb« des Menschen, der sich immer wieder individuell wie kollektiv Bahn bricht? Ist nicht auch der bedeutendste Psychologe des 20. Jahrhunderts, Sigmund Freud, zu dieser Erkenntnis gekommen? Was sollen also alle diese Träumereien von einer besseren Gesellschaft, von einem gewaltfreien Verhältnis zwischen den Menschen sowie den Menschen und der Natur? Sind nicht alle historischen Versuche, einschließlich des Kommunismus, gescheitert, eine Gesellschaft auf der Annahme vom Guten im Menschen aufzubauen? Hat sich der Mensch nicht immer wieder als Egoist, wenn nicht gar als Bestie entpuppt?

Den meisten, die »an das Gute im Menschen glauben«, gehen

in solchen Diskussionen irgendwann einmal die Argumente aus, und sie stehen, sofern sie sich überhaupt auf solche Diskussionen einlassen, schließlich als »unverbesserliche Weltverbesserer« da. Das alles sind Argumente, die geeignet sind, Menschen auf ihrer Suche nach einer besseren Welt immer wieder zurückzuzerren in die Masse derjenigen, die sich gar nicht erst auf die Suche machen oder selbst bereits resigniert haben. Was hat es auf sich mit der Freudschen These von einem angeblich natürlichen Todestrieb (»destrudo«), der neben dem Lebenstrieb (»libido«) in der Triebnatur des Menschen verankert ist? Wie ist Freud zu dieser These gekommen, und was läßt sich zur Bestätigung oder Widerlegung dieser These anführen?

2.1 Sigmund Freuds Tragik

Libido – die wiederentdeckte Lebensenergie

Freud war im Grunde einer derjenigen, die sich auf den Weg zum Gipfel des Berges gemacht haben – zur Wiederentdekkung der Lebensenergie. Die Suche nach den tieferen Wurzeln und nach Heilungsmöglichkeiten von Neurosen hatte ihn dazu geführt, die Verdrängung der Sexualität als wesentliche und weitverbreitete Ursache von Neurosen aufzudecken. Menschen waren demnach an einer Gesellschaft krank geworden, die ihnen das natürliche und lustvolle Erleben ihrer Sexualität verboten hatte und den sexuellen Regungen und Erregungen mit Strafe, Schuldgefühlen und Gewalt begegnet war.

Welche unglaublichen Perspektiven sich da auftaten: nicht nur die einzelnen daran krank gewordenen Menschen zu heilen, sondern auch die gesellschaftlichen Bedingungen zu verändern,

damit künftig solche Leiden gar nicht mehr entstehen. Die Konsequenz daraus wäre die Befreiung der Sexualität aus ihren gesellschaftlichen, moralischen, gesetzlichen und kulturellen Zwängen gewesen; die sexuelle Revolution.
Als Freud nach diesem Ausblick vom Berg zurückkehrte und der Gesellschaft da unten berichten wollte, was er in groben Umrissen gesehen hatte, erschrak er tief über deren Reaktion. Die damalige Wiener Ärzteschaft und die Öffentlichkeit reagierten mit Entsetzen auf diese These, und Freud muß gespürt haben, daß er mitsamt seiner neubegründeten Psychoanalyse von Stürmen der Entrüstung hinweggefegt würde, wenn er an dieser These festhielte. Aus einem erst vor einigen Jahren bekanntgewordenen Briefwechsel[6] mit seinem damaligen Freund Wilhelm Fließ geht hervor, daß Freud seine ursprüngliche These mit Rücksicht auf den öffentlichen Druck ganz bewußt entschärft hat.

Der Todestrieb – Freuds grosse Verdrängung

Während seine therapeutischen Erfahrungen ihn zu der Überzeugung gebracht hatten, etliche seiner Patientinnen seien als Kinder in ihrer gutbürgerlichen Familie von Erwachsenen sexuell verführt und mißbraucht worden und an der Verdrängung dieses Konflikts neurotisch erkrankt, sprach er später nur noch von Verführungsphantasien.
Die von ihm vermutete Realität sexueller Gewalt deutete er also um in eine Phantasie.
Freud, der Entdecker der Verdrängung, begann auf diese Weise selbst mit einer großen Verdrängung: nämlich der Verdrängung des Grundkonflikts zwischen sexueller Energie und sexualfeindlicher Gesellschaft. Darin besteht die Tragik Freuds.
Die schrittweise Verdrängung seiner eigenen Entdeckung gip-

felte schließlich in seiner These vom natürlichen Todestrieb. Nach und nach erfreute sich die Psychoanalyse zunehmender gesellschaftlicher Anerkennung. Aus einer ursprünglich umwälzenden, gesellschaftskritischen, kulturrevolutionären Erkenntnis wurde damit eine mehr und mehr an die gesellschaftlichen Herrschaftsstrukturen angepaßte und diese sogar legitimierende Sichtweise.

Warum hat diese Wendung Freuds und der sich an ihm orientierenden Mehrheit der Psychoanalytiker so verheerende Konsequenzen in bezug auf die Suche nach einer besseren Welt? Weil sie die destruktiven Impulse, die erst unter dem Druck gesellschaftlicher Repressionen entstanden sind, als natürlichen Todestrieb und damit als unabänderlich erscheinen läßt. Damit geraten die Fragen nach den gesellschaftlichen Hintergründen und Auswirkungen von Sexualunterdrückung und nach der historischen Entstehung und Ausbreitung von Gewalt aus dem Blickfeld. Eine hoffnungslose, resignative Perspektive für die Entwicklung der Menschheit. Der Preis für die zunehmende gesellschaftliche Anerkennung der Psychoanalyse war hoch, denn der wesentliche Kern ihrer Entdeckung ging dabei verloren (*Abb. 6* stellt dar, wie der Vorhang vor die Entdeckung des Grundkonflikts gezogen und damit die gesellschaftlichen Hintergründe von Destruktivität wieder verschleiert wurden).

Abb. 6

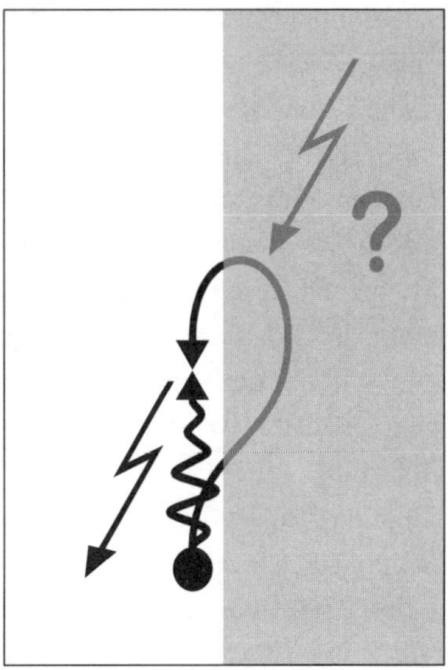

2.2 Wilhelm Reichs Entdeckung des biologischen Kerns

In den zwanziger Jahren und Anfang der dreißiger Jahre gab es nur wenige Psychoanalytiker, die diese Wendung nicht mitvollziehen wollten. Einer von ihnen – und wohl der profilierteste – war Wilhelm Reich. Er nahm für sich in Anspruch, die These vom natürlichen Todestrieb zunächst durch klinische Erfahrungen, das heißt durch seine therapeutische Arbeit widerlegt zu haben.

Während Freud die Todestriebthese unter anderem damit begründet hatte, daß manche Patienten und Patientinnen einen scheinbar unüberwindlichen psychischen Widerstand gegen die eigene Gesundung entwickelten, gelang es Reich durch Weiterentwicklung der therapeutischen Technik, auch solche Widerstände aufzulösen (»Widerstandsanalyse«) und damit immer tiefere Schichten von verdrängten Impulsen freizulegen. Gemäß diesen Erfahrungen gebe es in der Tiefe menschlicher emotionaler Strukturen keine destruktiven Impulse. Wenn es sie dennoch gäbe, handele es sich um Zwischenschichten, die sich in der Charakterstruktur, im Charakterpanzer, abgelagert haben als Folge des Zusammenpralls zwischen lebendiger Energie des einzelnen und starren Strukturen der Gesellschaft.

Die innere lebendige Energiequelle, der »biologische Kern« des Menschen, sei voller Liebes- und Kontaktfähigkeit, solange er nicht durch äußeren Druck gespalten werde. Damit zog Reich den Schleier der Verdrängung, den Freud vor seine Entdeckung gezogen hatte, wieder beiseite und warf erneut und eindringlich die Frage auf, worin die gesellschaftlichen Ursachen und die historischen Wurzeln dieser Verschüttung des Lebendigen liegen könnten.

Seine These vom ursprünglich Guten im Menschen, vom gesunden biologischen Kern, wurde ihm nicht honoriert, und dies

übrigens um so weniger, je mehr er diese These untermauern konnte: Statt gesellschaftlicher Anerkennung brachte sie ihm Jahrzehnte gesellschaftlicher Ächtung und Anfeindungen von fast allen Seiten.
Sein Lebens- und Forschungsweg endete 1957 in den USA im Gefängnis, begleitet vom Verbot seiner Forschungen über die Lebensenergie und der wiederholten Verbrennung seiner Bücher. Das Gericht verkündete, daß es die Lebensenergie nicht gibt (!) und daß mit ihr zu arbeiten und sie z.B. für Heilung zu nutzen kriminell sei.[7] Dieses Verbot ist bis heute in den USA nicht aufgehoben worden. Noch Jahrzehnte nach seinem Tod hat die Verteufelung Reichs von den verschiedensten Seiten nicht aufgehört und – als habe man Angst vor seiner Wiederauferstehung – wird immer und immer wieder Rufmord an ihm betrieben, wird er immer und immer wieder von neuem totgeschlagen. Die neue Inquisition hat gut gearbeitet, aber nicht gut genug. Es ist ihr nicht gelungen, das Wissen um die Entdeckung der Lebensenergie auszulöschen.
Inzwischen haben sich Wissen und Erfahrung um diese Energie und ihre Nutzungsmöglichkeiten derart verbreitet, daß beides gar nicht mehr ausgelöscht werden kann. Die Bollwerke der Zitadelle, in die sich die etablierten Wissenschaften eingemauert haben, werden mehr und mehr in ihrem Fundament erschüttert und beginnen zu bröckeln. Das Abschotten gegenüber der Entdeckung der Lebensenergie läßt sich auf Dauer nicht mehr aufrechterhalten, und der Zitadelle laufen immer mehr Leute davon, weil sie an Glaubwürdigkeit und Vertrauen verliert und keine Lösungen existentieller Fragen, keine Wege aus der Krise, keine Heilung anzubieten hat. In Scharen laufen sie davon, besonders im Bereich der Medizin, und wenden sich alternativen, lebensenergetisch wirkenden Heilmethoden und Naturheilverfahren zu.

Vieles Wissen und viele Erfahrungen über die Funktionen und Nutzungsmöglichkeiten der Lebensenergie sind noch weit verstreut und bruchstückhaft, aber das Bewußtsein darüber, daß es sich nur um verschiedene Varianten eines einheitlichen Prinzips handelt, wird wachsen – und mit ihm die Kraft der Durchsetzung eines neuen lebensenergetischen Weltbildes, das ungeahnte Möglichkeiten von Gesundung und Heilung nicht nur von Menschen, sondern des ganzen Planeten hervorbringen wird.

Die Wege aus der ökologischen Krise gehen nicht, wie Fritjof Capra meint, in Richtungen, die von der modernen Physik gewiesen werden – ganz und gar nicht. Denn die moderne Physik mit ihrem hohen mathematischen Abstraktionsgrad eröffnet keinen Zugang zum anschaulichen Verständnis und zur sinnlichen Erfahrung eines lebendigen Universums, sie hat vielmehr den Kontakt zum Lebendigen vollends verloren, hat sich gegenüber der lebendigen Natur entfremdet. Entsprechend lebensfeindlich ist die Technologie, die auf der Grundlage ihrer Erkenntnisse entwickelt worden ist, allen voran die Atomtechnologie.

Der vieldiskutierte »Paradigmenwechsel«, der Wechsel vom mechanistischen zu einem ganzheitlich-ökologischen Weltbild, in dem wir uns laut Capra befinden, hat ein viel besseres, viel tragfähigeres, viel zukunftsweisenderes Fundament in der Entdeckung der Lebensenergie und den sich daraus ableitenden vielfältigen Erklärungs- und Nutzungsmöglichkeiten. Aber vor dieser Konsequenz schreckt offenbar auch Capra zurück, dem die Forschungen von Wilhelm Reich zwar bekannt sind, der sie aber in seinem vieldiskutierten Buch »Wendezeit« stark reduziert und ihre Tragweite verkennt oder jedenfalls nicht annähernd vermittelt.

Man unterliegt als »seriöser Wissenschaftler« auch heute immer noch der Gefahr, ins Abseits zu geraten, wenn man sich öffent-

lich allzu deutlich auf Reich und andere Lebensenergieforscher bezieht. Wer sich im übrigen eh schon mit umstrittenen Thesen oder Forschungen weit über den Rand seiner wissenschaftlichen Disziplin oder gar des mechanistischen Weltbildes hinausgewagt hat, ist oft um so vorsichtiger, sich nicht noch mit zusätzlichem schweren Gepäck zu beladen, um nicht das Risiko des drohenden Absturzes, der drohenden Ausgrenzung noch weiter zu erhöhen. Wissenschaftliche »Disziplinen« haben ihren Namen zu Recht: Sie disziplinieren immer wieder diejenigen Wissenschaftler, die sich allzu weit vorwagen, und pfeifen sie in Reih und Glied zurück oder grenzen sie aus.
Da haben es diejenigen Menschen schon leichter, die einem solchen Anspruch vermeintlicher »Seriosität« gar nicht erst unterliegen. Nach meinen Erfahrungen finden sie oft viel leichter Zugang zu Reich und anderen Vertretern ähnlicher Sichtweisen und können viel unbefangener auch offen und öffentlich darüber reden.

3 Mein eigener Weg zu Reich

Ich selbst bin erstmals 1968 auf Reich gestoßen, damals über einige Raubdrucke der Studentenbewegung. Vom ersten Moment an, bei der Lektüre seiner Schrift »Dialektischer Materialismus und Psychoanalyse«, hatte ich das Gefühl, auf eine ganz wichtige Spur gestoßen zu sein. Damals hatte ich weder Ahnung von dialektischem Materialismus noch von Psychoanalyse, beides Ansätze, die in der Studentenbewegung leidenschaftlich diskutiert wurden. Ich kam mir ziemlich dumm vor, als wissenschaftlicher Assistent der Technischen Universität Berlin weniger davon zu wissen als viele der Studenten. Die Lektüre dieser Schrift wirkte auf mich wie ein Sog. Ich wollte mehr lesen von diesem Wilhelm Reich und beschaffte mir nach und nach fast alles, was damals von ihm und über ihn zu haben war: »Charakteranalyse«, »Der sexuelle Kampf der Jugend«, »Massenpsychologie des Faschismus«, »Einbruch der sexuellen Zwangsmoral«, »Die Funktion des Orgasmus« (in der Fassung von 1927).

Die Inhalte, um die es da ging, haben mich tief bewegt, nicht nur intellektuell, nicht nur vom wissenschaftlichen Interesse her, sondern auch emotional. So etwas hatte ich vorher bei der Lektüre anderer Bücher noch nie erlebt. Es waren alles Schriften des »frühen Reich«, bis 1933, alles Raubdrucke. Offizielle Verlage hatten diese Bücher von Reich, die den Bücherverbrennungen im Faschismus und in den USA zum

Opfer gefallen waren, bis dahin nicht wieder aufgelegt. Aber auch in der psychoanalytischen Literatur, die inzwischen wieder publiziert wurde, tauchte der Name Wilhelm Reich nirgends auf; er war wie ausgelöscht, war vollkommen verdrängt worden.

Ich erfuhr, daß Reich 1934 aus der Psychoanalytischen Vereinigung ausgeschlossen worden war. Mit seinen gesellschaftskritischen Fragestellungen und insbesondere mit seinen sexualpolitischen Aktivitäten war er wohl der größte Störenfried für die Psychoanalytische Vereinigung um Freud auf deren Weg zu gesellschaftlicher Anpassung und bei deren Versuch, sich – solange es ging – mit dem Faschismus zu arrangieren (ein erst in jüngster Zeit aufgedecktes und bislang viel zu wenig bekanntgewordenes düsteres Kapitel der Psychoanalytischen Bewegung).[8] Ich erfuhr auch, daß er schon 1933 aus der KPD ausgeschlossen worden war, unter deren organisatorischem Dach er zeitweise seine sexualpolitische Arbeit betrieben hatte – zum wachsenden Ärgernis der Parteiführung.

So mußte Reich nicht nur vor den Faschisten ins Exil fliehen, sondern verlor zur gleichen Zeit auch noch seine wichtigsten Arbeitszusammenhänge: ausgestoßen, verketzert, verteufelt von allen Seiten. So sehr sich Psychoanalytiker, Faschisten und Kommunisten auch unterschieden und mitunter bis aufs Messer bekämpften, in dem einen Punkt waren sie sich auf ganz erstaunliche Art alle einig: Reich mußte mundtot gemacht werden.

Vermutlich war es das klare Engagement von Reich für eine Befreiung der natürlichen Sexualität aus ihren zwangsmoralischen, kulturellen Zwängen und Verbiegungen, die sie unter dem Druck jahrtausendealter patriarchalischer Gewalt erfahren hatte, worüber alle gleichermaßen erschraken.

Verständlich also schien es, daß der von allen Seiten verstoßene

Reich unter diesen übermenschlichen Belastungen – angeblich! – zusammengebrochen war. So jedenfalls stand es in etlichen der damaligen Raubdrucke der linken Bewegung im Vorwort der Herausgeber zu lesen: Reich sei nach 1934 schizophren geworden und habe sich für den Rest seines Lebens nur noch in einem Wahnsystem bewegt. Dieses Gerücht macht gelegentlich heute noch die Runde.
Später gab es ein Buch über Reich von einem Analytikerpaar aus Frankreich,[9] das glaubte nachweisen zu können, daß deutliche Anzeichen von Schizophrenie schon in den ersten Schriften von Reich zu finden seien. Ihre Diagnose ging noch weiter: Jeder, der sich ernsthaft mit Reich auseinandersetzt oder sich von seinen Gedanken und Schriften angezogen fühlt, sei ebenfalls schizophren. Eine solche Diagnose ist in unserer Gesellschaft ein vernichtendes Urteil. Wer möchte sich schon der Gefahr einer solchen Abstempelung aussetzen?
Mich hat all das nicht davon abgehalten, auf der Spurensuche weiterzugehen. Ich empfand einen starken Drang, die Wahrheit über diesen Mann und seine Forschungen zu erfahren. Es gelang mir nach und nach, an Kopien einiger seiner späteren Schriften heranzukommen und Leute in Deutschland, Frankreich, Italien, England, Norwegen und in den USA aufzuspüren, die mir bei meinen Recherchen irgendwie weiterhelfen konnten. Endlich gab es auch Verlage, die mit der Veröffentlichung seiner Bücher begannen, auch seiner späteren: Die Entdeckung des Orgons, Band 1: Die Funktion des Orgasmus, Band 2: Der Krebs, Ausgewählte Schriften – eine Einführung in die Orgonomie, Die sexuelle Revolution, Charakteranalyse, um nur einige zu nennen. Und von David Boadella wurde eine wissenschaftliche Biographie über Wilhelm Reich veröffentlicht. So kamen mehr und mehr Mosaiksteinchen zusammen, und das Puzzle begann immer klarere Konturen anzunehmen, auch bezüglich

jener Lebensabschnitte, während denen Reich angeblich schon längst verrückt geworden war.
Ich war so tief beeindruckt von dem, was ich in diesen Büchern erfuhr, und ich entdeckte einen inneren, logischen Zusammenhang in Reichs Forschungsprozeß bis in die fünfziger Jahre hinein. Zwei Jahrzehnte von angeblichem Wahnsinn erschienen mir zunehmend so klar, wie ich es bis dahin noch nie durch eine andere Lektüre erfahren hatte. Da war die Rede von »Körperpanzer«, »Vegetotherapie«, »Bionen«, »Orgonenergie«, »Orgonakkumulator«, »kosmischer Lebensenergie« – Begriffe, von denen ich vorher noch nie etwas gehört hatte und mit denen niemand in meiner Umgebung etwas anfangen konnte.
Ich war hin- und hergerissen: Einerseits erschien mir vieles so logisch und überzeugend, andererseits hätte es sich doch aber irgendwie herumsprechen und durchsetzen müssen, wenn da wirklich etwas dran wäre, z. B. an der Auflockerung des Charakter- und Körperpanzers und der Freisetzung festgehaltener Emotionen, oder an der Nutzung der Orgonenergie und des Orgonakkumulators für Heilungszwecke. Aber nichts von alledem war weit und breit für mich aufzufinden, niemand hatte davon gehört, daß diese Arbeit irgendwo weitergeführt worden wäre.
In meiner Umgebung, im Freundes- und Bekanntenkreis oder auch unter Kollegen machte ich mich schon langsam damit lächerlich, wenn ich immer und immer wieder mit Reich ankam und versuchte, ihr Interesse zu wecken oder sie gar dazu zu bekehren. Selbst von diesen umwälzenden Perspektiven tief ergriffen, hatte ich einen geradezu missionarischen Eifer, fast einen Fanatismus entwickelt, mit dem ich zeitweise ganz unsensibel dafür war, ob sich jemand überhaupt dafür interessierte oder gar nichts davon wissen wollte.

Als ich dann auf Federico Navarro, einen Therapeuten aus Neapel, stieß, der in der Tradition Reichs in Vegetotherapie ausgebildet war, ergriff ich bald die Möglichkeit, diese Therapie am eigenen Leib, am eigenen Körper- und Charakterpanzer, zu erfahren. Während dreier Semesterferien fuhr ich zusammen mit meiner damaligen Frau Marion nach Neapel zum Centro Studi Wilhelm Reich. Vieles von dem, was mir bis dahin einfach nur logisch und überzeugend erschien, sah ich durch meine Erfahrungen in Vegetotherapie immer mehr bestätigt und untermauert.

Ein weiterer Schritt bestand darin, an eine (damals schwer zugängliche) Bauanleitung für einen Orgonakkumulator heranzukommen, ihn zusammen mit einem Freund[10] nachzubauen und auch hier Erfahrungen am eigenen Leibe zu sammeln.[11] Die Wirkungen, die von der durch ihn akkumulierten Lebensenergie auf mich ausgingen, bestärkten mich weiter in dem Gefühl, daß an all dem etwas dran ist und daß diese Dinge nicht einfach als Spinnerei abgetan werden können. Um so größer wurde mein missionarischer Eifer, und um so mehr spürte ich zunehmende Distanzierung und Abwendung, Unverständnis und Spott, sogar Wut und Haß von Menschen in meiner näheren und nächsten Umgebung: »Jetzt ist der nicht mehr ernst zu nehmen« – »Jetzt flippt der aus« – »Jetzt driftet der ab« – »Jetzt sitzt der nur noch im Kasten«. Solche und ähnliche Reaktionen mehrten sich, allerdings meist hinter meinem Rücken. Ich hatte das Gefühl, immer mehr in soziale Isolation zu geraten.

Mir kamen immer wieder Zweifel, ob ich diesen Weg weitergehen sollte, ob ich nicht schon viel zu weit gegangen war, ob ich mich nicht lieber wieder anderen Dingen und Aktivitäten zuwenden sollte, die weniger umstritten oder abgelehnt waren oder die mir sogar soziale Anerkennung hätten einbringen können. Dieses innere Ringen verfolgte mich bis in meine Träume,

und immer wieder kamen Ängste hoch, die es mir nahelegten, das alles doch lieber sein zu lassen.
In einem dieser Träume saß ich in einem vollbesetzten Flugzeug. Ich hatte einen Fensterplatz, die Maschine befand sich bereits im Flug. Die Leute um mich herum sahen ganz bleich und leblos aus. Der Blick nach draußen war versperrt, weil die Fenster beschlagen waren. Während des Fluges begann ich, mein Fenster zu öffnen, und mit einem Mal eröffnete sich mir ein Blick auf eine unglaublich schöne Landschaft, mit überwältigenden Farben und Formen, mit einer Ausstrahlung, die mich mit einem Gefühl von Faszination, Begeisterung und Liebe erfüllte.
Im selben Moment bemerkte ich, wie die anderen Leute im Flugzeug unruhig wurden, wie sie sich von ihren Sitzen erhoben und mit Empörung, Entsetzen und voller Wut über mich herzogen und auf mich einbrüllten, ich solle sofort das Fenster wieder zumachen. Man könne doch unmöglich im Flugzeug das Fenster öffnen, und schon gar nicht während des Fluges. Ich fühlte mich unheimlich unter Druck, bekam eine panische Angst, daß sie mich erschlagen könnten, und habe das Fenster ganz schnell wieder zugemacht. Von da an war nicht mehr nach draußen zu sehen, aber die Wut der Leute legte sich wieder, und ich hatte schließlich wieder meine Ruhe ...
Dieser Traum hat mich wegen seiner Klarheit und Intensität tief beeindruckt, und ich habe ihn nie wieder vergessen. Der faszinierende Ausblick auf etwas ganz Neues, überwältigend Schönes, wo alles ganz klar und lebendig erschien, ohne diese nebelhaften Schleier davor und ohne die weitverbreitete Starrheit und Leblosigkeit ... Aber dann die entsetzte Reaktion der Umwelt, so daß ich selbst den Schleier wieder davorzog, weil ich dem äußeren Druck nicht standhalten konnte.
Ich habe den Traum für mich wie eine Herausforderung, wie eine Aufgabe gedeutet, mir dieser Gefahren immer wieder be-

wußt zu werden: Sei nicht überrascht, wenn andere so reagieren, und sei dir der Gefahr bewußt, die davon ausgeht, wenn du das Fenster allzu schnell und allzu weit öffnest und die anderen damit allzu sehr provozierst. Aber vergiß auch nicht, was du da draußen gesehen hast, und versuche, dich dem langsam anzunähern. Mache das Fenster immer mal wieder einen Spaltbreit auf, vielleicht von Mal zu Mal etwas mehr, und vielleicht werden die Reaktionen weniger heftig und weniger bedrohlich. Angst werden sie immer noch machen und immer wieder. Aber wenn die Angst nur so groß ist, daß du sie aushalten kannst, wirst du dich daran gewöhnen, daß sie dich immer mal wieder begleitet, bei jedem Schritt in Neuland; und nach und nach wirst du keine Angst mehr vor der Angst haben und kannst deinen Weg behutsam, aber konsequent weitergehen.

Mir wurde zunehmend klar, daß es nicht nur Angst vor dem Druck der anderen war, sondern vor einem Teil in mir selbst: meiner eigenen Angst vor dem Loslassen von starren Strukturen – in meinem eigenen Denken und Fühlen, in meinen eigenen Panzerungen, die mich zwar einengten, an die ich mich aber gewöhnt hatte und die mir insoweit eine gewisse Sicherheit boten.

Je mehr sich über die Jahre hinweg durch Auflockerung meines Charakter- und Körperpanzers innere Blockierungen lösten, um so mehr konnte ich mich treiben lassen, im Denken wie im Fühlen, und um so gelassener konnte ich damit umgehen, wenn andere nicht unbedingt den gleichen Weg gehen wollten wie ich. Auch ihnen gegenüber konnte ich leichter loslassen – nicht im Sinne von Gleichgültigkeit, sondern im Sinne von mehr Verständnis. Ich wußte ja schließlich selbst, wieviel Ängste auf diesem Weg immer wieder hochgespült werden können und daß jede Forcierung von Veränderung, wenn sie zuviel Ängste weckt, nur zu um so heftigeren Gegenreaktionen führt.

Diese allmählich reifende Erkenntnis, daß sich tiefe Veränderungen nicht unter Druck erzwingen lassen, sondern nur organisch wachsen können, war zwar sehr schmerzlich. Denn immer wieder hätte ich mir gewünscht, daß die Veränderungen, daß das Herausbewegen aus den starren Strukturen schneller gehen sollte – in mir selbst, in anderen Menschen, bezogen auf die ganze Gesellschaft. Es war manchmal kaum auszuhalten, mit anzusehen, wie Menschen, wie menschliche Beziehungen, wie bestimmte Gruppierungen oder ganze Gesellschaften an ihren starren Strukturen zu ersticken drohten oder daran zugrunde gingen, wo sie doch die Möglichkeit gehabt hätten, die Starrheiten früh genug wahrzunehmen und sich aus ihnen herauszubewegen. Und dennoch schien mir kein anderer Weg möglich, als Geduld zu üben, Geduld mit mir und auch mit anderen.

Mein missionarischer Eifer, meine Ungeduld, meine zeitweise sicher schwer erträgliche Intoleranz, ja, meine teilweise fanatische Art im Umgang mit anderen bauten sich mehr und mehr ab. Das heißt nicht, daß ich nicht mehr über die Dinge geredet hätte, die mich bewegten, aber ich habe immer weniger versucht, sie anderen aufzudrängen oder gar aufzuzwingen. Statt dessen bin ich, als mir die Zeit reif schien, mit diesen Inhalten an die Öffentlichkeit gegangen und habe mir ein Forum[12] geschaffen, wo sich Menschen, wenn und soweit sie es wollen, mit diesen Inhalten, Methoden und Erfahrungsmöglichkeiten vertraut machen können – als Anregung für ihren eigenen Weg, der sie vielleicht wo ganz anders hinführen wird, als mich mein Weg geführt hat. Und wenn sie sich abwandten oder gar nicht erst hinkamen, war ich nicht mehr enttäuscht oder verärgert, sondern konnte es akzeptieren. Es war vielleicht nicht ihr Weg, vielleicht auch noch nicht.

Warum bin ich so ausführlich auf diese meine Erfahrungen

eingegangen? Weil ich das Gefühl habe, daß viele Menschen bei ihrer eigenen Wiederentdeckung des Lebendigen ganz ähnliche Konflikte durchmachen und daß es vielleicht hilfreich ist, sich solcher Konflikte bewußt zu werden. Und auch, um ein tieferes Verständnis zu entwickeln für diejenigen, die sich erst gar nicht auf diesen Weg machen wollen oder sich wieder von ihm abwenden – und vielleicht sogar mit Wut und Haß, mit Spott oder Gewalt versuchen, andere davon abzuhalten und abzuschrecken. Das Lebendige ist über Jahrtausende kultureller Entwicklung und in Jahrzehnten individueller Anpassung an diese Kultur so tief verschüttet und so fest in starre Strukturen gebunden worden, daß dieser Schatz nur ganz behutsam aus dem Dunkel der Tiefe wieder ans Licht gehoben werden kann. Wer zu schnell aus der Tiefe auftaucht und dem Licht entgegenschwimmt, kann daran zugrunde gehen – und wer unten in der Tiefe bleibt, auch.

4 Die Wiederentdeckung des Lebendigen

4.1 Wilhelm Reich: Erforschung der Lebensenergie

4.1.1 Die Entwicklung seiner therapeutischen Arbeit

Wilhelm Reich (1897–1957)[13] begann seine Entdeckungsreise als Psychoanalytiker und Schüler von Freud. Als junger Mann hatte er sich nach seinem Medizinstudium in Wien Anfang der zwanziger Jahre dem Kreis von Psychoanalytikern um Freud angeschlossen und sich sehr schnell mit den Grundlagen der Psychoanalyse vertraut gemacht. Er galt schon bald als einer der hervorragendsten Therapeuten[14] und Theoretiker der psychoanalytischen Bewegung.

Einerseits war er von den neuen Erkenntnis- und Behandlungsmöglichkeiten der Psychoanalyse fasziniert, andererseits erkannte er aber auch sehr klar ihre Grenzen. Nach den anfänglich erstaunlichen Behandlungserfolgen bei Neurosen häuften sich die Fälle, in denen den Patienten keine Assoziationen mehr kamen und damit dem Therapeuten das Material seiner analytischen Arbeit ausging. Die Patienten schienen einen inneren Widerstand zu entwickeln gegen das Bewußtwerden verdrängter Konflikte, und damit war der Zugang zur Auflösung der Verdrängung und zur Heilung blockiert.

Reich wollte sich nicht damit abfinden und rückte die Widerstände seiner Patienten in das Zentrum seiner Behandlung. Er nannte diese Vorgehensweise »Widerstandsanalyse«. Dabei bemerkte er, daß die Patienten jedesmal, wenn die Assoziationen ins Stocken gerieten, eine starre Ausdruckshaltung annahmen, jeder auf seine Art unterschiedlich, aber das Gemeinsame lag in der zunehmenden Starrheit. Folglich ging er dazu über, diese Starrheit aufzulockern, durch Konfrontieren oder Imitieren des Patienten, der sich dadurch hinter seiner maskenhaften Fassade durchschaut fühlte und dessen Maske dadurch in Bewegung geriet; und später durch direkte Berührung und Behandlung des starr gewordenen Körperbereiches oder durch Anregung bestimmter Körperübungen.

Dabei zeigte sich immer wieder, daß mit Auflösung der Starrheit tiefere Gefühle frei wurden, die bis dahin offenbar durch die Starrheit niedergehalten und verdrängt worden waren. Es bedurfte also keiner Assoziationen mehr, um den Zugang zu den verdrängten Konflikten zu finden, sondern es reichte die Auflösung von Erstarrung; die Erinnerung an die verdrängten Konflikte stellte sich dabei vielfach von selbst ein.

Was zunächst nur wie eine neue technische Variante der Psychoanalyse erschien, war der Beginn eines ganz eigenständigen Weges, der sich vom Ausgangspunkt der Psychoanalyse immer weiter entfernte und in immer neue Gebiete führte: zur Befreiung des Lebendigen aus den Fesseln der Erstarrung, zunächst im Menschen, später sogar am lebenden Organismus Erde (durch Auflösung atmosphärischer Erstarrung im Zusammenhang der Wetterexperimente von Reich); und zur Wiederentdeckung der lebendigen Energie, die unter den Erstarrungen verschüttet und aufgestaut und dadurch in Destruktivität umgeschlagen war.

Reich hat seine therapeutische Methode schrittweise weiterentwickelt, er nannte sie später »Charakteranalyse« und schließlich »charakteranalytische Vegetotherapie«. Er schuf damit die Grundlagen für eine mittlerweile kaum noch übersehbare Zahl körperorientierter Psychotherapien, deren Wirksamkeit inzwischen von Hunderttausenden von Menschen am eigenen Leib erfahren werden konnte.

Charakterpanzer, Körperpanzer und Vegetotherapie

Wenn es gelang (und sei es auch nur für Momente), die chronisch gewordenen charakterlich-körperlichen Blockierungen aufzulösen, zeigten sich spontane innere Erregungswellen, die den ganzen Körper erfaßten und mit tiefempfundenen Emotionen einhergingen. In solchen Situationen bedurfte es keines äußeren Anstoßes, keiner äußeren Stimulierung, auch keiner willkürlichen Bewegungen; der Körper folgte vielmehr den inneren Impulsen und konnte sich von ihnen treiben lassen, sich ihnen hingeben. Für Momente fühlte sich der betreffende Mensch vollkommen mit sich eins und strahlte eine tiefe Befriedigung, Glückseligkeit und Erfüllung aus. Reich nannte diesen spontanen Reflex »Orgasmusreflex« – und die Fähigkeit zur Hingabe an diese inneren Erregungswellen »orgastische Potenz« (*Abb. 7* zeigt die ungebrochene Erregungswelle).
Nach seinen Beobachtungen ist diese spontane natürliche Fähigkeit in unserer Kultur weitgehend verschüttet und die innere Erregungswelle durch verschiedene chronisch gewordene Blockierungen mehrfach zersplittert *(Abb. 8)*.

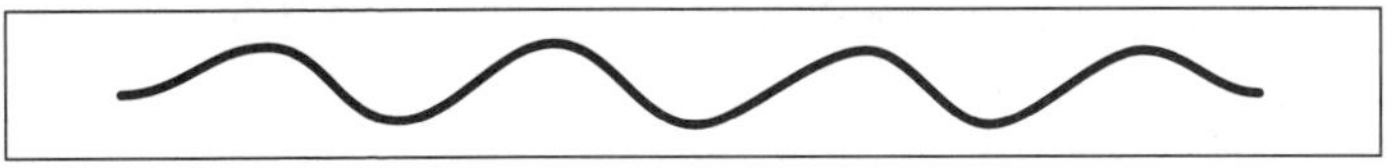

Abb. 7

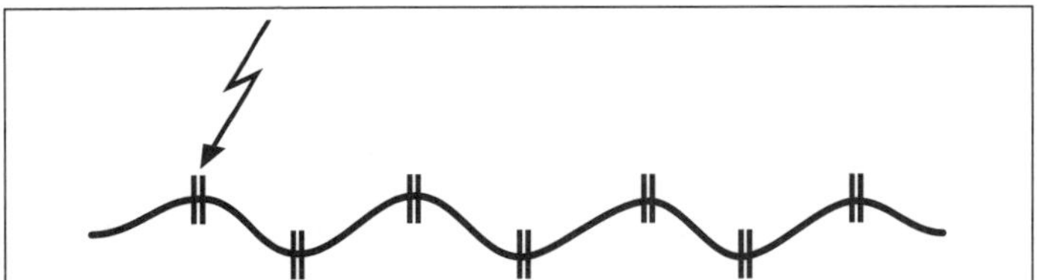

Abb. 8

Reich sprach von »segmentärer Anordnung der Panzerungen«, die sich quer zur Körperlängsachse der Entstehung und Ausbreitung dieser Erregungswelle entgegenstellten und dadurch die natürlicherweise fließende Energie in Erstarrung binden bzw. zwischen den Blockierungen aufstauen. Er nannte in diesem Zusammenhang sieben Segmente:[15]

- Augensegment (obere Kopfhälfte)
- Mundsegment (untere Kopfhälfte)
- Halssegment (Kehle und Nacken)
- Brustsegment (Brustkorb, einschließlich der Arme)
- Zwerchfellsegment (Muskulatur über dem Bauchraum)
- Bauchsegment (Vorder- und Rückseite)
- Beckensegment (einschließlich der Beine)

Jedes dieser Panzersegmente habe seine eigene Entstehungsgeschichte, die immer eine Leidensgeschichte war, die Geschichte unterdrückter Lebendigkeit, entstanden im Konflikt der lebendigen inneren Impulse eines Kindes oder Jugendlichen mit den starren, leblosen oder lieblosen Bedingungen der Umwelt; Konflikte, die nicht ausgetragen werden konnten, weil sich das Kind zu schwach fühlte, und die so schmerzlich waren, daß sie verdrängt werden mußten. Seither sind sie im Körper regelrecht begraben, aber sie können wiederbelebt werden, wieder bewußt werden, und die Gefühle, die seinerzeit zurückgehalten wurden und seither blockiert sind, können in der therapeutischen Situation ihren Ausdruck finden und auf diese Weise die Blokkierungen lösen.

Der Entstehungsprozess chronischer Panzerung

Der Prozeß der Entstehung von Charakter- und Körperpanzer läßt sich mit einer Abfolge von Bildern recht gut veranschaulichen: *Abb. 9* zeigt die innere lebendige Energiequelle eines

Kindes, mit der es auf die Welt kommt und aus der sich die inneren spontanen Erregungen ergeben, mit denen es in Kontakt zur Welt tritt. Das Kind ist zunächst emotional nach allen Seiten offen. *Abb. 10* zeigt, wie sich die Energien in einer bestimmten Weise und in einer bestimmten Richtung bewegen wollen. Denken Sie beispielsweise an ein Baby, das mit den Augen oder mit dem Mund Kontakt mit seiner Umgebung aufnehmen will.

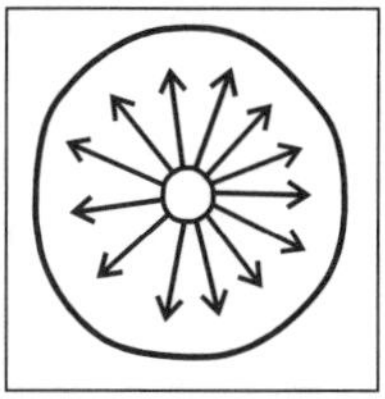
Abb. 9

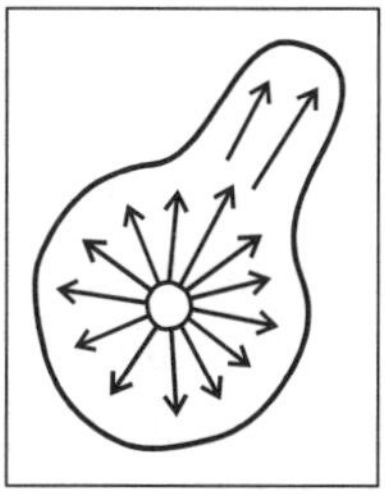
Abb. 10

Werden diese Impulse von der Umgebung abgelehnt, bestraft, zurückgewiesen (in *Abb. 11* dargestellt durch den Blitz) oder stoßen sie ins Leere und finden also keine positive Resonanz, dann beginnt das Kind sich gegen solche schmerzhaften Erfahrungen zu schützen, indem es die inneren Impulse zurückhält und den Konflikt verdrängt. Dazu braucht es Energie, und diese bezieht es durch Energieabspaltung aus der inneren Energiequelle; die abgespaltene Energie richtet sich schließlich gegen die Quelle, aus der sie selbst stammt; es bildet sich eine Art Staumauer *(Abb. 12)*.

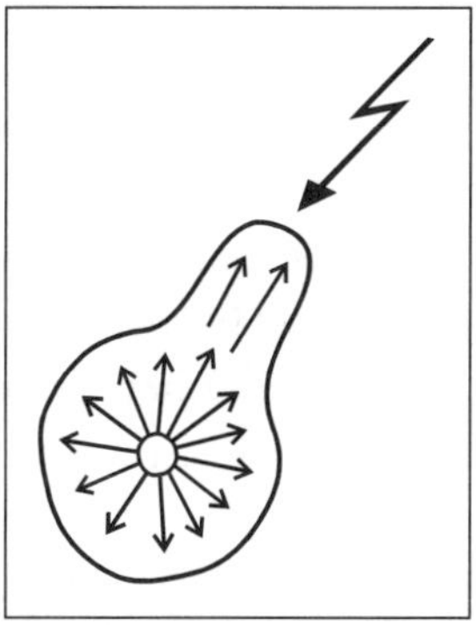
Abb. 11

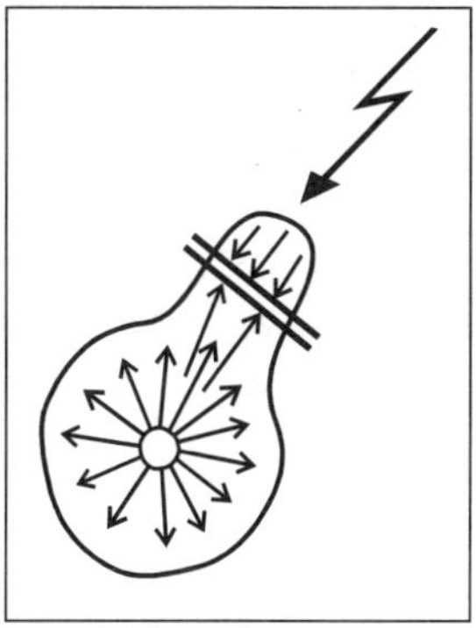
Abb. 12

Der Vergleich mit einer Mauer ist allerdings nicht ganz korrekt, weil eine Mauer nur einmal aufgebaut wird und dann für eine ganze Weile steht. Bei der Verdrängung handelt es sich hingegen darum, daß zum Zurückhalten der lebendigen Impulse ständig Energie abgezweigt werden muß. Man kann es vielleicht eher vergleichen mit einem Stellungskrieg zwischen einer inneren Befreiungsbewegung und einem Herrschaftsapparat. Solange die Kräfte auf beiden Seiten gleich stark sind, bewegt sich nichts und herrscht scheinbar Ruhe. Aber zur Aufrechterhaltung dieser trügerischen Ruhe muß der Herrschaftsapparat ständig Kräfte binden, um die Bevölkerung zu überwachen und zu bespitzeln, damit sich die Befreiungsbewegung bloß keinen Weg bahnt. Der Vergleich scheint kraß, aber ich würde die Behauptung wagen, daß jede Verdrängung einem inneren Stellungskrieg gleichkommt, einer Art »innerer Stasi«, einem ständig funktionierenden inneren Überwachungsapparat, der darauf achtet, daß sich die lebendigen Impulse keinen direkten Weg bahnen.

In der Richtung, aus der die negativen Erfahrungen und die anschließende Verdrängung kamen, ist der heranwachsende oder erwachsene Mensch nicht mehr offen, er oder sie hat sich entsprechend der Intensität und Häufigkeit dieses Konflikts hinsichtlich dieser Gefühle mehr oder weniger verschlossen, emotional blockiert. Und das, was als Schutz gegen schmerzliche Erfahrungen einmal seinen Sinn hatte, wirkt auch dann noch fort und wird chronisch, wenn es längst seinen aktuellen Sinn verloren hat. Der äußere Druck zum Beispiel, der die Verdrängung seinerzeit hervorgerufen hat, mag längst nicht mehr existieren, und dennoch kann sich der erwachsene Mensch gegenüber damals verletzten Gefühlen nicht mehr öffnen. Er hat sich sozusagen in dieser Hinsicht in sein Schneckenhaus zurückgezogen und traut sich nicht mehr heraus.

Die Verdrängung bewirkt, daß der ursprüngliche Konflikt dem Erwachsenen nicht mehr bewußt ist und im Unbewußten gespeichert wird; darüber hinaus ist sie auch dafür verantwortlich, daß die noch fließende Energie sich aufstaut und dadurch ganz anders empfunden wird: Während frei fließende, nach außen strömende Energie mit Lust einhergeht, wird aufgestaute und nach innen zurückgezogene Energie als neurotische Angst erlebt. Reich hat diesen Zusammenhang zwischen Lust und Angst in einem Schema dargestellt, das später zum Symbol seiner lebensenergetischen Forschungen werden sollte und das die »funktionelle Identität bei gleichzeitigen Gegensätzen« darstellt.

Lust und Angst sind gegensätzliche Gefühle (ausgedrückt durch die entgegengesetzte Richtung der Pfeile, vgl. *Abb. 40*, S. 96), aber die Energie, die ihnen zugrunde liegt, ist identisch: bei Lust frei strömend, bei Angst gestaut. Reich war durch seine therapeutische Arbeit immer wieder auf diesen Zusammenhang gestoßen. Neurotische Ängste lösten sich auf, wenn es gelang, die Blockierungen zu lösen und die Energie wieder frei strömen zu lassen, die dann als Lust erlebt wurde. Schon in seinem ersten Buch »Die Funktion des Orgasmus« (1927) hat er diesen Zusammenhang beschrieben, und seine später entwickelte Arbeit an der Auflockerung des Charakter- und Körperpanzers hat diese Beobachtung immer wieder bestätigt.

Ich möchte auf die Bilder zurückkommen, die ich zur Darstellung der Entstehung von Verdrängung, Charakter- und Körperpanzer verwende. Der durch die aufgestaute Energie beim Kind entstehende Stauungsdruck wird irgendwann so stark, daß er nach einem anderen Ventil, nach anderer Entladung drängt, beispielsweise in Form blindwütiger neurotischer Aggression, wie in *Abb.13* veranschaulicht. Auch diese Impulse können wieder zusammenprallen (und werden es ganz sicherlich in einer autoritären Erziehung) mit äußerem Druck, mit Strafe oder Ablehnung. Zur Vermeidung dieser emotional und/oder kör-

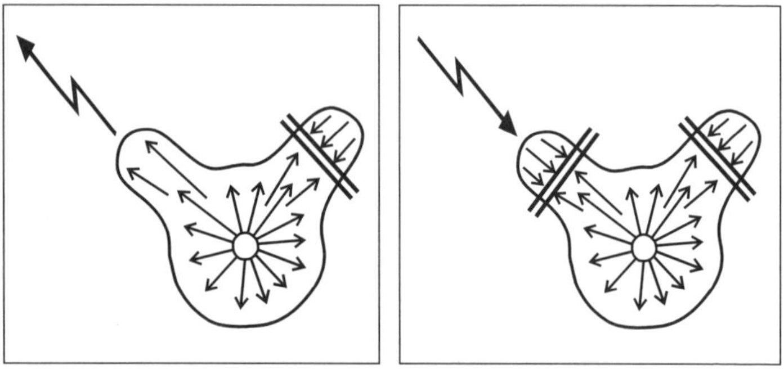

Abb. 13 links
Abb. 14 rechts

perlich schmerzhaften Erfahrungen baut das Kind eine weitere Verdrängung auf, diesmal die Verdrängung von Wut oder Haß. Und wieder wird Energie gebunden in den starren Strukturen der Verdrängung, und der Mensch mauert sich um ein weiteres Stück zu *(Abb. 14)*.

Erneut wird auch diese aufgestaute Energie umgelenkt, und sucht sich ein noch anderes Ventil. Nachdem der Haß verdrängt ist, wird vielleicht daraus ein vordergründig ganz braves Kind; und wenn es sich um einen Jungen handelt, der in eine Umgebung von Rabauken gerät, wird er dafür wiederum gehänselt, verdrängt schließlich seine Bravheit und wird zum »Macker«. Später stößt er vielleicht mit dieser Charaktereigenschaft wieder auf Kritik und Ablehnung, verdrängt die entsprechenden Konflikte und wird zum »Softie«.

Die dargestellte Abfolge, natürlich nur ein Beispiel für viele, will andeuten, daß eine einmal erfolgte Verdrängung eine ganze Kette weiterer Verdrängungen nach sich ziehen kann, die sich alle übereinanderschichten und zu einer immer stärkeren emotionalen und auch körperlichen Blockierung führen. Der ursprüngliche lebendige Impuls wird auf diese Weise immer weiter verschüttet, und es entsteht eine für den betreffenden Menschen charakteristische Art der Verhärtung. Das daraus entstandene Verhalten und Empfinden ist zu einer charakteristischen Eigenschaft geworden, ist »Charakter« geworden – bzw. »Charakterpanzer« *(Abb.15)*, in dem der erwachsene Mensch gefangen ist und auch nicht mehr aus sich heraus kann, selbst wenn z.B. eine liebevolle Situation dies gestatten würde.

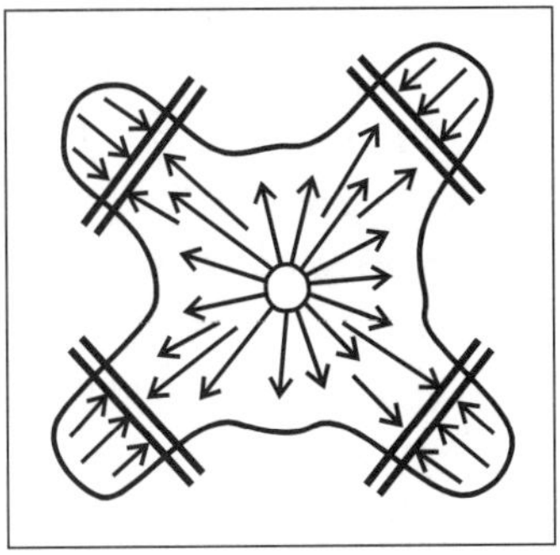

Abb. 15

Der chronisch gepanzerte Mensch ist in seinen eigenen Mauern eingesperrt, er oder sie kann weder eigene Gefühle direkt ausdrücken noch Gefühle von anderen direkt an sich heranlassen. Die Klarheit in der Wahrnehmung der Gefühle ist getrübt, bzw. die Gefühle selbst sind verwirrt, verworren, widersprüchlich. Lust ist mit Angst durchsetzt, Liebe mit Haß, Wut mit Schuldgefühlen, und die widersprüchlichen Gefühle lähmen sich gegenseitig. Aus einzelnen natürlicherweise klaren Gefühlen ist eine neurotische Verstrickung geworden, oder besser gesagt: ein Knäuel, aus dem sich die einzelnen Fäden der Gefühle nicht mehr entwirren lassen.
Ich bin bisher noch nicht darauf eingegangen, daß die natürliche Äußerung der inneren Energiequelle in der Kindheit und Jugend verschiedene Entwicklungsphasen durchläuft, die im wesentlichen schon von Freud beschrieben wurden:

- die orale Phase des Säuglings
- die anale Phase des Kleinkinds
- die kindlich-genitale Phase
- die Pubertät

Reich hat dem noch zwei Phasen hinzugefügt, deren Bedeutung von der Psychoanalyse nicht erkannt worden war:

- die intra-uterine Phase des Embryos im Mutterleib
- die perinatale Phase um die Geburt herum

In all diesen Phasen wird der Organismus unterschiedlich von Energie erregt und sucht unterschiedlichen Kontakt zur Welt, kann also auch auf verschiedene Art mit Frustrationen, Druck, Strafe oder Gewalt konfrontiert werden. In dem Maße, wie einzelne Bereiche des Körpers davon betroffen sind, wird sich der Körper in den jeweiligen Segmenten gegen diese schlimmen Erfahrungen mehr oder weniger stark und tief blockieren (an anderer Stelle bin ich ausführlich auf diese Zusammenhänge eingegangen).[16] Die Segmentpanzerungen sind dabei nur die körperliche Entsprechung der jeweiligen charakterlichen Panzerungen. Charakterpanzer und Körperpanzer sind nur zwei verschiedene Aspekte ein und desselben Ganzen.

Bioenergetisches Verständnis von Krankheit und Gesundheit

Vor dem Hintergrund seiner Erfahrungen über Charakter- und Körperpanzer hat Reich eine bioenergetische Sichtweise von Krankheit und Gesundheit entwickelt, die der Schulmedizin völlig fremd ist: Die gepanzerten, blockierten Bereiche des Organismus sind nicht mehr hinreichend von Lebensenergie durchströmt und entwickeln infolgedessen zunächst funktionelle Störungen der davon betroffenen Organe, und zwar in Richtung Unterfunktion. Daraus können sich auch bestimmte organische Veränderungen ergeben. Entsprechend entwickeln sich in den gestauten Bereichen des Organismus Überfunktionen, aus denen organische Veränderungen anderer Art hervorgehen können.

Nach diesem Verständnis ist der Organismus nicht erst dann krank, wenn sich Gewebeveränderungen oder Krankheitserreger nachweisen lassen, sondern die Krankheit liegt in einer Störung des bioenergetischen Systems des Organismus begründet, die sich bereits in funktionellen Störungen ausdrükken kann. Reich prägte in diesem Zusammenhang den Begriff »Biopathie«, also bioenergetische Erkrankung, als Oberbegriff für eine Vielzahl unterschiedlicher Krankheiten, die ihren gemeinsamen Nenner, ihr »gemeinsames Funktionsprinzip« in der Störung des bioenergetischen Systems, der natürlichen bioenergetischen Funktionen haben.

Die Bedeutung der Sexualität für die Gesundheit

Als die für die Gesundheit wesentliche bioenergetische Grundfunktion hat Reich das freie Strömen und Pulsieren der Lebensenergie des Organismus erkannt, das die einzelnen Teile in einem einheitlichen, durch keine Panzerungen gebrochenen Energiefluß verbindet. Ausdruck davon ist auch, daß spontane Erregungswellen entstehen können, die sich ungebrochen im Organismus ausbreiten und im Orgasmus entladen können. Aus diesem Grund gewinnt nach Reichs Verständnis die Funktion des Orgasmus eine so fundamentale Bedeutung im Zusammenhang mit Gesundheit und Krankheit. Orgastische Potenz nicht als Selbstzweck, sondern als Grundvoraussetzung und Ausdruck bioenergetischer Gesundheit; orgastische Impotenz dagegen (das heißt sexuelle Störungen aller Art, auch in Form eingeschränkter Hingabe- und Erlebnisfähigkeit in der Sexualität) ist Ausdruck von blockiertem Energiefluß und macht auf Dauer krank.

Dies ist keine Überbetonung und Verabsolutierung oder Fetischisierung der Sexualität und des Orgasmus, wie Reich immer wieder vorgeworfen wurde, sondern es räumt der Sexualität die zentrale Bedeutung ein, die sie in einer Gesellschaft bekommen hat, in der sie weitgehend unterdrückt und verdrängt ist. Erst aus ihrer Verdrängung entstehen so viele Probleme, daß sie – wenn auch häufig nicht zugegeben – zum alles beherrschenden Komplex im Denken und Fühlen der Menschen wird. In einer die Sexualität bejahenden Gesellschaft ist sie hingegeneine natürliche Selbstverständlichkeit, die mit Freude gelebt wird.

Reich hat die Sexualität einmal sehr profan mit der Entlüftung einer Fabrikhalle verglichen: Keiner macht sich große Gedanken über sie, solange sie funktioniert. Ist sie aber einmal für längere Zeit außer Funktion und staut sich die überhitzte und von Schadstoffen angefüllte Luft, dann wird die Entlüftung zum vordringlichsten Thema – mit einem Unterschied allerdings, den Reich in diesem Zusammenhang nicht erwähnt hat: Bei der Entlüftungsanlage wird man alles versuchen, um den Schaden möglichst bald zu reparieren. Bei der Störung der Sexualität hingegen tut die sexualfeindliche Gesellschaft alles, um von den Ursachen des Schadens abzulenken, und verbaut sich damit auch den Weg zu grundlegender Heilung. Und diejenigen, die klar und deutlich auf die Ursachen verweisen und aufzeigen, wie der Schaden behoben werden könnte, werden – wie Wilhelm Reich zeit seines Lebens – in den Dreck gezogen, weil das Thema Sexualität uns alle so tief berührt, daß viele es lieber abwehren und sich vom sexuellen Elend in sich und um sich herum ablenken, anstatt sich mit ihm zu konfrontieren.[17]

Die scheinbare sexuelle Liberalisierung, die in den letzten Jahrzehnten in der westlichen Welt stattgefunden hat, hat kaum die Befreiung der kindlichen Sexualität mit einbezogen. Solange sie aber unterdrückt bleibt, bilden sich immer wieder Charakterstrukturen, die von einer tiefen Angst vor sexueller Hingabe geprägt sind. Unter solchen Bedingungen wurde die

»Sexwelle«, wie sie die Medien und die Werbung erfaßt hat, nur zu einer neuen Form von Leistungsdruck. Und die Ausbreitung von Sex and Crime sowie von Pornographie sind lediglich Ausdruck dafür, daß viele Menschen nun mit Gewalt versuchen, an Gefühle heranzukommen, deren natürliches Erleben sie verloren haben.

Es ließe sich viel darüber sagen, daß das weitverbreitete sexuelle Elend nicht nur ein individuelles Problem, sondern in hohem Maße ein gesellschaftliches Problem ist.[18] Reich hat bereits 1933 sein Buch »Massenpsychologie des Faschismus« veröffentlicht, worin er für die damalige Zeit den Zusammenhang von autoritärer Erziehung, Sexualunterdrückung, Entstehung autoritärer und autoritätsängstlicher Charakterstrukturen und dem zwanghaften emotionalen Bedürfnis nach starren gesellschaftlichen Herrschaftsstrukturen herausgearbeitet hat. Noch bevor es zum Holocaust, zu den Konzentrationslagern und zum Zweiten Weltkrieg gekommen war, hat Reich so klar wie wohl kaum ein anderer gesehen, daß die emotionale Deformierung von Menschenmassen unvermeidlich zu einer geballten Aufstauung von Energien führt, die schließlich nach massenhafter explosiver Entladung drängt.

Faschismus in diesem Sinn ist demnach kein spezifisch deutsches Phänomen. Er kann sich in ähnlicher Form überall dort wiederholen, wo das Lebendige ähnlich brutal geschunden, wo die Sexualität ähnlich brutal unterdrückt wird wie seinerzeit vor und während des »Dritten Reichs«. Mit Entsetzen und Fassungslosigkeit steht die Welt immer wieder vor neuen Eruptionen von Gewalt, zum Beispiel im Iran unter Khomeini oder in jüngerer Zeit in Somalia, Ruanda und Burundi. Doch kaum jemals wird der Zusammenhang zwischen Gewalt und unterdrückter Sexualität thematisiert. Reichs »Massenpsychologie des Faschismus« dagegen eröffnet auch heute noch den

Zugang zu einem tieferen Verständnis kollektiver Gewalteruptionen wie wohl kaum ein anderes Buch.
Um nun auf die Wiederentdeckung der Lebensenergie[19] durch Wilhelm Reich zurückzukommen, möchte ich ganz grob den Weg andeuten, der ihn schließlich zur naturwissenschaftlichen Entdeckung und Erforschung dieser Energie geführt hat.

4.1.2 Die Entdeckung der Lebensenergie Lust und Angst – Expansion und Kontraktion

Die Auseinandersetzung mit den Gefühlen Lust und Angst lenkte die Aufmerksamkeit Reichs auf physiologische Veränderungen, die mit diesen Gefühlen einhergehen. Er beobachtete, daß Lust in vieler Hinsicht mit Expansion verbunden ist und Angst mit Kontraktion. Zum Beispiel strömt das Blut bei Lust verstärkt zur Peripherie des Organismus und in die Genitalien und bringt eine leichte Errötung der Haut mit sich sowie ein Anschwellen der Genitalien. Bei Angst zieht es sich dagegen von der Oberfläche und aus den Genitalien zurück, die Haut wird blaß, und die Genitalien schwellen ab.

Funktionelle Identität bei gleichzeitigen Unterschieden

Dieses Grundmuster von Expansion und Kontraktion beobachtete Reich mehr und mehr auch in anderen Lebewesen, ebenso das, was sich bei orgastischer Potenz als Erregungswelle im ganzen Körper ausbreitet und den Körper in eine sanfte Wellenbewegung versetzt, und auch die segmentäre Untergliederung, wie sie sich in der Struktur der körperlichen Panzerung zeigt. In einer Raupe zum Beispiel drückt der Körper die Wellenbewegung und die segmentäre Untergliederung unmittelbar aus *(Abb.16)*, nach außen hin viel deutlicher als der menschliche Organismus. Aber bei allen Unterschieden zwischen Raupe und Mensch hat Reich seinen Blick auf diese funktionelle Identität gerichtet, eine Methode, die sich noch in vielen anderen Zusammenhängen bewähren sollte: nämlich von den Unterschieden – etwa in der Größendimension, in der stofflichen Struktur oder in der Komplexität – zu abstrahieren und den Blick zu konzentrieren auf gemeinsame lebensenergetische Funktionsprinzipien. Diese Betrachtungsweise ist Teil einer ganz unkonventionellen Forschungsmethode, die Reich später »orgonomischer Funktionalismus« oder »funktionelle Forschungsmethode« genannt hat.

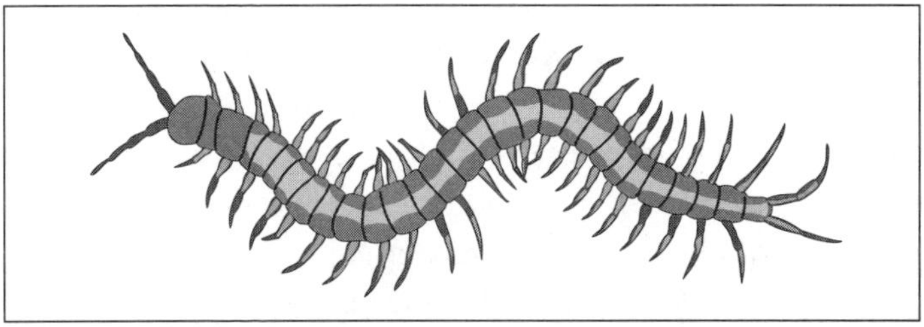

Abb. 16

Klemmt man eine Raupe mit einer Pinzette ein, so bricht mit einem Mal die einheitlich fließende, harmonisch wirkende Wellenbewegung zusammen, und an deren Stelle treten unkoordinierte, ruckartige, gebrochene Bewegungen der beiden abgeklemmten Teile. Eine »verklemmte« Raupe bewegt sich ganz anders als eine sich frei und natürlich bewegende. Es geht in dieser Hinsicht den Raupen wie den Menschen. Nur, der chronisch gepanzerte menschliche Organismus ist durch sieben Segmente körperlicher Panzerungen mehr oder weniger siebenfach verklemmt und kann sich nicht mehr natürlich bewegen und innerlich bewegen lassen.

Bei Schnecken findet die Wellenbewegung ihren deutlichen Ausdruck in der Art, wie die Fühler den Kontakt zur Welt

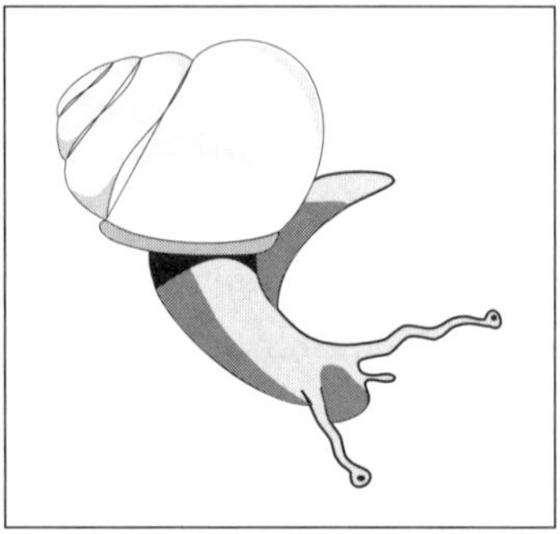
Abb. 17

herstellen *(Abb. 17)*. Stoßen die Fühler auf ein Hindernis, ziehen sie sich sofort zusammen, um in einer anderen Richtung von neuem die Welle fließen zu lassen und auf diese Weise die Welt abzutasten. Die ungebrochene Welle ist auch hier gleichbedeutend mit dem Kontakt zur Welt, mit einem Sich-Öffnen gegenüber der Welt. Kontraktion ist der Schutz vor Gefahr, und wenn die Gefahr als groß empfunden wird, ziehen sich nicht nur die Fühler ein, sondern die ganze Schnecke zieht sich in ihr Schneckenhaus zurück. Expansion und Kontraktion, die beim Menschen mit Lust und Angst einhergehen, sind also als Grundfunktionen auch in anderen Lebewesen vorhanden; und Reich vermutete, daß diese Lebewesen die Funktionen auch wahrnehmen, auch fühlen, egal, ob sie ein Gehirn oder ein Nervensystem haben wie wir, oder Muskeln, die bei uns an der Kontraktion und Expansion mitwirken.

Die Plasmabewegungen lebender Zellen

Um dieser Vermutung weiter nachzugehen, untersuchte Reich schließlich den Bewegungsausdruck lebender Einzeller, bei denen von all dem nichts vorhanden ist; beim Einzeller sind vielmehr alle Funktionen, die bei komplexeren Organismen von unterschiedlichen Zellen und Geweben wahrgenommen werden, in einer Zelle vereinigt. Man könnte meinen, ein Organismus, der weder Gehirn noch Nervensystem hat, könne nicht fühlen, weder Schmerz noch Angst, noch Lust. Aber Reich ging anders an die Dinge heran und betrachtete diese Organe beim Menschen mehr als ausführende Organe von tieferliegenden biologischen Grundfunktionen; diese Grundfunktionen könnten vielleicht auch dann zum Tragen kommen, wenn es in weniger komplexen Organismen diese ausführenden Organe gar nicht gibt.

Man kann das gut mit den Unterschieden und Gemeinsamkeiten zwischen einem Großunternehmen und einem Ein-Mann-Betrieb in der Wirtschaft vergleichen. Das Großunternehmen ist untergliedert in eine Reihe von spezialisierten Abteilungen für Investition, Produktion, Marketing usw., und es gibt eine Firmenleitung und ausführende Organe. Wird deshalb ein Ein-Mann-Betrieb nicht funktionieren, weil er all das nicht besitzt? Mitnichten! Auch dort wird produziert, investiert und verkauft, nur alles vereinigt in einer Person.

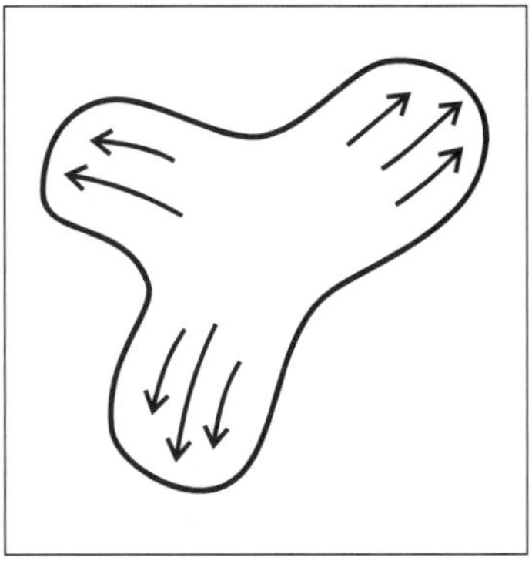

Abb. 18

Bei der Beobachtung lebender Einzeller unter dem Lichtmikroskop kam es Reich nicht auf deren stoffliche Struktur an, sondern auf deren Bewegungsausdruck. In den Plasmabewegungen, die sich mal fließend hin zur Welt richteten *(Abb. 18)* und bei Gefahr zurückzogen und erstarrten *(Abb. 19)*, fand er eine funktionelle Identität zur Expansion und Kontraktion bei anderen Lebewesen.

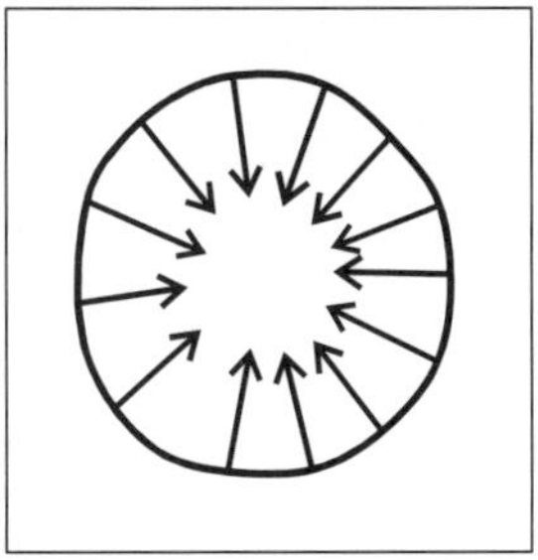

Abb. 19

Den Wechsel zwischen Fließen und Erstarren des Plasmas konnte er im Experiment selbst hervorrufen, indem er die

Einzeller bestimmten mechanischen, chemischen oder elektrischen Reizen aussetzte, auf die sie jeweils mit Kontraktion oder Erstarrung reagierten. Es dauerte jeweils eine Weile, bis sich die Erstarrung wieder löste und das Plasma wieder in Fließbewegungen überging. Und wenn der entsprechende Reiz ständig wiederholt wurde, dauerte es immer länger, bis das Plasma aus der Erstarrung wieder herauskam, als würde der Einzeller aus den für ihn unangenehmen oder bedrohlichen Erfahrungen lernen und immer vorsichtiger werden in seinem Hinwenden zur Welt, bis er schließlich ganz in der Erstarrung verharrte und sich nicht mehr öffnete, gar nicht mehr aus sich herauskam.

Erstarrung und Strukturzerfall

Dieser Zustand chronischer Erstarrung war der Anfang vom Ende des Einzellers, der sich daraufhin auch strukturell veränderte und in kleinere Teile auflöste, das heißt in seiner Struktur zerfiel *(Abb. 20)*: Strukturzerfall als Folge plasmatischer Erstarrung und chronischer bioenergetischer Kontraktion. Reich war damit erstmals auf einen Zusammenhang gestoßen, der sich im Laufe seiner weiteren Forschungen als gemeinsames Funktionsprinzip alles Lebendigen herausstellen sollte. Er zog aus diesen Beobachtungen den Schluß, daß Kontraktion nicht gebunden ist an das Vorhandensein von Muskeln (muskuläre Kontraktion), sondern daß jede lebende Zelle über diese Fähigkeit verfügt und also auch in chronische Kontraktion geraten kann, bei der die Plasmabewegung tendenziell erstarrt.

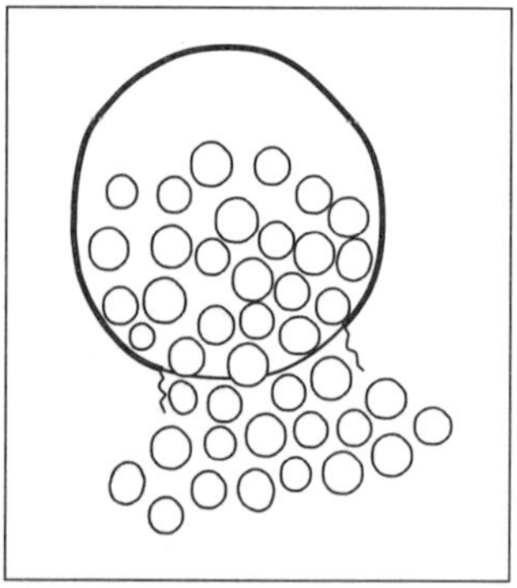

Abb. 20

Emotion als Plasmabewegung

Vor diesem Hintergrund kam er zu der Interpretation, daß die Bewegung des Plasmas in den Zellen unseres Körpers die objektive Grundlage für das ist, was wir subjektiv als Emotion wahrnehmen: Menschen fühlen sich im wahren Sinne des Wortes innerlich bewegt, weil sich das Plasma in ihren Zellen bewegt. Andere bleiben emotional unbewegt, weil das Plasma in ihren Zellen starr geworden ist. Charakter- und Körperpanzer sind demnach tief verankert, bis in das Plasma der Zellen.

Aber auch die Lust kann – sofern ein Organismus dazu fähig ist – bis in die Tiefe der Plasmabewegung der Zellen empfunden werden: im Orgasmus als spontane orgastische Plasmazuckungen, die die Zellen des ganzen Körpers emotional tief bewegen können. Die Fähigkeit zur Hingabe an diese spontanen Plasmazuckungen ist also eine andere Umschreibung für »orgastische Potenz«. Reich hat damit die Funktion des Orgasmus immer umfassender interpretiert als wesentliche Grundfunktion des Lebendigen überhaupt, nicht beschränkt auf den Menschen, sondern im Sinne fließender Plasmabewegungen als Grundlage bioenergetischer Gesundheit und Selbstregulierung allen Lebens. In der plasmatischen Erstarrung hingegen sah er den Ausdruck bioenergetischer Erkrankung – mit der Folge funktioneller Störungen und dem schließlichen Übergang zum Strukturzerfall.

Die Entdeckung der Biogenese

Für die mikroskopischen Untersuchungen an Einzellern benötigte Reich immer wieder Einzellerpräparate, die er sich aus dem Biologischen Institut der Universität Oslo besorgte; bis man ihn eines Tages darauf hinwies, daß er sich diese Präparate doch auf ganz einfache Weise auch selbst herstellen könnte: mit dem sogenannten »Heuaufguß«.

Wenn man Heu (nicht frisches Gras) in Wasser legt und ein paar Tage wartet, dann wimmelt es hinterher nur so von lauter lebenden Einzellern. Auf die Frage von Reich, wie denn die Einzeller in den Heuaufguß kämen, wurde ihm die übliche Erklärung gegeben: Entweder seien schon lebende Keime auf dem Heu gewesen, oder es kämen welche aus der Luft und würden sich bevorzugt auf dem Heuaufguß niederlassen. Aus einem lebenden Keim würden dann durch Zellteilung sehr schnell 2, 4, 8, 16, 32 ... Einzeller entstehen *(Abb. 21)*.

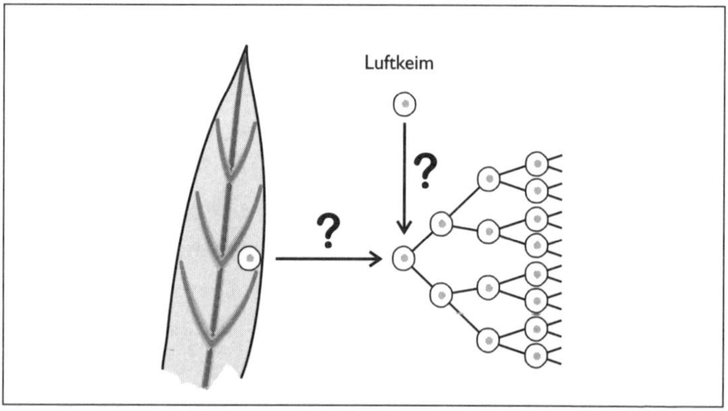

Abb. 21

Reich war an dieser Stelle skeptisch oder zumindest neugierig geworden und wollte sich davon überzeugen, ob sich das Beschriebene unter dem Mikroskop tatsächlich so beobachten ließ. Seine Beobachtungen führten ihn schließlich zu völlig anderen Schlußfolgerungen und zu der umwälzenden Entdekkung der Biogenese[20], der Entschlüsselung des großen Rätsels in der Naturwissenschaft, wie sich der Übergang von Nicht-Leben zu Leben vollziehen kann oder vollzogen haben mag. Heuaufgüsse waren sicherlich schon vor Reich viele tausend

Male in den biologischen Labors angesetzt und nach ein paar Tagen mikroskopisch untersucht worden. Nur den Verlaufsprozeß hatte sich bis dahin wohl noch niemand ununterbrochen angesehen, oder es war niemandem dabei etwas Besonderes aufgefallen. Für Reich war es der Durchbruch bei der Wiederentdeckung der Lebensenergie – und, wie sich später zeigen sollte, auch die Grundlage für ein völlig neues bioenergetisches Verständnis von Krebs.

Es bedurfte hierzu keines Milliardenaufwands an Forschungsgeldern, sondern eines wachen und neugierigen, mit kindlicher Unbefangenheit an die Beobachtung herangehenden Forschergeistes, der sich nicht in die Gleise überkommener Auffassungen und Dogmen hineinziehen ließ, sondern sich mit eigenen Augen und wachen Sinnen sein Bild von den Naturfunktionen machen wollte. Die wesentliche apparative Ausstattung bestand aus einem sehr guten Lichtmikroskop und einem Gerät, mit dem man sterilisieren konnte, einem »Autoklavier-Gerät«.

Was Reich unter dem Lichtmikroskop gesehen hat, hört sich verblüffend an, so verblüffend, daß jeder Biologe sofort sagt: »Das kann nicht sein!« Und dennoch: Die Experimente, die ich gleich kurz beschreiben werde, sind inzwischen mehrfach nachvollzogen worden[21] und haben sich in wesentlichen Punkten bestätigen lassen. Wenn es im Rahmen des bisherigen naturwissenschaftlichen Weltbildes nicht erklärt werden kann, aber sich gleichwohl immer wieder beobachten läßt, dann ist der Rahmen des Weltbildes zu eng geworden, dann muß er eben erweitert oder durch einen anderen ersetzt werden. Wissenschaft hat sich immer auf diese Weise weiterentwickelt. Aber die Vertreter der jeweils herrschenden Lehre haben sich auch immer erst mit Händen und Füßen dagegen gesträubt, daß ihr Weltbild ins Wanken geraten könnte, und haben mit Macht gegen neue

umwälzende Entdeckungen angekämpft. Der Wissenschaftstheoretiker Thomas S. Kuhn hat dies ausführlich anhand der Naturwissenschaften in seinem Buch »Die Struktur wissenschaftlicher Revolutionen« dokumentiert.
Und dennoch ist immer wieder ein lange Zeit vorherrschendes Weltbild durch ein anderes abgelöst worden, wenn es immer offensichtlicher wurde, daß das alte Weltbild, das alte »Paradigma«, keine hinreichenden Erklärungen mehr für neue Beobachtungen geben konnte. In den letzten Jahren ist viel von »Paradigmenwechsel« die Rede, in dem wir uns bereits befinden: weg vom mechanistischen Weltbild und hin zu einem ganzheitlich-ökologischen Weltbild.
Kaum ist dabei allerdings die Rede davon, daß schon Reich mit seinen Beobachtungen und Erkenntnissen gezeigt hat, wie notwendig ein Paradigmenwechsel ist, wenn es um das tiefere Verständnis lebendiger Prozesse und seiner Störungen geht. Mit seiner Entdeckung der Biogenese und der Lebensenergie hat er schon 1938 an den Grundfesten des mechanistischen Weltbilds gerüttelt, und die, die sich in der Festung etablierter Wissenschaft eingemauert hatten, haben – wie früher die Ritter in der Zitadelle – die Brücke hochgezogen, um dem Angreifer den Eintritt in ihre Burg zu verwehren, und ihn mit Pech und Schwefel überschüttet.

Strukturzerfall und spontane Selbstorganisation

Die Beobachtungen von Reich im Zusammenhang mit dem Heuaufguß waren folgende: Die Struktur des pflanzlichen Gewebes beginnt schon bald, sich in kleinste Bläschen zu zersetzen *(Abb. 22a)*, die Reich »Bione« nannte, die sich teilweise zu größeren Bläschenhaufen zusammenballten *(Abb. 22b)*.

Im weiteren Verlauf bekamen einige von ihnen eine Membran, lösten sich vom Ausgangsgewebe ab, und die Schnur, die sie zunächst noch mit dem Gewebe verband, wurde schließlich durchtrennt, so daß die Gebilde frei in der Flüssigkeit herumschwammen *(Abb. 22c)*.

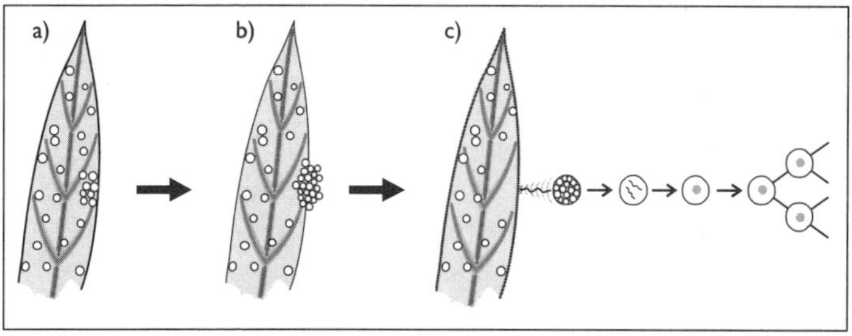

Abb. 22

Die innere Bläschenstruktur löste sich allmählich auf, und es entstand im Inneren zunächst an einer Stelle ein Pulsschlag, der allmählich immer weitere Teile des Inneren mit in die Bewegung zog; nach und nach entwickelte sich eine innere Fließbewegung, ein inneres Strömen, innerhalb dessen sich ein Kern herausbildete. Im Inneren der Membran kam es dann unter ständigen Rotationsbewegungen zu einer Verdichtung, bis die Membran aufplatzte wie ein Blasensprung. Und aus ihr heraus kam ein neuer lebender Einzeller, mit allen Eigenschaften, wie sie über ihn in der Biologie bekannt sind: Zellkern, Zellwand, Protoplasma; und mit der Fähigkeit, sich zu teilen, so daß aus einem Einzeller 2, 4, 8, 16, 32 … Einzeller wurden. Nach einigen Tagen wimmelte es schließlich im Heuaufguß nur so vor lauter Einzellern.

Anfang und Ende des Versuchs waren also genauso, wie es in der Biologie allgemein bekannt ist. Aber der Verlaufsprozeß, wie ihn Reich beobachtet und beschrieben hat, ist ein ganz anderer. Die von ihm beobachteten neuentstandenen lebenden Einzeller sind nicht hervorgegangen aus bereits vorhandenen lebenden Keimen oder Einzellern aus der Luft oder auf dem Heu oder im Wasser, sondern aus Gebilden, die herkömmlicherweise nicht als lebende Organismen interpretiert werden würden: den kleinen Bläschen, den Bionen, die viel weniger komplex sind als eine lebende Zelle, die keinen Stoffwechsel haben und sich auch nicht reproduzieren können.

Unter dem Gesichtspunkt der Komplexität von Strukturen läßt sich der Verlaufsprozeß folgendermaßen darstellen *(Abb.23)*:

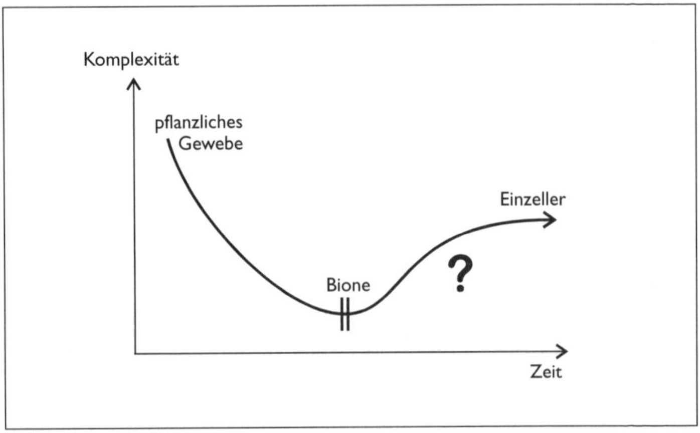

Abb. 23

Auf der senkrechten Achse ist der Grad der Komplexität abgetragen, auf der waagerechten der Zeitablauf mehrerer Tage. Die Komplexität von Bionen ist viel geringer als die von pflanzlichem Gewebe, und die Komplexität von Einzellern ist höher als diejenige von Bionen. Während sich im absteigenden Ast der Kurve der Strukturzerfall entsprechend dem Entropiegesetz ausdrückt, verweist der aufsteigende Ast auf einen Prozeß spontaner Selbstorganisation hin zu komplexeren Strukturen, auf einen dem Entropiegesetz entgegengerichteten Prozeß.

Neues Leben entsteht demnach nicht nur aus schon vorhandenem Leben, sondern bildet sich ständig in einem fließenden Übergangsprozeß spontan aus nichtlebenden Substanzen und

Gebilden, den Bionen. Vor diesem Hintergrund bedarf es also auch keiner weiteren Frage, wie in Urzeiten die erste lebende Zelle entstanden sein könnte, aus der heraus sich angeblich alles andere Leben ableitet. Vielmehr vollzieht sich der Prozeß der Biogenese ständig vor unseren Augen, in jeder Pfütze oder in jedem Tümpel, wo sich welkes Gras oder welke Blätter auflösen. Man braucht nicht einmal das Labor dafür, um diesen Prozeß erst künstlich herzustellen. Überall in der Natur vollzieht er sich ständig von selbst. Aber die etablierte Naturwissenschaft hat ihn bisher systematisch übersehen oder wegerklärt und mit blinder Treffsicherheit an ihm vorbeigeforscht.

Um übrigens dem möglichen Einwand begegnen zu können, lebende Keime könnten sich ja schon vorher im Heuaufguß befunden haben, hat Reich den Aufguß hochdruckerhitzt (»autoklaviert«) auf eine Temperatur, bei der nach herkömmlichen Vorstellungen Leben nicht überleben kann. Aber die beschriebenen Beobachtungen haben sich dadurch nicht verändert.

Im Zusammenhang mit den Bionexperimenten kam Reich ein Gedanke, der seinen weiteren Forschungen einen entscheidenden Impuls geben sollte: Der Zerfall pflanzlichen Gewebes in Bionen und die anschließende Bildung neuer lebender Einzeller, deren Anzahl exponentiell anwächst, vollzieht sich im Aufguß von Heu, nicht von frischem Gras – also nur bei absterbendem Gewebe, das in seiner Vitalität, in seinen Lebensfunktionen geschwächt ist oder aus dem das Leben schon ganz heraus ist. Könnte sich nicht ein funktionell identischer Prozeß auch im menschlichen Organismus vollziehen, und zwar bei Gewebe, das vom Energiefluß weitgehend abgeschnitten ist, dessen Zellen plasmatisch erstarrt sind, in Bereichen des Körpers also, die emotional tief blockiert sind? Und könnte dies den Hintergrund bilden für die Entstehung von Krebszellen, die in ihrer Anzahl exponentiell anwachsen und sich im Wachstum des Tumors ausdrücken? Der Unterschied läge darin, daß das exponentielle Wachstum im Heuaufguß genügend Platz findet, während es im menschlichen Körper andere Organe erdrückt und die Lebensfähigkeit des Organismus zerstört.

Was zunächst nur eine Hypothese sein konnte, hat Reich in den darauffolgenden Jahren immer mehr experimentell untermauern können. Auch seine diesbezüglichen medizinischen Grundlagenforschungen sind mittlerweile in wesentlichen Teilen von anderen nachvollzogen worden und haben sich bestätigen lassen.[22] Demnach entsteht Krebs als Ausdruck und Folge tiefgehender emotionaler Blockierung und plasmatischer Erstarrung, als Ausdruck von Resignation des Lebendigen im einzelnen Menschen gegenüber den starren Strukturen der Gesellschaft, wie sie ihm durch Erziehung, Moral und gesellschaftliche Institutionen entgegengetreten sind: Krebs als extreme Folge nicht gelebten Lebens.

Das will nicht sagen, daß es nicht auch noch andere krebserzeugende oder krebsauslösende Ursachen gibt, wie karzinogene Stoffe oder Strahlenbelastungen. Aber zum einen ist bekannt, daß die gleiche Dosis von Belastungen bei dem einen Menschen Krebs hervorruft und bei dem anderen nicht. Die Erklärung dafür könnte in der unterschiedlichen bioenergetischen Vitalität, im unterschiedlichen Grad emotionaler Lebendigkeit und plasmatischer Beweglichkeit liegen. Und zum anderen bedarf es, um an Krebs zu erkranken, nicht unbedingt karzinogener Stoffe und Strahlenbelastungen. Allein schon tiefe emotionale Blockierungen können nach Reich einen Menschen an Krebs erkranken und sterben lassen.

Kommen wir auf die Bionexperimente und ihre Bedeutung für die Entdeckung der Biogenese zurück. Ist mit den bisher geschilderten Beobachtungen wirklich das Rätsel gelöst, wie Leben entsteht? Die Bione scheinen zwar nicht-lebende Gebilde zu sein, aber sie sind doch erst aus schon vorhandenem Leben, in diesem Fall aus lebenden und dann allerdings absterbenden Grashalmen, hervorgegangen. Also bleibt immer noch die Frage offen, wie denn der Grashalm und die lebenden Formen vor ihm entstanden sind.

Aber auch dieser Einwand wird gegenstandslos, wenn man weitere Bionexperimente in Betracht zieht, die Reich mit sozusagen leblosen Ausgangssubstanzen durchgeführt hat: mit Meeressand, Kohlestaub, feinsten Eisenspänen oder feingesiebter Gartenerde. Er hat diese Substanzen über einer Flamme zum Glühen gebracht und anschließend in sterilem Wasser oder einer anderen sterilen Lösung quellen lassen und dann unter dem Mikroskop ununterbrochen den Verlaufsprozeß beobachtet, der sich daraus ergab. Die Ergebnisse der Beobachtung waren wiederum verblüffend. Am deutlichsten zeigten sie sich bei der Ausgangssubstanz Meeressand: Kurz nach Einbringen des glühenden Sandes in die Lösung begannen sich die klaren Konturen der Sandkörner aufzulösen, es bildeten sich kleinste Bläschen, die sich von der Ausgangssubstanz absetzten und zu größeren Einheiten, zu »Paketen« (PA), zusammenfanden, miteinander verschmolzen und von einer gemeinsamen Membran umgeben waren *(Abb. 24)*.

Abb. 24

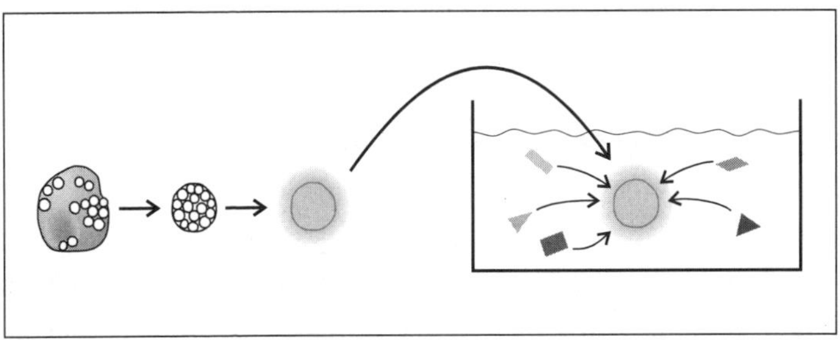

Im weiteren Verlauf beobachtete Reich das Entstehen innerer Bewegung in diesen sogenannten SAPA-Bionen (SA für Sand und PA für Paket), die er als »Pulsation« beschrieb. Und mit der Bewegung entstand ein Strahlungsfeld von intensivem, bläulichem Leuchten im Inneren der Bione und um sie herum. Brachte er die Präparate mit diesen strahlenden SAPA-Bionen in eine sterile Nährlösung, in der nur stoffliche Bausteine einer Zelle vorhanden waren, aber keine lebende Zelle selbst, so wurde ein Prozeß spontaner Selbstorganisation in Gang gesetzt: Die Bausteine wurden von den SAPA-Bionen bzw. der von ihnen ausgestrahlten Energie in Richtung neuer lebender Gebilde organisiert oder strukturiert *(Abb. 24)*.
Ohne das Einbringen der SAPA-Bione in die Nährlösung kam es – jedenfalls in den beobachteten Zeiträumen – zu keiner Selbstorganisation. Reich zog daraus den Schluß, daß die Strahlungsfelder der SAPA-Bione Ausdruck einer energetischen Ladung sind, die als treibende Kraft die spontane Selbstorganisation von neuem Leben bewirkt: Lebensenergie! Er nannte sie »Orgon« oder »Orgonenergie«.

Lebensenergetische Strahlungsfelder

An den Strahlungsfeldern[23] der SAPA-Bione machte Reich erstmals Beobachtungen über Funktionsgesetze der Lebensenergie, die er später in vielen anderen Naturprozessen als funktionell identisch wiederfand.
Eine Beobachtung war die, daß zwei Bione mit ihren Energiefeldern in Kontakt miteinander kommen konnten, ohne daß sich ihre stofflichen Körper berühren mußten. Der energetische Kontakt entstand also über eine gewisse Entfernung hinweg, und wenn es dazu kam, sprang sozusagen der Funke über und bildete sich das, was Reich »orgonotische Strahlungsbrücke«

nannte. Kam es zu einem solchen Zusammenfließen, zu einem wechselseitigen Durchdringen der Energiefelder, so entstand bei beiden Gebilden ein höherer Grad an energetischer Erregung, ihr Leuchten wurde intensiver und ihre innere Bewegung stärker. Reich sprach von »orgonotischer Erstrahlung«. Außerdem bewegten sich die Bione aufeinander zu, als gäbe es eine wechselseitige Anziehung, als würden sie zueinander hingezogen *(Abb.25)*.

Diese Annäherung ließ schließlich nicht nur die Energiefelder zu einem einheitlichen Energiefeld verschmelzen, sondern konnte auch eine Auflösung der stofflichen Grenzen und ein körperliches Verschmelzen und Vereinigen mit sich bringen, so daß aus zwei Bionen schließlich ein neues, größeres Bion wurde.

Reich fand später heraus, daß nicht nur die Bione, sondern alle lebenden Zellen von einem Lebensenergiefeld durchdrungen und umgeben sind, von einem Feld, das in den Raum hineinreicht und selbst keine scharfen Grenzen mehr besitzt, sondern fließend in das Energiefeld des Raumes übergeht und in dieses Feld eingebettet ist. Er fand auch heraus, daß jeder lebende Organismus ein solches Strahlungsfeld besitzt, und kam schließlich sogar zu der These, daß die Erde ein lebender Organismus

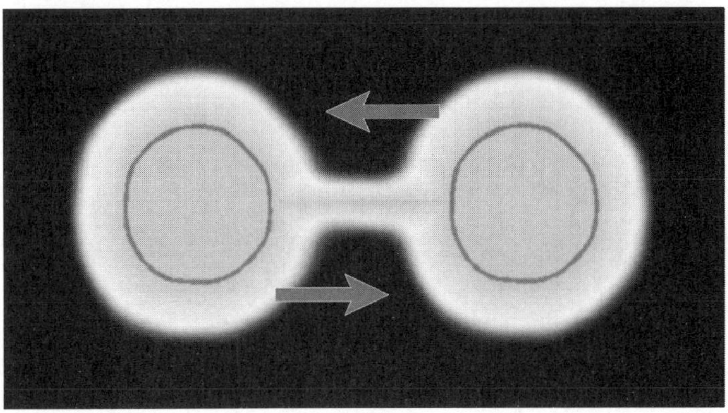

Abb. 25

sei, durchströmt und umströmt von einem Lebensenergiefeld mit intensiv bläulichem Leuchten: die Erde als blauer Planet vor dem Hintergrund eines schwarzen Weltalls!
Zu Reichs Zeiten gab es übrigens die Satellitenbilder von der Erde, wie wir sie heute kennen, noch nicht. Wenn das bläuliche Feld nicht gerade herausgefiltert ist, geben diese Bilder eine eindrucksvolle Bestätigung der Sichtweise von Reich. Natürlich ist die Erde etwas anderes als ein Bion oder eine lebende Zelle, als eine lebende Pflanze, ein Tier oder ein Mensch. Aber bei allen Unterschieden in der Größendimension und in der stofflichen Struktur hat Reich das gemeinsame lebensenergetische Funktionsprinzip aufgedeckt, das allen diesen »bioenergetischen Systemen« *(Abb. 26)* gleichermaßen zugrunde liegt.

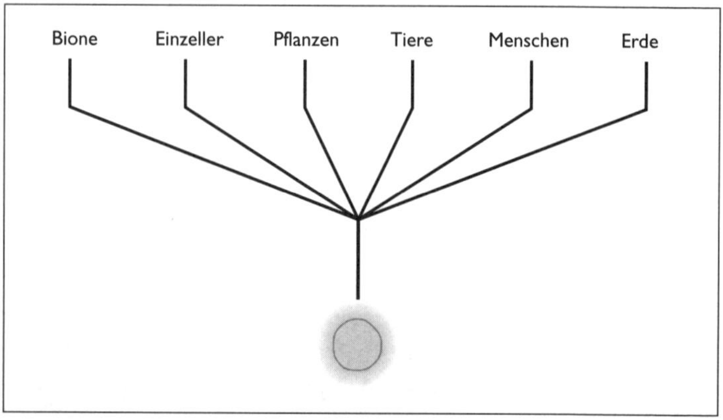

Abb. 26

Orgonotischer Kontakt, Liebe und Sexualität

Auf dieser Grundlage wurden ihm Zusammenhänge, die er schon früher beobachtet hatte, von ihrer tieferliegenden bioenergetischen Funktion her verständlich. Ich will nur einige andeuten: Das spontane Gefühl von Verliebtheit, liebevolle oder auch sexuelle Erregung, ohne daß sich die Körper schon berührt haben; das spontane wechselseitige sich Hingezogenfühlen, die Anziehungskraft, die vom anderen ausgeht, und der Drang, sich schließlich auch körperlich zu vereinigen; das Gefühl, miteinander zu verschmelzen und »eins« zu werden, und die wachsende Erregung, die sich bis zum Orgasmus steigern kann und dann in Entladung und Entspannung übergeht – all das deutete Reich als Ausdruck orgonenergetischer Grundfunktionen, des »orgonotischen Kontakts«, freilich nur dann, wenn dieser Kontakt wirklich entsteht und die wachsende Erregung in den Beteiligten frei strömen und sich entladen kann. Ist sie hingegen eingesperrt in die Panzerungen, so entstehen mit wachsender Erregung Angst und Panik.

Sind beide Partner stark gepanzert, ist ihr Energiefeld ohnehin sehr kontrahiert, und es kommt kaum zu energetischem Kontakt, selbst dann nicht, wenn sich die Körper berühren oder beide sich sexuell zu stimulieren versuchen. Im Extremfall regt sich dabei in bezug auf die sexuelle Erregung gar nichts. Und selbst bei genitaler Vereinigung kann es sein, daß die Energie bei einem oder beiden kaum in das Becken und in die Genitalien einströmt, daß dadurch der Energiekontakt und die wechselseitige Erregung ausbleiben und die Vereinigung unbefriedigend bleibt.

Der orgonotische Kontakt liegt auch einem liebevollen Augenkontakt zwischen zwei Menschen zugrunde. Denn die Augen sind nicht nur optische Wahrnehmungsinstrumente, sind nicht nur Linsen und Netzhaut, sondern bioenergetische Sender und Empfänger: Sie können Lebensenergie ausströmen und einströmen lassen – wenn sie nicht zu sehr gepanzert sind. Wenn es zu einem solchen Kontakt kommt, kann er mit tiefen Liebesgefühlen verbunden sein, und die energetische Erregung strömt bis zum Herzen, bis in den Bauch oder in das Becken hinein;

vorausgesetzt, die betreffenden Menschen sind in diesen Bereichen emotional offen und nicht zu sehr gepanzert.
Diese Art von liebevollem Augenkontakt sucht spontan jedes Baby, das auf die Welt kommt, und um so schlimmer wird es schockiert, wenn ihm statt dessen bei der üblichen Entbindung Höllenqualen bereitet werden, angefangen beim gleißenden Licht im Kreißsaal, über kalte Blicke oder Nicht-Blicke des vermummten Personals, bis hin zu den »Höllentropfen«, den ätzenden Silbernitrattropfen, die jedem Neugeborenen per Gesetz in die Augen geträufelt werden müssen bzw. mußten – zum Schutz gegen mögliche Infektion der Augen, falls die Mutter an Tripper erkrankt ist. Als gäbe es keine andere Möglichkeit, dieser eventuellen Gefahr vorzubeugen![24]
Solche und andere schlimme Erfahrungen führen zu einer Blockierung der Augen und machen es in unserer Kultur zu einem so seltenen Erlebnis, daß sich liebevoller Augenkontakt zwischen Menschen entwickelt. Wenn es aber dazu kommt, ist es eine wunderschöne Erfahrung. Die zugrundeliegende Energiefunktion ist der »orgonotische Kontakt«.

Orgonotischer Kontakt und Stillen

Um orgonotischen Kontakt handelt es sich natürlicherweise auch bei dem Kontakt zwischen Säugling und Mutter, genauer: zwischen dem Mund des Säuglings und der Brustwarze der Mutter. Das Stillen ist nicht nur ein Fließen von Milch, nicht nur stoffliche Nahrung, sondern es fließt auch die Energie der Mutter mit der des Babys zusammen, führt zu wechselseitiger Erregung, einem tiefen Gefühl von liebevoller Verbundenheit und Verschmelzung, das sich auch beim Baby steigern kann bis zu einer Art Orgasmus: spontane Zuckungen und Wellen, die den ganzen Körper erfassen. Man spricht in diesem Zusammenhang von einem »oralen Orgasmus« des Babys.[25]

Aber viele Mütter in unserer Kultur sind auch in dieser Hinsicht orgastisch impotent, können die Energie aufgrund eigener schlimmer Erfahrungen und entsprechender Hemmungen und Blockierungen nicht frei in ihre Brüste strömen lassen oder blockieren aus Schuldgefühlen heraus den Energiestrom, sobald sich bei ihnen sexuelle Erregung einstellt. Dabei ist es das Natürlichste der Welt, wenn das Stillen und Gestilltwerden mit körperlicher Lust verbunden sind. Aber eben das Natürlichste ist in unserer lust- und sexualfeindlichen Kultur so tief verschüttet. In dem Maße, wie der Energiefluß beim Stillen blockiert ist, kommt es zu Frustrationen beim Baby, das sich gegen diese schmerzlichen Erfahrungen im oralen Bereich zu panzern beginnt, womit der Grundstein gelegt wird für den späteren oralen Anteil in der Charakterstruktur, der sich bis zur Depressivität steigern kann.[26]

Alle diese Beobachtungen, die Reich ja schon vorher im Zusammenhang mit seiner therapeutischen Arbeit gemacht hatte, bekamen durch die Entdeckung der Lebensenergie und des orgonotischen Kontakts noch einmal eine tiefere Bedeutung, fanden eine tiefere Erklärung, und es wurde auch hier wieder deutlich, daß sie bei allen Unterschieden in einem gemeinsamen energetischen Funktionsprinzip verwurzelt sind.

Orgonotischer Kontakt zwischen einzelnen Zellen

Orgonotischer Kontakt kann aber nicht nur zwischen unterschiedlichen lebenden Organismen entstehen, sondern auch zwischen einzelnen Teilen eines lebenden Organismus, zum Beispiel zwischen einzelnen Zellen. Ist der energetische Kon-

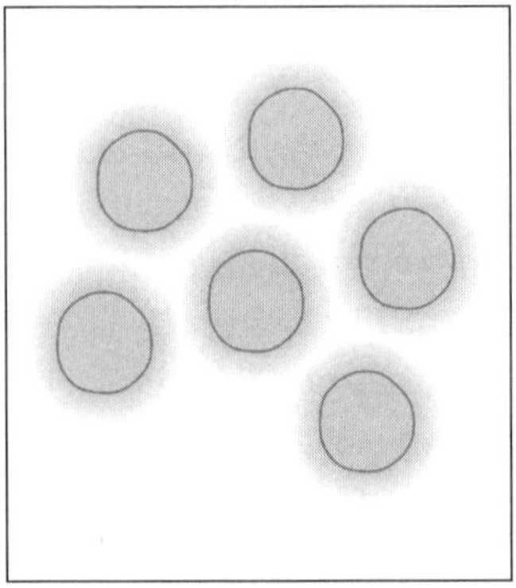
Abb. 27

takt gegeben, was eine hinreichende bioenergetische Ladung der Zellen voraussetzt, dann besteht eine Art Kommunikation zwischen den Zellen, auch ohne daß es irgendwelcher stofflicher Leitungsbahnen zwischen ihnen bedarf, die als Informationsüberträger dienen könnten *(Abb. 27)*. Durch den Energiekontakt erfahren die Zellen, was ihre spezielle Funktion im übergeordneten Ganzen ist. Indem die Energie des ganzen Systems durch sie hindurchströmt und sie sich in Resonanz mit den anderen Zellen und mit der Energie des Gesamtsystems befinden, werden sie gewissermaßen »inspiriert« – im wahren Sinne des Wortes, wenn wir »spirit« als anderen Begriff für die kosmische Lebensenergie verstehen.

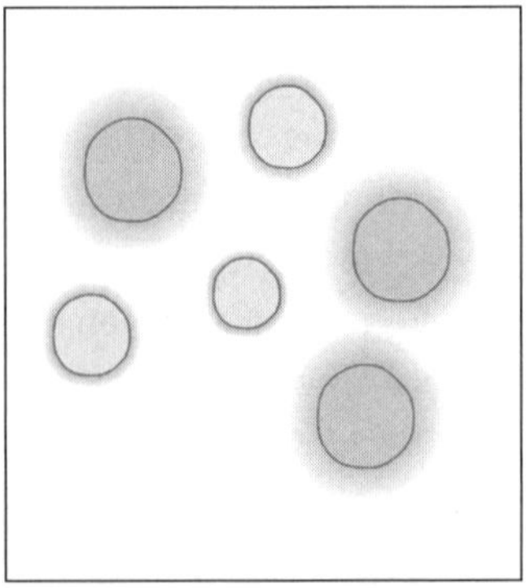
Abb. 28

Sind einzelne Zellen jedoch energetisch zu schwach geladen, ist ihr Energiefeld zu sehr kontrahiert, dann verlieren sie den Kontakt zu den anderen Zellen und dem Energiesystem des Gesamtorganismus *(Abb. 28)*. Sie verlieren damit sozusagen ihre Inspirationsquelle und werden dadurch vom Informationsfluß des Gesamtsystems abgeschnitten. Die Folge davon ist, daß sie nicht mehr um ihre spezifische Funktion innerhalb des Gesamtsystems »wissen« und sich entsprechend gegenüber dem Ganzen verselbständigen.

Krebs als Verlust des energetischen Kontakts

Nichts anderes passiert bei Krebs! Aus vormals gesunden Zellen, die in das Gesamtsystem des Organismus integriert waren, entstehen Zellen, die den Bezug zum Ganzen verloren haben und sich verselbständigen. Indem ihre energetische Ladung nicht mehr ausreicht, um ihre Struktur zu halten, zerfallen sie in kleinere Teile, die Bione, und organisieren sich verselbständigt zu neuen lebenden Zellen, den Krebszellen, deren Anwachsen das Gesamtsystem des Organismus schließlich zerstört. Wenn weiter oben (S. 17ff.) die Rede davon war, daß Krebs Folge tiefer emotionaler Blockierung und plasmatischer Erstarrung sein kann, so ist jetzt auch die bioenergetische Funktionsstörung benannt, die dem Prozeß der Krebsentstehung zugrunde liegt: extreme bioenergetische Ladungsschwäche der betreffenden Zellen bzw. des Gewebes und Zusammenbruch des orgonotischen Kontakts dieser Zellen zum Gesamtorganismus.

4.1.3 Orgonforschung und andere Strahlungsforschungen

Die Biophotonenforschung von Fritz Albert Popp

Diese Sichtweise von Reich deckt sich übrigens mit anderen Forschungsergebnissen, die Jahrzehnte nach ihm gefunden wurden und einiges Aufsehen erregten, ohne lange Zeit wirklich verstanden zu werden: Ich meine zum Beispiel die von Fritz Albert Popp sogenannte »ultraschwache Zellstrahlung« bzw. die »Biophotonen«,[27] die er mit bestimmten, sehr feinen Meßmethoden als Abstrahlung lebender Zellen hat nachweisen können. Krebszellen weisen dabei eine veränderte Strahlung auf. Auch andere Forscher haben Phänomene entdeckt, die sich mit dem von Reich beschriebenen orgonotischen Kontakt erklären ließen.

Das geheime Leben der Pflanzen

In dem Buch »Das geheime Leben der Pflanzen« von Peter Tompkins und Christopher Bird werden unter anderem die Experimente von Cleve Backster, dem Erfinder des Lügendetektors, beschrieben, der dieses Meßgerät an Pflanzen angewendet hat. Dabei konnte er feststellen, daß Pflanzen – auf für ihn unerklärliche Weise – nachweisbar und meßbar auf menschliche Emotionen reagieren, auf liebevolle Zuwendung ganz anders als auf Bedrohung. Es gibt auch Versuche über eine »Biokommunikation« zwischen Pflanzen, zwischen Menschen und Tieren sowie zwischen Pflanzen und Tieren – sogar über größere Entfernungen hinweg.

Alle diese Versuche haben seinerzeit großes Aufsehen erregt, und es wurde immer wieder darauf verwiesen, daß es da noch etwas geben muß, was die Wissenschaft bisher noch nicht herausgefunden hat. Der Name Reich wurde in diesem Zusammenhang allerdings kaum erwähnt. Dabei werden die meisten dieser Experimente vor dem Hintergrund seiner Entdeckung der Orgonenergie und der Funktion des orgonotischen Kontakts verständlich. Bei Liebesgefühlen strömt die Energie sanft fließend hin zur Welt und geht einher mit einer ganz anderen Qualität des Energiefeldes als bei Angst oder Wut. Im Fall von Angst zieht sich die Energie zurück, und das Energiefeld zieht sich entsprechend zusammen, während es bei Wut zu einem explosiven Ausbruch aufgestauter Energie kommt.

Daß die Energiefelder von Pflanzen, die ihrerseits nicht blokkiert sind, sehr sensibel auf solche Veränderungen reagieren, wenn sie in Kontakt mit dem Energiefeld des Menschen sind, überrascht vor dem Hintergrund der Reichschen Forschungen in keinster Weise, sondern findet eine plausible lebensenergetische Interpretation.

Die Kirlian-Fotografie

Ähnlich ist es in bezug auf die sogenannte Kirlian-Fotografie, die auf ein sowjetisches Ehepaar namens Kirlian zurückgeht und die ebenfalls großes Aufsehen erregte, als sie im Westen bekannt wurde (damals durch das Buch »PSI« von Ostrander/Schroeder). Mittlerweile haben wohl die meisten schon von dieser Methode gehört und entsprechende Fotos gesehen. Es handelt sich um Aufnahmen, die im Dunkelraum in einem Hochfrequenzfeld gemacht werden, zum Beispiel von Pflanzenblättern oder von den Fingerkuppen eines Menschen.[28]
Solange der Hochfrequenzgenerator eingeschaltet ist, sprühen Funken aus den Blättern oder den Fingerkuppen und ergeben auf dem darunterliegenden Film eine entsprechende Belichtung. Das entwickelte Foto zeigt um die Konturen des aufgenommenen Objekts herum eine Art Strahlungsfeld, das auf normalen Farbfilmen häufig bläulich wird. Wird das Blatt von der Pflanze abgeschnitten, so wird dieses Feld immer schwächer und bricht bald ganz zusammen. Bei Aufnahmen von den Fingerkuppen eines Menschen zeigt sich, daß sich das Feld mit verändertem Gesundheitszustand und auch mit verändertem emotionalen Zustand ebenfalls verändert. In gesundem, entspanntem Zustand erscheint es ausgeglichen, harmonisch, kohärent und bläulich, während es bei gesundheitlichen und/oder emotionalen Störungen Einbrüche aufweist, die Farbe verändert und unharmonisch wirkt.
Auch hier wieder fand man keine Erklärung für diese Phänomene, und auch hier wieder wurde kaum einmal auf die Forschungen von Reich hingewiesen, auf deren Grundlage diese Phänomene ganz verständlich werden, als sichtbarer Ausdruck veränderter Orgonenergiefelder lebender – oder auch sterbender – Organismen. Im Prozeß des Absterbens läßt die lebens-

energetische Ladung immer mehr nach, und ein toter Organismus weist kein eigenständiges Energiefeld mehr auf.
Damit soll nicht gesagt werden, daß die Kirlian-Fotografie eine direkte, unmittelbare Abbildung und Sichtbarmachung des Orgonenergiefeldes ermöglicht. Denn was mit dieser Methode aufgenommen wird, sind elektrische Funkenentladungen. Aber die Tatsache, daß sich die Struktur und auch die Farbe der Funkenentladung verändert, je nach Vitalität, Gesundheit oder emotionalem Zustand, läßt zurückschließen auf ein dahinter sich verbergendes, im Hintergrund wirkendes Prinzip von Strukturierung. Auch hier zeigt sich, wie mit abnehmender Vitalität die Strukturierung des Feldes oder der Grad der Kohärenz nachläßt und das Feld immer strukturloser, zerfaserter und zerrissener wird. Das hinter der Funkenentladung sich verbergende strukturierende, organisierende Prinzip kann also als Orgonenergiefeld gedeutet werden.
Das bedeutet, daß die Kirlian-Bilder nur ein indirekter Ausdruck der zugrundeliegenden Lebensenergiefelder sind – ganz ähnlich, wie beim Magnetismus die Muster der Eisenspäne nur indirekter Ausdruck des zugrundeliegenden unsichtbaren, aber strukturierenden Magnetfeldes sind.

4.1.4 Orgonenergie und energetische Heilung

Mesmers animalischer Magnetismus

Auf der Grundlage des orgonotischen Kontakts können auch energetische Heilungen von Heilern interpretiert werden. Franz Anton Mesmer[29] hatte diese Möglichkeit schon im 18. Jahrhundert wiederentdeckt und sie seinerzeit »animalischer Magnetismus« genannt. Mesmer hatte zunächst beobachtet, daß das langsame Streichen mit einem Magneten entlang des Körpers bei der behandelten Person Strömungsempfindungen auslöst, in deren Gefolge es teilweise auch zu emotionalen Ausbrüchen und zum Abbau von Krankheitssymptomen kam. Später kam er darauf, daß entsprechende Wirkungen auch erzielt werden konnten, wenn die Hand der behandelnden Person im Abstand einiger Zentimeter über den Körper der behandelten Person strich. Direkte Berührung war dazu nicht erforderlich, aber auch nicht ausgeschlossen.

Mit Hilfe des Handauflegens bzw. des Energiekontakts ohne direkte Berührung konnte Mesmer auch spüren, welche Bereiche im Organismus der behandelten Person krank waren, konnte die Energie aus seinen Händen in diese Bereiche einstrahlen oder einfließen lassen und auf diese Weise die Krankheit heilen – also den Gesundheitszustand des betreffenden Menschen im wahren Sinne des Wortes »beeinflussen«. Aus seinen Erfahrungen als Heiler an Tausenden von Menschen hat er ein ganzes »Rezeptbuch« für Energiebehandlung zusammengestellt, in dem die verschiedensten Krankheitssymptome jeweils bestimmten Körperbereichen zugeordnet werden und angegeben wird, wo der Heiler seine Hand oder seine Hände auflegen muß, um die energetische Störung zu beheben und auf diese Weise die Krankheit zu heilen. (Jerome Eden hat in seinem Buch »Animal Magnetism and the Life Energy« dieses lange Zeit verschüttete Wissen wieder zusammengetragen.)

Mit seinen spektakulären und für die Schulmedizin völlig unverständlichen Heilerfolgen sowie mit der Weitergabe seines Wissens und seiner Fähigkeiten hat Mesmer damals eine soziale Bewegung ausgelöst, die sich über Europa ausbreitete und die man »Mesmerismus« nannte. Er hatte als Heiler zeitweise auch Zugang zu den höchsten sozialen Schichten, dem Hofadel und dem Königshof in Frankreich.

Später gab es auch bestimmte Gruppenarrangements, wo etwa 20 bis 30 Menschen um Wasserbecken herumsaßen und mit

ihren Händen Metallrohre berührten, die ins Wasser führten (sogenannte baquets). Allein durch diese Arrangements kam es – wiederum für die Schulmedizin völlig unverständlich – zu heftigen emotionalen Durchbrüchen, von denen schließlich die ganze Gruppe oder jedenfalls viele ihrer Teilnehmer erfaßt wurden und in deren Gefolge unglaubliche Heilungen eintraten. Die Beschreibungen dieser Sitzungen erinnern in vielen Aspekten an emotionale Prozesse, wie wir sie heute wieder aus Bioenergetikgruppen kennen, in denen an der Auflockerung des Körperpanzers gearbeitet wird.
Warum derartig heftige Reaktionen ausgelöst werden können allein durch Berührung von Metallrohren, die in Wasser geerdet sind, wird verständlich im Zusammenhang der Reichschen Forschung. Das Stichwort hierfür ist ein Gerät, das Reich entwikkelt hat, um einen Energiesog entstehen zu lassen: der von ihm sogenannte DOR-Buster. Dieses Gerät besteht im Prinzip aus nichts anderem als aus Metallrohren, die über Metallschläuche mit Wasser verbunden werden. Auch Reich hat über heftige emotionale Reaktionen bei längerer Berührung dieses Geräts berichtet, und ich kann dies aus eigener Erfahrung bestätigen.[30]

Die Vernichtung der Energieheilung

Während der Mesmerismus in großen Teilen der Bevölkerung begeisterte Zustimmung fand und allein durch seine ungewöhnlichen Heilerfolge immer mehr Menschen überzeugte, setzte von Seiten der herrschenden Wissenschaft, institutionell verkörpert in der Französischen Akademie der Wissenschaften, ein heftiger Kampf gegen den Mesmerismus ein, der schließlich damit endete, daß diese Methode als unwissenschaftlich abgestempelt und ihre Anwendung gesetzlich verboten wurde. Die ganze Bewegung des Mesmerismus und Mesmer selbst wurden auf diese

Weise kriminalisiert, der Mesmerismus wurde unterdrückt und konnte sich in kleinen Zirkeln nur noch im Untergrund halten. Mesmer starb als verarmter und einsamer Mensch.
Das Verbot der Energieheilung ist bis heute in vielen Ländern, einschließlich Deutschland, nicht aufgehoben: Menschen, die diese Art der Heilung als Laien ausüben, setzen sich der Gefahr strafrechtlicher Verfolgung aus, und die es als Ärzte oder Heilpraktiker tun, müssen ihre Tätigkeit mehr oder weniger verdeckt ausüben. In England besteht in dieser Hinsicht eine größere Offenheit: Es gibt dort Tausende von Energieheilern, die offiziell zugelassen sind und auch in Kliniken arbeiten. In den USA ist es dagegen ganz schlimm bestellt: Dort sind alle energetisch wirkenden Heilmethoden, bei denen nicht eindeutig anerkannte »Wirkstoffe« nachgewiesen sind, verboten; und Verstöße gegen dieses Verbot werden bis heute von der amerikanischen Gesundheitsbehörde FDA (Food and Drug Administration) verfolgt, mit teilweise kriminellen Methoden.[31]
Dies ist übrigens die gleiche Behörde, die Mitte der fünfziger Jahre die Orgonforschung Reichs verboten und einen Gerichtsbeschluß erwirkt hat, demzufolge es die Orgonenergie nicht gibt; und einen Beschluß darüber, daß alle seine Veröffentlichungen, in denen auch nur mit einem Wort der Hinweis auf die Entdeckung der Lebensenergie auftauchte, verbrannt werden sollten – Mitte der fünfziger Jahre – im führenden Land der sogenannten freien Welt! Das Verbot ist bis heute in den USA nicht aufgehoben worden, und alle, die auf diesem Gebiet offen und öffentlich weiterarbeiten, stehen mit einem Bein im Gefängnis. Eine Rehabilitierung von Reich, der für seine Forschung ins Gefängnis gewandert und nicht mehr lebend herausgekommen ist, hat bis heute nicht stattgefunden.[32]
Die Parallelen zu Mesmer sind verblüffend, obgleich inzwischen 200 Jahre vergangen sind. Aber in der heftigen Reaktion der

Gesellschaft und speziell der Vertreter mechanistischer Wissenschaft auf die Wiederentdeckung der Lebensenergie hat sich seither wenig geändert. Vor 200 Jahren, in der Epoche, in der der Rationalismus und die mechanistische Weltanschauung gerade dabei waren, ihren Siegeszug in der westlichen Welt zu feiern und sich immer mehr in verwertbare Technologien umsetzen zu lassen, war die Wiederentdeckung der Lebensenergie und ihrer Heilungsmöglichkeiten aus der Sicht dieser Interessen unerträglich. Denn durch diese Entdeckung geriet das Fundament des mechanistischen Weltbildes und sein Absolutheitsanspruch ins Wanken. Das haben dessen Vertreter wohl immer wieder gespürt, auch wenn sie ansonsten den lebensenergetischen Ansatz nicht verstanden.

Das orgonomische Potentialgesetz

Ich möchte zurückkommen auf Reichs Beobachtungen an den SAPA-Bionen und die Entdeckung von Funktionsgesetzen der Lebensenergie, wie er sie später in vielen anderen Bereichen wiederentdecken konnte. Handelte es sich bei den Bionen um zwei energetisch sehr ungleiche Gebilde oder bioenergetische Systeme, das eine sehr stark geladen, das andere vergleichsweise sehr schwach *(Abb. 29)*, so entstand ein Energiefluß hin zum stärkeren System und weg vom schwächeren, also gerade entgegengesetzt dem, was sich bei allen anderen in der Physik bekannten Energieformen ergeben würde:
Normalerweise gleichen sich unterschiedliche Energiepotentiale, wenn sie miteinander in Verbindung kommen, aus; die Unterschiede bauen sich ab. Heißes und kaltes Wasser, miteinander vermischt, ergibt lauwarmes Wasser; ein hohes elektrisches Potential, verbunden mit einem niedrigen, führt zu einem Abfluß der Ladung vom hohen zum niedrigen, bis ein

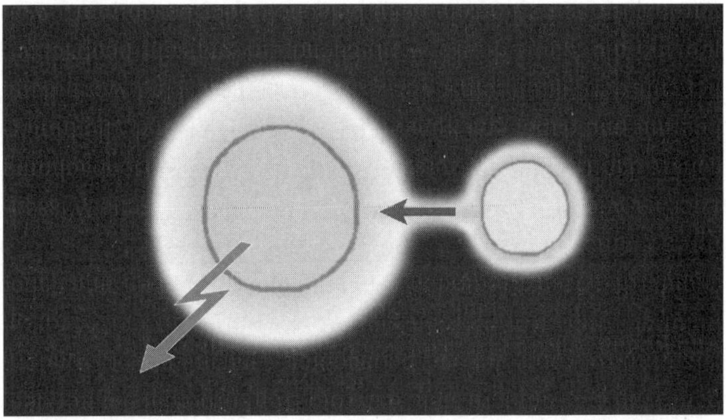

Abb. 29

Ladungsausgleich eingetreten ist. Bei lebensenergetisch geladenen Systemen dagegen entsteht, wie Reich erstmals an den SAPA-Bionen beobachtete, ein Energiefluß hin zum stärkeren System, das heißt, die schon bestehenden Potentialunterschiede werden noch größer.

Das kann natürlich nicht unendlich so weitergehen. Beim schwächeren System findet es dort seine Grenze, wo die ganze Lebensenergie entzogen ist, wo das bis dahin lebende Gebilde als leblose Substanz zurückbleibt *(Abb. 30)*. Saugt das stärkere System die Energie aus mehreren schwächeren Systemen, so

Abb. 30

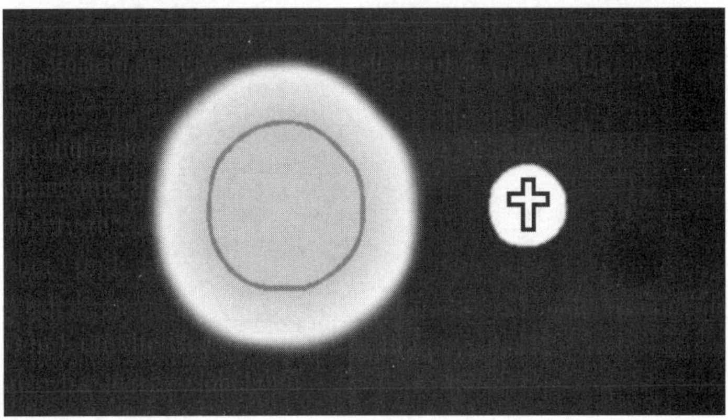

geht auch dieser Prozeß nicht unbegrenzt weiter, sondern nur bis zu einer gewissen Sättigungsgrenze, bei deren Erreichen eine energetische Entladung stattfindet (symbolisch angedeutet durch den Blitz in *Abb. 29*), um danach wieder von neuem Energie aufzusaugen und einer neuen Entladung entgegenzugehen.
Reich hat diesen Zusammenhang unter dem Begriff »orgonomisches Potentialgesetz« zusammengefaßt. Ich hatte an anderer Stelle schon kurz angedeutet, daß auch diese Beobachtung im Widerspruch zum Entropiegesetz steht, im Widerspruch allerdings nur dann, wenn das Entropiegesetz in seinem Gültigkeitsbereich verabsolutiert wird. Wird es lediglich auf einen Teilbereich von Naturprozessen beschränkt, für den es zweifellos seine Gültigkeit hat, dann könnte man sagen: Mit der Entdeckung des orgonomischen Potentialgesetzes hat Reich das naturwissenschaftliche Weltbild, das bisher nur die eine Hälfte von Naturprozessen verstanden hat, um die andere Hälfte vervollständigt *(Abb. 31)*:

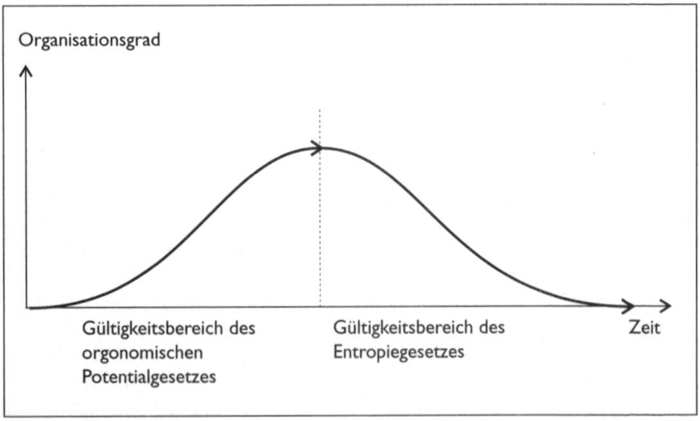

Abb. 31

Neben den strukturauflösenden, die Potentialunterschiede ausgleichenden Tendenzen hat er die strukturaufbauenden, Potentialunterschiede hervorrufenden Tendenzen beschrieben, die mit einem Prozeß der spontanen Selbstorganisation (hin zu wachsendem Organisationsgrad oder zunehmender Komplexität) einhergehen.

Spontane Aufladung des Lebendigen

Auf der Grundlage des orgonomischen Potentialgesetzes läßt sich eine Fülle lebendiger Naturphänomene interpretieren, von denen ich hier nur einige wenige andeuten will: Entsprechend dem Reichschen Verständnis besitzt jeder lebende Organismus ein Lebensenergiefeld, das stärker ist als dasjenige des umgebenden Raumes. Ich komme später noch darauf zu sprechen, wie Reich die Orgonenergie im Raum, also auch außerhalb und unabhängig von lebenden Organismen und unverbunden mit Plasma, entdeckt und beschrieben hat, zunächst als »atmosphärische Orgonenergie«, später als »kosmische Orgonenergie«, die nach seiner Interpretation das ganze Universum, auch das sogenannte Vakuum anfüllt.[33] Wenn sich ein lebender Organismus also energetisch vom umgebenden Raum abhebt, wirkt zwischen ihm und der Umgebung das orgonomische Potentialgesetz, und zwar derart, daß der Organismus als das stärkere System der Umgebung ständig Energie entzieht und sein Potential weiter aufbaut.

Dieser ständige energetische Zufluß von außen ist also die Grundlage für das, was wir bisher immer als »innere Energiequelle« bezeichnet haben. Jede Quelle muß sich immer wieder von neuem auffüllen, damit sie auf Dauer weitersprudeln kann, und so auch die innere Quelle der Lebensenergie, das, was Reich den »biologischen Kern« genannt hat. Je energetisch stärker ein Organismus im Verhältnis zur Umgebung ist, um so stärker erfolgt auch die weitere Aufladung und um so mehr drängt es ihn nach Erreichung der energetischen Sättigungsgrenze immer wieder zu Entladungsprozessen. Die Pulsation von Aufladung und Entladung hat Reich als wesentliche Grundfunktion des Lebendigen betrachtet.

Wachstum und Sexualität als energetische Entladung

Beim heranwachsenden lebenden Organismus findet die Entladung in der Zellteilung ihren Ausdruck: Das Energiepotential einer Zelle verteilt sich auf die zwei Zellen, die aus der Zellteilung hervorgehen, und auf diese Weise wird die Spannung abgebaut – bis die Zellen sich voll entfaltet und aufgeladen haben und wiederum zur Zellteilung treiben.
Ist das Wachstum eines Organismus abgeschlossen, so drängt die Energie verstärkt in andere Formen der Entladung, vor allem in die Sexualität. Der Orgasmus, der bei orgastischer Potenz alle Zellen des Organismus mit spontanen Plasmazuckungen und Energieentladungen erfaßt, ist der natürliche Ausdruck des Abbaus von immer wieder entstehendem Energieüberschuß in einem gesunden Organismus. Ist die Entladungsfunktion gestört, so kommt es zu Energiestau und entsprechenden Stauungssymptomen.
Andererseits läßt das Bedürfnis nach sexueller Entladung in dem Maße nach, wie das Energiesystem des Organismus schwächer wird und entsprechend auch weniger Energie aus der Umgebung anzieht, also auch weniger Energieüberschuß produziert. Die Abschwächung energetischer Ladung im hohen Alter ist wohl ein natürlicher Prozeß, aber sie ist nicht natürlich, sondern krankhaft, wenn sie schon im frühen oder mittleren Alter eintritt, beispielsweise als Folge von chronisch blockierter Atmung und insgesamt starker charakterlicher und körperlicher Panzerung, die zu ihrer Aufrechterhaltung mit einem ständigen Energieverzehr verbunden ist.

Ist der Organismus erst einmal energetisch schwach, so treibt er in einer Art Teufelskreis in immer größere Schwäche, weil sein Energiefeld – entsprechend dem orgonomischen Potentialgesetz – immer weniger Energie aus der Umgebung aufnimmt, die zur Aufrechterhaltung der natürlichen Funktion des Organismus immer weniger ausreicht und ihn immer kranker werden läßt. Wie schon weiter oben dargestellt, kann extreme energetische Ladungsschwäche schließlich zu einem Strukturzerfall der Zellen und zu Krebs führen.

Im Energiesystem des lebenden Organismus Erde finden sich nach Reich funktionell identische Prozesse von Potentialaufbau und Entladung. Sind erst einmal Potentialunterschiede der Orgonenergiehülle der Erde vorhanden, haben sie die Tendenz, sich zu verstärken. Reich hat später herausgefunden, daß Orgonenergie und Wasser sich wechselseitig stark anziehen, daß also die Anziehung von Wasserdampf um so stärker ist, je höher das orgonomische Potential in einem Bereich der Atmosphäre ist. Vor diesem Hintergrund erklärte Reich die Entstehung von Wolken, sofern hinreichend Luftfeuchtigkeit in der Atmosphäre vorhanden ist. Es bilden sich keine Wolken, wenn es keine Potentialunterschiede in bezug auf die Orgonenergie der Atmosphäre gibt. Bei großen Potentialunterschieden hingegen haben die Wolken die Tendenz, immer weiter anzuwachsen und sich zu verdichten. Die energetische Entladung kann dann in zwei Formen erfolgen: als Regen, wobei jeder Regentropfen einen Teil der Energie anzieht (und auf diese Weise die Wolke energetisch entspannt), und/oder als Blitz. Das Naturschauspiel eines Gewitters deutet an, welche riesigen Energiemengen durch Entladung von Orgonpotentialen und ihre Transformation in Elektrizität gewonnen und genutzt werden könnten.

Man könnte das Gewitter als einen »Himmels-Orgasmus« bezeichnen, weil es vom Energetischen her in vieler Hinsicht funktionell identisch mit einem Orgasmus des menschlichen Organismus ist. Emotional offene Menschen lassen sich übrigens auch von einem Gewitter tief bewegen, während stark gepanzerte Menschen oft Angst entwickeln – wie bei sexueller Erregung.

Wenn ein Mensch, obwohl unter sexueller Spannung stehend, sich nicht entladen kann, nennen wir ihn »verklemmt«. Auch der Himmel kann verklemmt sein, wenn sich Gewitterspannung aufbaut, aber nicht entlädt. Ein solches Klima kann zu einer fast unerträglichen Atmosphäre führen. Wie angenehm wird es demgegenüber empfunden, wie entspannend und aufklarend, wenn es zur vollen Entladung kommt: im Orgasmus beim Menschen ebenso wie im Gewitter der Atmosphäre.

Alle diese Parallelen zwischen Bereichen, die scheinbar nichts miteinander zu tun haben, erscheinen aus der Sicht mechanistischer Wissenschaft als völlig absurd. Von einem funktionellen Verständnis her sind sie jedoch nur Ausdruck gemeinsamer lebensenergetischer Funktionsprinzipien, funktioneller Identitäten bei gleichzeitigen Unterschieden. Je mehr Bereiche des Naturgeschehens mit dieser Sichtweise betrachtet und entschlüsselt werden, um so einfacher stellt sich die Natur uns dar, so einfach, daß wir schon deswegen geneigt sind, diese Sichtweise in Frage zu stellen. Weil wir von der vorherrschenden Art von Wissenschaft und Technik gewohnt sind, daß alles immer komplizierter werden muß, immer undurchschaubarer, immer mehr aufgesplittert in spezialisierte Wissenschaft mit ihrer jeweiligen Fachsprache, die man als Außenstehender kaum versteht, so daß man sich letztendlich gar kein eigenes Urteil bilden kann, weil man eh nicht durchblickt, sondern statt dessen auf das Urteil und die Meinung der Experten angewiesen ist.

Aber all das ist vielleicht nur ein Ausdruck davon, daß sich Wissenschaft und Technik immer weiter vom Leben entfernt haben. Denn die lebendige Natur scheint in ihren Grundfunktionen wirklich ganz einfach zu sein und vor allen Dingen ganz einfach und klar, wenn man sie nur sich selbst regulieren läßt, anstatt sie zu beherrschen, unter Druck zu setzen und zu zerstören. Erst durch derartige Eingriffe in die Natur wird alles so kompliziert.[34]

Die Entdeckung der bioenergetischen Immunabwehr

Die Entdeckung des orgonomischen Potentialgesetzes beinhaltet auch den Schlüssel zum Verständnis einer Immunabwehr, die auf bioenergetischer Ebene wirkt. Ich möchte sie »bioenergetische Immunabwehr« nennen, eine Art von Immunabwehr, wie sie der Schulmedizin nicht bekannt ist und von ihr auch nicht verstanden werden kann – wie übrigens alles, was mit den Funktionen der Lebensenergie und ihren Störungen zusammenhängt.

Die Schulmedizin betrachtet ja immer nur die stofflichen Strukturen des Körpers und der Krankheitserreger, und sie untersucht kausale Zusammenhänge zwischen bestimmten Wirkstoffen und Krankheit oder Heilung. Wo kein Wirkstoff nachzuweisen ist, kann nach ihrem (Un-)Verständnis eine Behandlungsmethode nicht wirken. Und wenn sie dennoch wirkt, ist es nur Einbildung, »Placebo-Effekt«. Damit hat sich die Schulmedizin begrifflich und methodisch völlig abgedichtet gegenüber Wirkungen und Heilungen, die eben nicht auf Wirkstoffe zurückgeführt werden können, sondern auf »Wirkenergie«, auf die Wirkungen der Lebensenergie.

Die in der Schulmedizin bekannten Ebenen der Immunabwehr beziehen sich auf die Bildung von Antikörpern einerseits und auf die sogenannte Phagozytose. Damit ist die Fähigkeit weißer

Blutkörperchen gemeint, Fremdkörper oder Krankheitserreger mit ihrem Plasma zu umschlingen, sich einzuverleiben, aufzulösen und auf diese Weise unschädlich zu machen. Dies sind also bereits zwei unterschiedliche Ebenen von Immunabwehr, und Reich fügt dem eine dritte Ebene hinzu, die bioenergetische Immunabwehr. Sie dürfte für ein tieferes Verständnis vieler Immunschwächekrankheiten von fundamentaler Bedeutung sein. Reich hat ihre Bedeutung insbesondere im Zusammenhang seiner bioenergetischen Krebsforschung untermauert, wo er unter anderem die Rolle der roten Blutkörperchen und ihrer lebensenergetischen Ladung untersucht hat.

Lebende Blutkörperchen bestehen nach Reich – ebenso wie lebende Zellen – nicht nur aus stofflicher Substanz und Struktur, sondern sind auch Träger von Lebensenergie, sind bioenergetische Systeme mit bioenergetischer Ladung in sich und einem Strahlungsfeld um sich herum. Nach Reichs Erfahrungen spiegelt sich in der energetischen Ladung des Blutes die bioenergetische Ladung des gesamten Organismus wider. Je vitaler, emotional gesünder und je weniger gepanzert ein Organismus ist, um so höher ist auch die bioenergetische Ladung des Blutes allgemein und speziell der roten Blutkörperchen – und umgekehrt.

Kommt nun ein bioenergetisch stark geladenes Blutkörperchen in energetischen Kontakt mit einem vergleichsweise schwach geladenen lebenden Krankheitserreger *(Abb. 32)*, so wirkt das orgonomische Potentialgesetz derart, daß dem Krankheitserreger vom Blutkörperchen die Energie entzogen und er auf diese Weise abgetötet wird. Zurück bleibt nur leblose Substanz *(Abb. 33)*,

Abb. 32

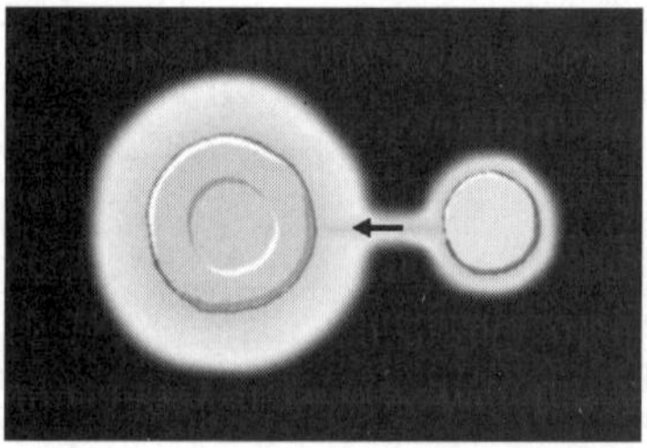

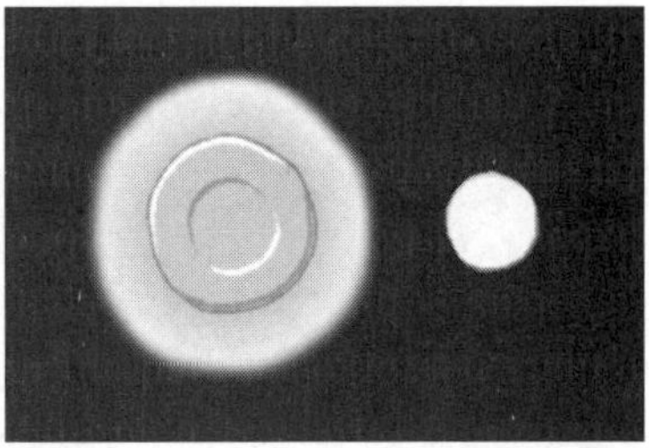
Abb. 33

die sich nicht weiter vermehrt und im Organismus ausbreitet, sondern abgebaut und ausgeschieden wird.
Der Krankheitserreger ist also bioenergetisch lahmgelegt und kann keinen weiteren Schaden mehr anrichten, kann keine Krankheit auslösen oder verschlimmern. Das gilt für Krankheitserreger, die durch Infektion von außen kommen, ebenso wie für solche, die aus einem inneren Strukturzerfallsprozeß hervorgehen, wie die Bione oder auch noch kleinere Gebilde, die bisher noch nicht erwähnt wurden und die Reich »T-Bazillen« genannt hat. (Auf deren Bedeutung im Zusammenhang mit dem Krebsgeschehen werde ich noch im einzelnen eingehen.)
Ist hingegen das rote Blutkörperchen energetisch schwach geladen *(Abb. 34)*, so kommt der Energiefluß in Richtung Blutkörperchen nicht zustande, und der Krankheitserreger bleibt am

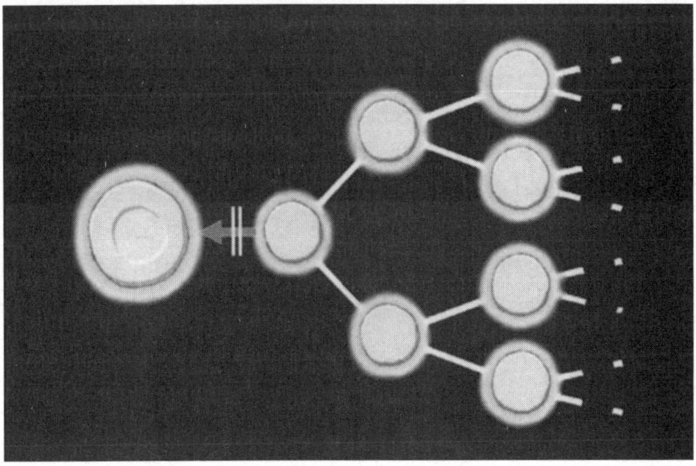
Abb. 34

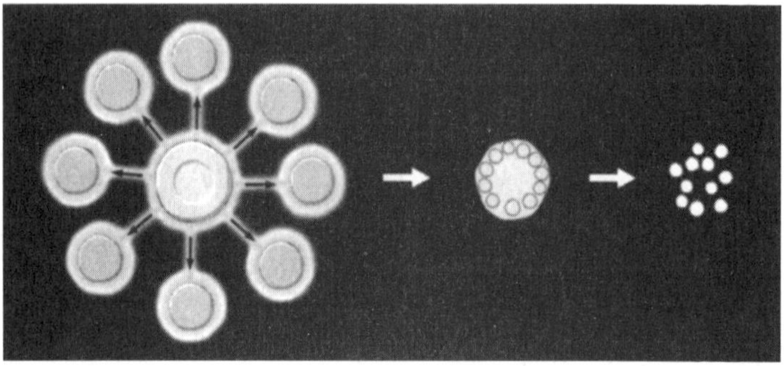

Abb. 35

Leben und kann sich vermehren und ausbreiten. Die Ladungsschwäche des Blutes öffnet sozusagen dem Krankheitserreger die Schleusen, und als Folge davon kann der Organismus von einer immer weiter anwachsenden Zahl von Krankheitserregern überflutet werden. Hier zeigt sich, welche fundamentale Bedeutung der bioenergetischen Ladung des Blutes im Zusammenhang mit Krankheit und Gesundheit zukommt. Die Ladungsschwäche kann sogar so extrem sein, daß den Blutkörperchen von Seiten der lebenden Krankheitserreger die Energie entzogen wird, der Energiefluß sich also umkehrt und in der Folge davon die Blutkörperchen in ihrer Struktur zerfallen *(Abb 35)*.

Der Reichsche bioenergetische Bluttest

Reich hat einen speziellen Bluttest[35] entwickelt, mit dem die bioenergetische Ladung des Blutes diagnostiziert werden kann. Diese zeigt sich – abgesehen vom unterschiedlichen Strahlungsfeld und der unterschiedlichen Prallheit der Blutkörperchen – vor allem in ihrem unterschiedlichen Grad von Strukturveränderung unmittelbar nach Entnahme aus dem Körper.
Abb. 36 zeigt, wie sich ein energetisch starkes Blutkörperchen (RBK) im Laufe von zwanzig Minuten nach der Entnahme derart verändert, daß es im äußeren, als Ring erscheinenden

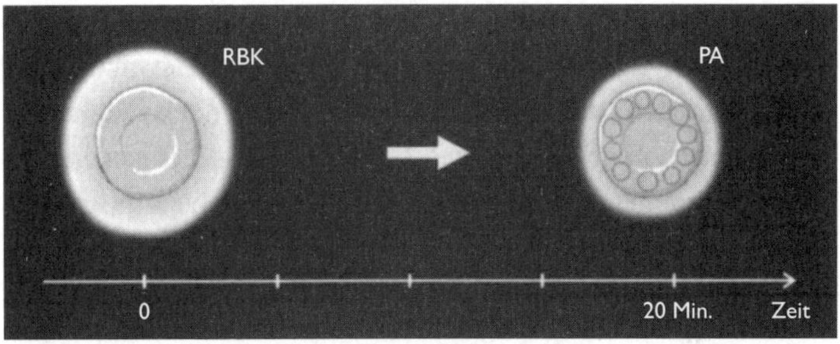

Abb. 36

Bereich lauter Bläschen ausbildet, die Reich als Bione identifiziert hat. In Anlehnung an die SAPA-Bione spricht er in diesem Zusammenhang von PA-Reaktion des Blutes.
Abb. 37 zeigt demgegenüber ein energetisch schwach geladenes Blutkörperchen (RBK), das sich im gleichen Zeitraum in eine Art Kugel mit lauter Zacken umformt und schließlich in kleinste Splitter auseinanderbricht, die Reich T-Bazillen genannt hat. »T« als Abkürzung für Tod, weil das gehäufte Auftreten von T-Bazillen auf einen tödlichen Krankheitsprozeß hinweist.
Der Reichsche Bluttest wird übrigens unmittelbar nach der Entnahme des Blutes an Ort und Stelle vorgenommen, und das Blut wird nicht – wie sonst bei medizinischen Blutuntersuchungen üblich – erst gefärbt und damit abgetötet und dann noch stunden- oder tagelang im Labor stehengelassen. Mit den üblichen Blutuntersuchungen kann man demnach den von Reich beschriebenen Beobachtungen nicht auf die Spur kommen.

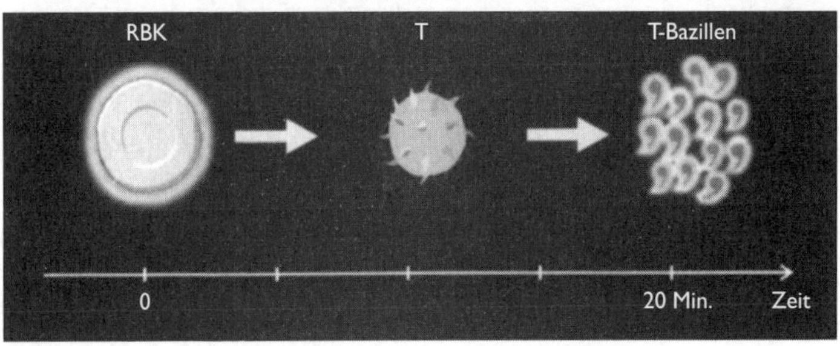

Abb. 37

Hämatologen, Blutexperten können mit diesen Beschreibungen oder Bildern nach dem Reichschen Bluttest meist überhaupt nichts anfangen, weil sie noch nie solche Bilder gesehen haben, weil sie noch nie Blut im lebenden Zustand untersucht haben! Und sie wundern sich, daß rote Blutkörperchen unter dem Lichtmikroskop – lebend beobachtet – gar nicht rot, sondern bläulich sind. Rot werden sie erst durch die in der Medizin standardisierten Methoden der Färbung! Sie haben nur daher ihren Namen.

Dies ist wieder ein Beispiel dafür, wie mechanistische Wissenschaft das Leben erst zerstört und dann mit der Beobachtung beginnt und dabei erst künstlich Strukturen erzeugt, die hinterher mit der Natur selbst verwechselt werden. Und wenn dann jemand die Natur direkt, weitgehend unverfälscht beobachtet, wird er für seine Forschungen belächelt oder beschimpft, weil doch selbst die Fachleute auf diesem Gebiet so etwas noch nie gesehen haben. Würden sie doch nur mal durch das Lichtmikroskop blicken – mit Blutkörperchen in lebendem Zustand, in einer Umgebung, die weitestgehend den Bedingungen im Organismus angenähert ist (gleiche Druckbedingungen in physiologischer Kochsalzlösung und Erhaltung der Körpertemperatur, die durch einen sogenannten Heiztisch unter dem Mikroskop sichergestellt wird).

Der Reichsche Bluttest ist inzwischen von mehreren Forschern unabhängig voneinander nachvollzogen und dokumentiert worden (u.a. von dem Berliner Arzt Heiko Lassek). Die Beobachtungen von Reich und seine Interpretation haben sich voll bestätigen lassen. Obwohl diese Dinge seit über zehn Jahren an die Öffentlichkeit getragen werden und ein wachsendes Interesse bei Laien finden, hat die Schulmedizin – mit Ausnahme einiger aufgeschlossener Ärzte – diese Forschungen bis heute weitgehend ignoriert.

4.1.5 Krebs als bioenergetische Erkrankung

Zum tieferen Verständnis der Reichschen bioenergetischen Krebsforschung[36] ist es erforderlich, etwas näher auf das Verhältnis von PA-Bionen und T-Bazillen einzugehen, die ja beide Zerfallsprodukte von roten Blutkörperchen – und übrigens auch von Zellgewebe – sind bzw. sein können. Reich hat sie in mehrfacher Hinsicht auf ihre Eigenschaften hin untersucht und festgestellt, daß sie sich gegensätzlich zueinander verhalten.
Der Gegensatz zeigt sich unter anderem darin, daß sie sich energetisch in einer Art Kampf gegeneinander befinden: Energetisch starke PA-Bione, umgeben von wenigen T-Bazillen, entziehen den energetisch schwächeren T-Bazillen die Energie und legen sie lahm *(Abb.38)*. Umgekehrt können viele T-Bazillen in der Nähe eines relativ energieschwachen PA-Bions diesem die Energie entziehen, so daß es schließlich selbst in kleinste Splitter, nämlich in T-Bazillen zerfällt *(Abb.39)*.

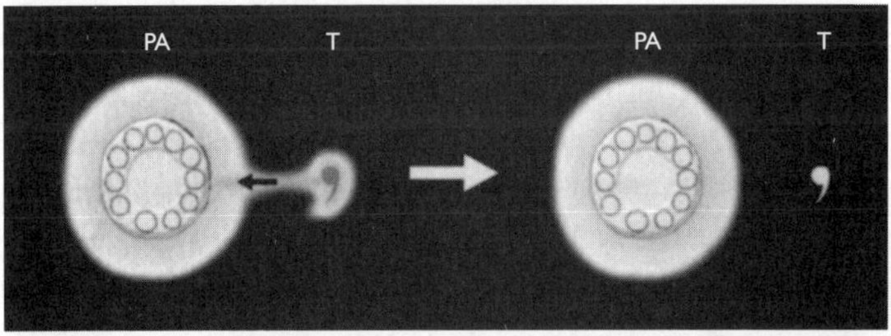

Abb. 38

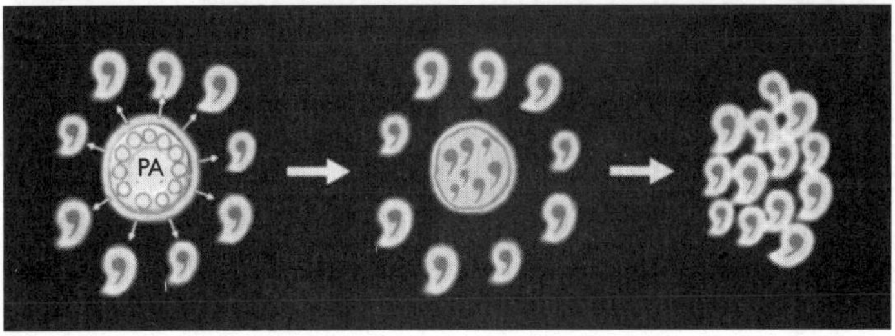

Abb. 39

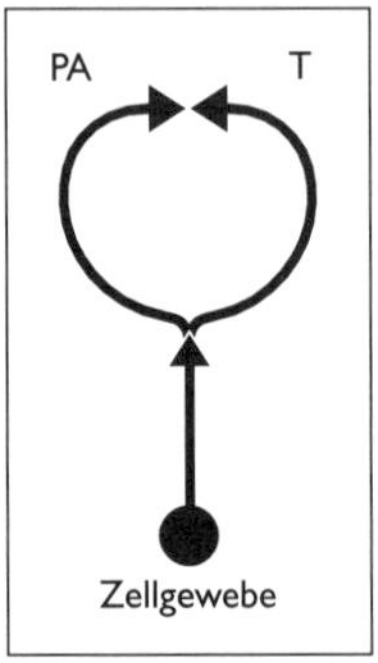

Abb. 40

PA-Bione und T-Bazillen, die aus der gleichen Ausgangssubstanz, beispielsweise Blutkörperchen oder Zellgewebe, hervorgehen, bilden also einen Gegensatz *(Abb. 40)*. Je nach bioenergetischer Ladung des Gewebes oder der Blutkörperchen ergibt sich jedoch eine unterschiedliche Richtung des Zerfallsprozesses: Bei bioenergetisch stark geladener Substanz erfolgt der Zerfall überwiegend in Richtung PA, während nur wenige T-Bazillen entstehen *(Abb. 41)*.

In diesem Fall entziehen die vielen PA-Bione den wenigen T-Bazillen die Energie und legen sie lahm. Das Auftreten einzelner T-Bazillen stellt also für einen energetisch starken Organismus keinerlei Gefahr dar. Der Prozeß einer möglichen Ausbreitung von T-Bazillen wird schon im Ansatz abgewehrt.

Ganz anders sieht es aus bei bioenergetisch extrem geschwächter Ausgangssubstanz. In diesem Fall erfolgt der Zerfall überwiegend in Richtung T-Bazillen bei nur wenigen PA-Bionen *(Abb. 42)*. Die vielen T-Bazillen entziehen den wenigen energieschwachen PA-Bionen die Energie, bleiben selbst lebend und führen den Zerfall der PA-Bione in weitere T-Bazillen herbei. Bildlich gesprochen könnte man sagen: Die Armee der lebensbedrohlichen T-Bazillen rekrutiert sich immer mehr aus dem Zerfall der an sich lebenspositiven PA-Bione, den sie durch Energieentzug selbst her-

Abb. 41

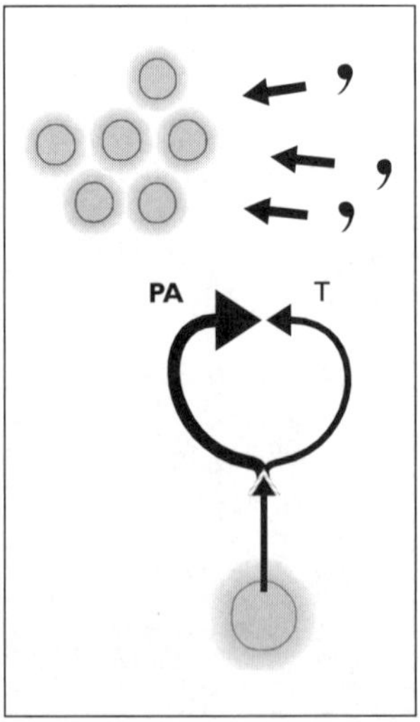

beiführt. Im vorherigen Fall konnte, um im Bild zu bleiben, die Überzahl der friedlichen PA-Bione die kleine Schar von T-Bazillen entwaffnen und unschädlich machen.

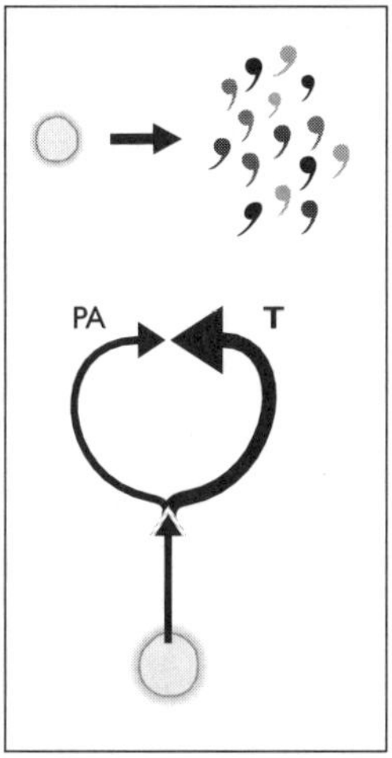

Abb. 42

Es kommt also – sowohl in bezug auf die Entstehung der inneren Krankheitserreger (der T-Bazillen) als auch in bezug auf deren Abwehr – entscheidend auf die bioenergetische Ladung des Ausgangsgewebes an; und auf die bioenergetische Ladung des Blutes, das sich mit in den Kampf gegen die T-Bazillen einmischt. Es könnte beispielsweise sein, daß zwar in einem Gewebe ein starker T-Zerfall auftritt, daß aber das Blut hinreichend stark geladen ist, um die T-Bazillen zu neutralisieren. Wenn aber auch noch das Blut energetisch schwach ist, dann sind der Ausbreitung der T-Bazillen und ihrer weiteren Zersetzungsarbeit Tür und Tor geöffnet. Dann ist auch der Weg in Richtung Krebs frei.

Das Blutbild von Krebskranken im fortgeschrittenen Stadium sieht (entsprechend dem Reichschen Bluttest) aus wie ein Trümmerfeld: Schon kurz nach der Entnahme sind fast nur T-Bazillen zu sehen, und die wenigen noch vorhandenen Blutkörperchen brechen ganz schnell auseinander – Ausdruck eines fortgeschrittenen Prozesses innerer Zersetzung. Und weil die T-Bazillen allem noch lebenden Gewebe und dem Blut immer mehr Energie entziehen, fühlt sich ein schwer krebskranker Mensch auch vollkommen geschwächt. Krebs ist ein Zersetzungsprozeß am (noch) lebendigen Leib, dem der Organismus auf Dauer nicht standhalten kann und an dem er jämmerlich zugrunde geht.

Wenn diese Interpretation des Krebsgeschehens richtig ist, dann wird auch verständlich, daß und warum Vorbeugung gegen Krebs bzw. Linderung oder gar Heilung mit lebensenergetischen Methoden möglich ist. Reich hat ja mit seinem »Orgonakkumulator« ein Gerät entwickelt, mit dem die Lebensenergie aus dem Raum verdichtet und in konzentrierter Form zur bioenergetischen Aufladung geschwächter Organismen eingesetzt werden kann – mit teilweise unglaublichen Heilerfolgen auch bei schwersten Krankheiten.[37]
Inzwischen gibt es Ärzte, die an die verschüttete und zerstörte Tradition der Reichschen Behandlung mit Orgonenergie wieder angeknüpft haben. Die von Reich und seinen damaligen Kollegen beschriebenen Wirkungen konnten dabei im wesentlichen bestätigt werden. Aber auch Heilerfolge vieler anderer energetisch wirkender Behandlungsmethoden finden ihre prinzipielle Erklärung durch den Reichschen Forschungsansatz, auch wenn sich ihre Vertreter nicht auf Reich beziehen bzw. von seinem Ansatz gar keine Kenntnis haben. Es gibt allerdings auch Krankheitsbilder, bei denen vor einer Anwendung des Akkumulators abzuraten ist; insbesondere solche, die mit einer chronischen energetischen Überladung einhergehen. Auch in bestimmten Fällen von Krebs kann es zu bedrohlichen Komplikationen kommen.[38]

4.1.6 Zur Bauweise des Orgonakkumulators

Die Bauweise des Orgonakkumulators ist unglaublich einfach – so einfach, daß den Menschen in unseren Breiten die Vorstellung schwerfällt, daß davon wesentliche oder gar heilende Wirkungen auf den Organismus ausgehen können. Allein schon die Einfachheit dieses Geräts und seiner Wirkungsweise ist für viele eines der größten Hindernisse, den Zugang zu den damit

verbundenen Möglichkeiten von Selbsterfahrung, Behandlung oder Heilung zu finden.
Der Orgonakkumulator weist nicht eines der Merkmale auf, die wir normalerweise mit technischen Apparaten und medizinischen Geräten verbinden. Zuallererst fällt auf, daß er an keine Stromquelle angeschlossen ist, weder an eine Steckdose noch an eine Batterie oder einen Akkumulator im üblichen Sinn, und er verfügt auch nicht über Solarzellen. Auch findet man weder Knöpfe noch Schalter, weder Tasten noch Lämpchen, keine Elektronik und keinen Monitor oder kein Display, noch nicht einmal irgendeine mechanische Konstruktion. Rein äußerlich betrachtet erinnert der Akkumulator eher an ein kleines Klo-Häuschen, gerade mal groß genug, um sich hineinzusetzen.
Die Außenseiten dieses Häuschens bestehen aus Dämmplatten und die Innenseiten aus verzinktem Stahlblech. Und was sich dazwischen befindet, ist auch kein Geheimnis: Es sind einfach nur einige Schichten von Isolator und Metall (konkret von Glaswolle und Stahlwolle) in jeweils wechselnder Folge – mehr nicht! Wie soll man sich davon irgendwelche Wirkungen versprechen? Man kann es wirklich niemandem übelnehmen, wenn die erste Reaktion beim Anblick des Akkumulators aus Kopfschütteln, Grinsen, skeptischen Stirnfalten oder mitleidigem Lächeln besteht und wenn langsam Zweifel aufkommen an der Zurechnungsfähigkeit derjenigen, die sich täglich in diesen »Kasten« setzen und über die davon ausgehenden Wirkungen schwärmen. Ich muß gestehen, daß ich Anfang der 70er Jahre eine ganz ähnliche Skepsis gegenüber dem Akkumulator hatte, und mich bewegte immer wieder die Frage, ob Reich nicht – wie so oft behauptet – schon längst verrückt war, als er sich mit dem Orgonakkumulator beschäftigte.
Andererseits schienen mir seine Schriften, in denen von der

Entdeckung des Orgons[39] und der medizinischen Anwendung des Orgonakkumulators die Rede war, über weite Strecken in sich so klar und logisch und die Konsequenzen von so großer Bedeutung, daß ich wissen wollte, ob da nun was dran ist oder nicht; und ich wollte möglichst auch am eigenen Leibe erfahren, welche Wirkungen von dem Orgonakkumulator ausgehen. Irgendwelche Bauanleitungen waren damals nicht zugänglich, jedenfalls nicht veröffentlicht. Ich erfuhr aber über einen Patienten von Walter Hoppe (einem früheren Mitarbeiter von Wilhelm Reich, der den Akkumulator zunächst in Israel und später in Deutschland eingesetzt hatte), wie ein Orgonakkumulator im Prinzip zu bauen ist. Und so machte ich mich zusammen mit einem Freund an die Arbeit. Entwurf und Materialbeschaffung nahmen einige Tage in Anspruch, und für den Bau selbst brauchten wir mit etwas handwerklichem Geschick zwei Tage. Das Material kostete damals (für einen Akkumulator mit drei Doppelschichten von Isolator und Metall) an die 400 DM (heute wohl ungefähr das Doppelte).

Ich will hier nicht näher auf Einzelheiten der Konstruktion eingehen (weil inzwischen ausführliche Bau- und Gebrauchsanleitungen dazu vorliegen[40]), sondern nur kurz das Grundprinzip

Abb. 43

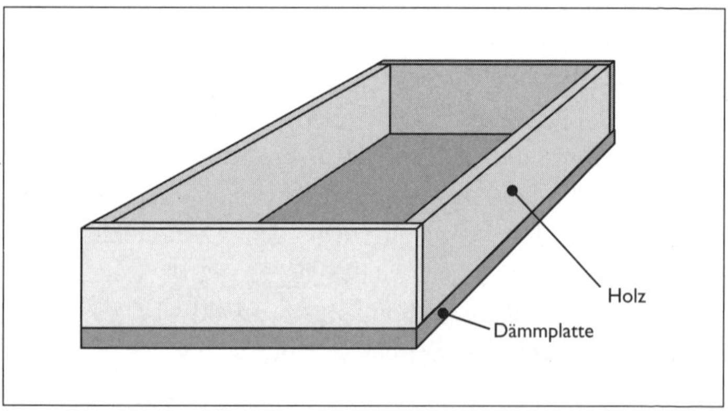

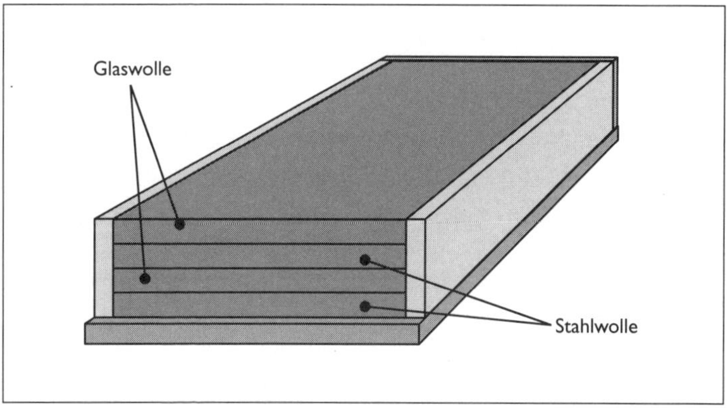

Abb. 44

erläutern: Jede einzelne Wand (und auch die Tür) des Akkumulators werden zunächst einmal gebaut wie eine Schublade, deren Boden aus Dämmplatte und deren Seitenumrandungen aus Holzleisten bestehen *(Abb. 43)*. (In die Tür ist noch eine Fensteröffnung einzubauen.) Jede dieser Schubladen wird nun ausgelegt zunächst mit einer Schicht feiner Stahlwolle, darüber einer Schicht Glaswolle (ohne Alu-Folie!), dann wieder Stahlwolle und noch einmal Glaswolle *(Abb. 44)*. Auf die Schublade wird abschließend als Abdeckung eine jeweils passende Platte verzinkten Stahlblechs geschraubt *(Abb. 45)*. Die sechs so ent-

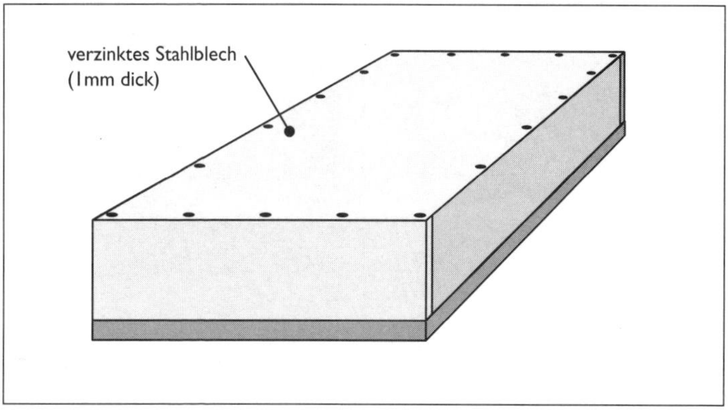

Abb. 45

standenen Wände werden schließlich noch zu einem Häuschen mit Tür zusammengebaut – mit der Metallseite jeweils nach innen *(Abb. 46)*.

Allein diese Materialanordnung (von einem Gerät kann man ja kaum reden) soll nach Reich bewirken, daß die in der Atmosphäre befindliche Orgonenergie im Innenraum des Akkumula-

Abb. 46

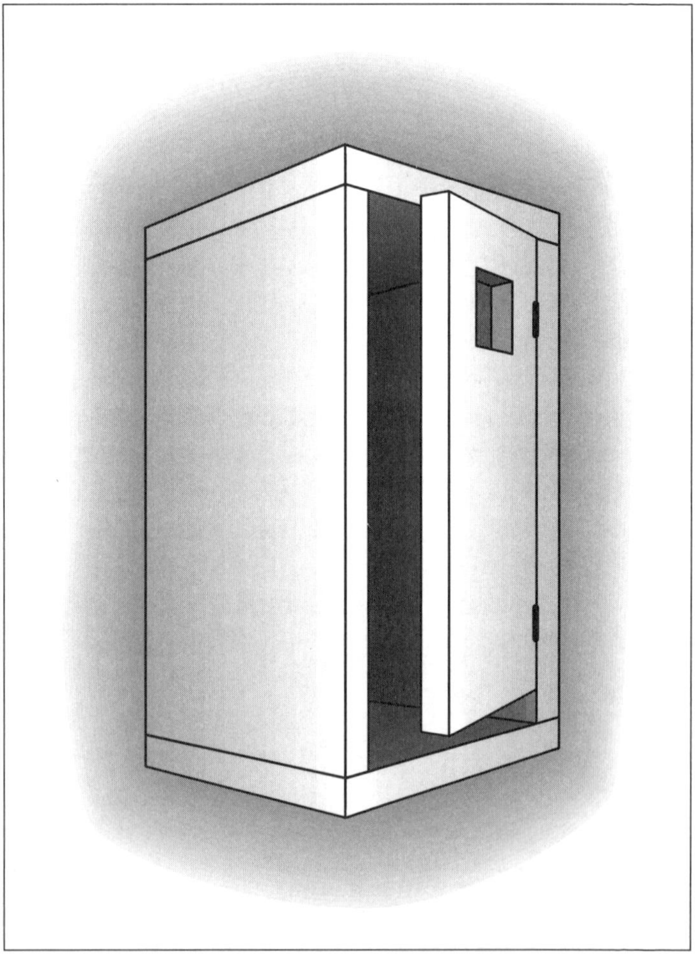

tors verdichtet wird und den Akkumulator mit einem stärkeren als dem normalen Strahlungsfeld umgibt. Und die Verdichtung bzw. Akkumulation soll um so stärker werden, je mehr Doppelschichten von Isolator und Metall (bzw. von organischem und anorganischem Material) verwendet werden. Wir haben damals einen Akkumulator mit insgesamt drei Doppelschichten (einschließlich Innen- und Außenwänden) gebaut,[41] der übrigens heute noch – nach mehr als zwanzig Jahren – voll funktionsfähig ist.

Wie Reich auf diese Konstruktion gekommen ist, soll hier nur kurz angedeutet werden. An anderer Stelle habe ich darüber ausführlich berichtet, und es ist auch in anderen Schriften nachlesbar.[42] Es ging ihm seinerzeit darum, die von den Bionen ausgehenden Strahlungsphänomene möglichst weitgehend zu isolieren gegenüber möglichen Wechselwirkungen mit elektromagnetischen Feldern. Dazu bediente er sich des in der Physik bekannten Prinzips des »Faradayschen Käfigs«, das heißt der Ummantelung eines Raumes mit Metallplatten. In den Innenraum des Metallquaders brachte er ein Bionpräparat, um es im Dunkelraum zu beobachten. Was er beobachten konnte, war ein bläuliches Schimmern des Bionpräparats selbst und schwach schimmernde nebelartige Schwaden im Innenraum, außerdem in der Leuchtintensität pulsierende und spiralig sich bewegende Punkte. Zum Vergleich beobachtete er auch den Innenraum anderer Quader und stellte zu seinem Erstaunen fest, daß auch in Metallquadern ohne Bionpräparate ähnliche, wenn auch schwächere Leuchtphänomene erkennbar waren, die übrigens unter einer Lupe entsprechend vergrößert und damit nicht als innere Sinnestäuschungen interpretiert werden konnten.[43]

In Quadern aus Holzwänden oder anderem organischen Material waren diese Phänomene hingegen nicht zu beobachten.

Sie wurden demgegenüber stärker, wenn statt einfacher Metallwände wechselnde Schichten von Metall und Isolator verwendet wurden (wobei die innerste Schicht aus Metall und die äußerste aus Isolator bestand). Je größer die Zahl der verwendeten Doppelschichten pro Wand war, um so stärker wurde die Wirkung. Die so im Innenraum verdichtete Energie schien identisch zu sein mit der von den Bionen konzentriert abgestrahlten Energie, der Lebensenergie »Orgon«. Damit war das Prinzip des Orgonakkumulators entdeckt.
Es war also ein logisch nachvollziehbarer Forschungsprozeß, durch den Reich auf den Orgonakkumulator gekommen war. Und nachdem er die Bedeutung der bioenergetischen Ladung des Organismus im Zusammenhang von Gesundheit und Krankheit erkannt hatte, lag es eigentlich nahe, den Akkumulator versuchsweise auch zur bioenergetischen Aufladung geschwächter Organismen einzusetzen. Und die damit bewirkten Erfolge – auch von anderen Ärzten, die mit dieser Methode arbeiteten – waren teilweise verblüffend.[44]

Eigene Erfahrungen

Mir persönlich ging es seinerzeit nicht um die Behandlung einer Krankheit, sondern um die Frage, ob der Akkumulator überhaupt wirkt oder nicht und ob ich selbst davon etwas spüren kann.[45] Ich hatte das Gefühl, daß es sich bei ihm – wenn er wirklich in der beschriebenen Weise wirkt und eine bioenergetische Aufladung von Organismen ermöglicht – um eine umwälzende Entdeckung handeln würde. Aber vielleicht war ja alles nur Spinnerei, selbst wenn es in sich logisch war. Denn das kannte man ja von verschiedensten Wahnsystemen, daß sie zwar in sich logisch sein können, aber den Kontakt zur Realität verloren haben. Hin- und hergerissen zwischen Neugier, Skepsis und

Zweifel begann ich also damit, mich täglich ungefähr eine halbe Stunde lang unbekleidet in den Akkumulator zu setzen. Die ersten Sitzungen empfand ich nicht als überzeugend. Mir wurde zwar innerlich ziemlich warm, und es entstand eine merkwürdige tiefe Ruhe und Entspannung. Ich hatte auch das Gefühl eines leichten Kribbelns vor allem in den Armen und Beinen; und auch das Gefühl, als wäre so etwas wie ein sanfter Schleier oder ein Feld um meinen Körper, besonders ausgeprägt um die Hände, die sich dann größer anfühlten als normal. Außerdem fingen öfter schon kurz nach Beginn der Sitzung mein Magen und meine Därme an zu knurren.

Aber all das konnte natürlich auch damit zusammenhängen, daß ich mich für längere Zeit in einem relativ abgeschlossenen Raum befand, weitgehend von äußeren Reizen abgeschirmt, mich stark auf mich selbst konzentrierte und sich meine Körperwärme im Innenraum staute. Und manche der Körperempfindungen waren mir schon aus Meditationserfahrungen bekannt – auch ohne Orgonakkumulator.

Meine Zweifel an der Wirksamkeit des Akkumulators wurden aber mit der Zeit immer geringer. Erstens wurden die Wirkungen während der Sitzung immer schneller und deutlicher spürbar, und zweitens hielten sie auch noch über die Sitzungen hinaus für einige Stunden mehr oder weniger deutlich an. Wenn ich den Akkumulator abends benutzte und mich danach ins Bett legte, hatte ich manchmal ein regelrechtes Schwebegefühl und war noch für Stunden hellwach. Ich hatte sogar den Eindruck, daß meine Träume insgesamt intensiver und klarer wurden. (Viele dieser Erfahrungen wurden mir später von anderen in ähnlicher Weise berichtet.) Auch hatte sich mein allgemeines Energieniveau nach einigen Wochen regelmäßiger Benutzung deutlich verbessert: Während ich vorher oft unter längeren Phasen von Schlaffheit, Müdigkeit oder Erschöpfung zu leiden

hatte, überwog mehr und mehr das Gefühl, insgesamt energievoller und wacher zu sein.
Aber all das konnte natürlich auch noch Folge von Einbildung oder Selbstsuggestion sein, oder einfach nur von regelmäßiger Entspannung, die ich mir durch die Sitzungen im Akkumulator gönnte. Meine eigenen Zweifel waren also immer noch nicht ganz ausgeräumt, und noch weniger natürlich die Zweifel der anderen, denen ich über diese Erfahrungen berichtete und die den Akkumulator selbst noch nicht regelmäßig über längere Zeit benutzt hatten.

Orgonenergie und Akupunktur: das ORAC-Rohr

Zu dieser Zeit erfuhr ich zum erstenmal etwas über chinesische Akupunktur, die damals bei uns noch wenig im Gespräch war. Die Vorstellung, daß der menschliche Organismus von einer Lebensenergie durchströmt ist, durch deren Blockierung Krankheiten entstehen können, erinnerte mich sofort an Reich. Mir kam der Gedanke, daß es sich bei der Energie, die der Akupunktur zugrunde liegt, um die gleiche Energie handeln könnte, die Reich »Orgon« genannt hatte. Wenn dem so wäre, so würden auf der Grundlage der Reichschen Forschungen viele Behandlungserfolge der Akupunktur, für die es sonst keine Erklärung aus der Sicht der westlichen Medizin gab, eine naturwissenschaftliche Erklärung finden können. Aber wie könnte man überprüfen, ob es zwischen Orgonenergie und Akupunkturenergie einen Zusammenhang gibt – oder gar eine Identität? Man müßte zum Beispiel die Orgonenergie hochkonzentrieren und so bündeln, daß sie sich auf Akupunkturpunkte strahlen ließe, und zwar auf solche, die von den Akupunkteuren »tonisiert« werden. Jeder einzelne der insgesamt zwölf paarigen

Energiebahnen (»Meridiane«), die in der Akupunktur unterstellt werden, hat ja mindestens einen Tonisierungspunkt auf jeder Seite. Und vielleicht könnte man hochkonzentrierte Orgonenergie – sollte es sie denn geben – zunächst einmal in einen Tonisierungspunkt eines energetisch unterladenen Meridians einstrahlen, ohne die sonst in der Akupunktur verwendeten Nadeln und auch ohne den in der Akupressur gebräuchlichen Fingerdruck. Denn wichtig wäre es ja zu überprüfen, ob auch ohne mechanische Reizung (wie sie mit Nadel und Fingerdruck verbunden ist) eine Wirkung auf rein energetischer Ebene erzielt werden kann – mit einer Energie, die es nach vorherrschendem Verständnis der Physik bzw. Medizin gar nicht gibt.

Dies etwa waren meine Vorüberlegungen, als ich mich daran machte, einen zwar kleinen, aber vergleichsweise sehr starken Orgonakkumulator zu bauen. Um eine möglichst starke Akkumulation zu erzielen, mußte ich eine relativ große Zahl wechselnder Schichten von Metall und Isolator verwenden; und um den Akkumulator möglichst klein zu halten, mußten diese Schichten möglichst dünn sein. Aus diesen Überlegungen entstand das von mir entwickelte (und umwickelte) Orgonakkumulator-(ORAC-)Rohr, auch »Orgon-Punktstrahler« genannt.[46] Es besteht aus nichts anderem als einem ca. 25 cm langen Rohr (mit einem Außendurchmesser von 1 cm), umwickelt mit ca. 20 Doppelschichten von Frischhaltefolie und feinstem Stahldrahtgewebe *(Abb. 47)*.[47] Das Rohr wird nach der Umwicklung wieder herausgezogen (Bauanleitung S. 345).

In der ersten Version hatte ich als Metallschicht sogar einfach nur Alu-Folie verwendet[48], wovon mir später Walter Hoppe und andere Personen aus seinem Umfeld abrieten mit dem Hinweis auf mögliche toxische Wirkungen von Aluminium im Zusammenhang mit dem Orgonakkumulator.

So simpel und billig die Bauweise dieses ORAC-Rohrs ist, so unglaublich waren und sind seine energetischen Wirkungen. Zunächst habe ich Erfahrungen am eigenen Leib damit gesammelt, und zwar durch Bestrahlung von Tonisierungspunkten, die ich aus meiner eigenen Akupunkturbehandlung kannte. Ich traute kaum meinen eigenen Wahrnehmungen: Allein dadurch, daß eine Öffnung des Rohrs mit geringem Abstand (von ca. 1 cm) für 5 bis 10 Minuten auf den Akupunkturpunkt gerichtet wurde, war schon bald ein deutlicher Pulsschlag im Bereich dieses Punktes zu spüren, dazu ein warmes Kribbeln, so etwas wie ein sich ausbreitendes Feld und ein davon ausgehendes Strömen. Der Verlauf dieses Strömungsempfindens deckte sich mit dem Verlauf des betreffenden Meridians, wie er in der Akupunktur unterstellt wurde.

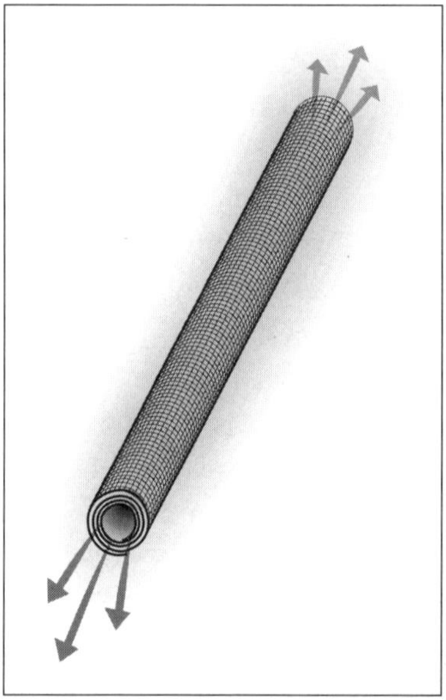

Abb. 47

Ich war von diesen Erfahrungen und Beobachtungen so fasziniert, daß daraus eine längere Versuchsreihe mit anderen Personen wurde, die vom Verlauf der Akupunktur-Meridiane kaum Kenntnis hatten. Und dennoch berichteten die meisten von ihnen über ganz ähnliche Wahrnehmungen, nachdem das ORAC-Rohr auf den Tonisierungspunkt ihres jeweils energieschwächsten Meridians gerichtet worden war. Bei der Bestrahlung beispielsweise des Punktes »Blase 67« am kleinen Zeh gab es bei mehreren Personen Strömungsempfindungen auf der Rückseite der Beine, den Rücken hoch über Nacken und Kopf bis über die Augen, und manche fühlten ihre Blase »wie aufgeblasen«. Der Verlauf der beschriebenen Empfindungen entspricht genau dem Verlauf des Blasenmeridians. Teilweise waren die Wahrnehmungen anderer noch viel deutlicher als bei mir selbst, teilweise auch schwächer, und einige wenige Personen spürten überhaupt nichts Ungewöhnliches. Aber insgesamt konnte kaum noch Zweifel daran bestehen, daß von diesem kleinen (mit Doppelschichten von Metall und Isolator) umwickelten Rohr, das nach dem Prinzip des Reichschen Orgonakkumulators gebaut war, energetische Wirkungen auf die Akupunktur-Meridiane bzw. die in ihnen fließende Energie ausgingen.

Zum Abziehen oder Absaugen von Energie aus überladenen Meridianen war das ORAC-Rohr natürlich nicht geeignet. Hierzu griff ich auf ein anderes Prinzip zurück, das Reich zur Erzeugung eines Energiesogs (im Zusammenhang mit seinem »Medical DOR-Buster«[49]) angewendet hatte und was wiederum unglaublich einfach war: Ich verwendete ein 40 cm langes Stahlrohr (mit 1 cm Durchmesser und 1 mm Wandstärke), steckte das eine Ende in einen 150 cm langen Metallschlauch[50] gleichen Durchmessers, legte das andere Ende des Metallschlauchs in einen mit frischem Wasser gefüllten Eimer und richtete das offene Ende des Rohrs auf den Sedierungspunkt eines überladenen Meridians. Die Wirkungen waren ähnlich verblüffend und für die meisten Versuchspersonen deutlich wahrnehmbar wie ein Energiesog, der sich entlang des betreffenden Meridians fortsetzte und manchmal in kurzer Zeit zu einem Abbau von inneren Stauungsängsten führte. (Bei einer Frau mit deutlich überladenem Lungenmeridian, die jahrelang unter Stauungsängsten im Bereich des Brustkorbs zu leiden hatte, lösten sich diese Stauungen bei Behandlung des entsprechenden Sedierungspunktes in der Ellenbeuge in wenigen Minuten mit dem Gefühl tiefer Erleichterung auf.)

Mit diesen Versuchen schien mir die Brücke geschlagen zwischen Reichscher Orgonforschung und chinesischer Akupunktur. Durch eine Synthese von beiden eröffneten sich mir völlig neue Perspektiven sowohl in bezug auf eine naturwissenschaftliche Erklärung der Akupunktur als auch auf eine Weiterentwicklung der therapeutischen Möglichkeiten. Ich faßte den Hintergrund und die Ergebnisse meiner Untersuchungen zu einem Beitrag zusammen, den ich 1976 auf dem in Berlin veranstalteten Weltkongreß für Akupunktur einbrachte und der danach in vielen Sprachen veröffentlicht wurde: »Wilhelm Reich – Entdecker der Akupunktur-Energie?«[51] Wobei zu erwähnen ist, daß Reich selbst von Akupunktur keine Kenntnis hatte. Aber auf der Grundlage seiner Orgonforschung schien sich mir die Wirkungsweise der Akupunktur im Prinzip entschlüsseln und interpretieren zu lassen.

Die Anwendung der »Orgon-Akupunktur« durch einige in Akupunktur ausgebildete Ärzte und Heilpraktiker deutet darauf hin, daß sich mit dieser Methode eindrucksvolle Behandlungserfolge einstellen, die mit Nadelakupunktur allein nicht zu erzielen sind. Zu meinem Bedauern hat aber die Orgon-Akupunktur bisher nicht das Interesse, die Weiterentwicklung und Ausbreitung gefunden, die ich mir erhofft hatte. Ich selbst bin dieser vielversprechenden und aufregenden Spur nicht weiter nachgegangen, weil ich weder Arzt noch Heilpraktiker bin und die Schwerpunkte meiner Arbeit auf andere Gebiete gelegt habe. Vielleicht ist diese Spur für manche auch zu aufregend gewesen, um sie konsequent weiterzuverfolgen. Aber ich vermute, daß – wenn sie wieder aufgegriffen und weiterverfolgt wird – sich daraus ein Fülle von Anwendungsmöglichkeiten im Bereich der energetischen Medizin und Selbstbehandlung ergeben werden.

Der Chakra-ORAC

Eine ähnliche Brücke wie zur Akupunktur läßt sich auch zwischen Orgonforschung und Chakra-Lehre schlagen. Mit kleinen, aber sehr starken Orgonakkumulatoren, für einige Minuten auf eines der Chakras aufgelegt (z.B. das Nabel-Chakra unterhalb des Bauchnabels), lassen sich bei den meisten Menschen mehr oder weniger deutlich spürbare und oft wohltuende Wirkungen erzielen. Die Energie breitet sich vom Nabel-Chakra recht gleichmäßig im ganzen Körper aus und führt oft zu einer erstaunlichen energetischen Belebung und Wachheit.

Ich habe dazu einen speziellen Chakra-ORAC[52] entwickelt, bestehend aus zwei 5 cm breiten und 100 cm langen Streifen feinsten Stahldrahtgewebes, jeweils umhüllt von Frischhaltefolie und zu einem Streifen zusammengelegt. Wenn dieser Doppelstreifen – ähnlich wie eine Ziehharmonika – in kleine Quadrate von jeweils 5x5 cm geknickt und dann (nur für die Anwendung!) zu einem Päckchen zusammengedrückt und durch zwei Schnipsgummis zusammengehalten wird, ergibt sich ein starker Akkumulator von 40 Doppelschichten (*Abb. 48*, vgl. auch S. 346).

Man kann dieses Päckchen, während man entspannt auf dem Rücken liegt, auf das Chakra auflegen. Wegen der starken davon ausgehenden Orgonstrahlung sollte es nach der Anwendung und auch beim Transport unbedingt wieder wie eine Ziehharmonika auseinandergezogen werden! Wegen der teilweise intensiven Wirkungen ist besondere Vorsicht geboten

Abb. 48

in bezug auf die oberen Chakras (Stirn-Chakra, Kronen-Chakra)![53] Auch sollten die Hände während der Anwendung nicht länger auf dem ORAC liegen.

Das ORAC-Kissen

Eine weitere Version des Orgonakkumulators ist das ORAC-Kissen bzw., in größerer Ausführung, die ORAC-Decke. Das ORAC-Kissen läßt sich ganz leicht und billig selbst herstellen. Man benötigt dazu lediglich zwei Packungen Watte und zwei Pakete feiner Stahlwolle (zu kaufen in Eisenwarenläden und Baumärkten), eine Rolle Tesa-Krepp und eine Kissenhülle aus Seide oder Baumwolle (ca. 45 x 45 cm). Eine quadratische Fläche – etwas kleiner als die Kissenhülle – wird mit Streifen von Watte ausgelegt, quer darüber Streifen von Stahlwolle, dann (wieder quer dazu) Streifen von Watte usw., bis insgesamt sechs Schichten Watte und fünf Schichten Stahlwolle in wechselnder Folge entstanden sind. Das Ganze wird dann noch (damit es besser zusammenhält) mit einigen Streifen Tesa-Krepp umklebt (wie ein Paket), etwas zusammengedrückt und in die Kissenhülle hineingebracht (*Abb. 49*, vgl. auch S. 347). Das ist alles!

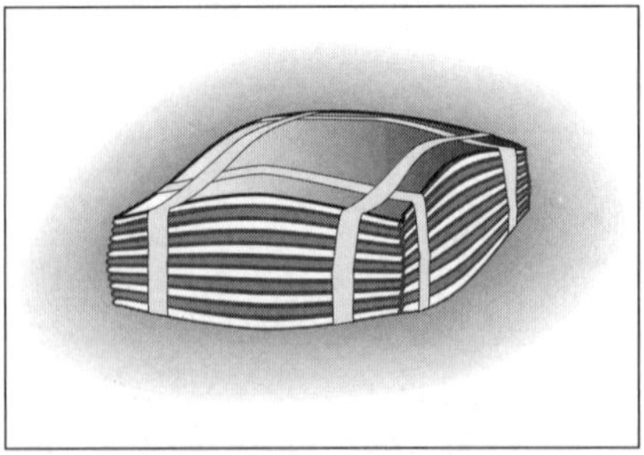

Abb. 49

Allein schon mit diesem Kissen sind erstaunliche Erfahrungen in bezug auf die Wahrnehmung konzentrierter Orgonenergie zu machen, indem man es z.B. für einige Minuten auf den Bauch oder auf den Rücken legt oder indem man die Hände oder (nackten) Füße im Abstand von 5 bis 10 cm für einige Minuten über das ORAC-Kissen hält. Vielleicht wird

davon schon eine gewisse belebende Wirkung ausgehen, vielleicht werden Gefühle von Wärme, Prickeln und sanftem Strömen spürbar. Manchmal trägt eine täglich mehrfache und regelmäßige Anwendung auch zur Linderung von Schmerzen bei (sofern die Schmerzen mit Energiemangel zusammenhängen wie z. B. die Periodenschmerzen bei Frauen).
Bei der Anwendung des ORAC-Kissens sollten – genauso wie bei allen anderen Versionen von Orgonakkumulatoren – die allgemeinen Regeln beachtet werden, wie sie im Anhang (S. 343 f.) aufgeführt sind.

Der Orgonakkumulator wirkt

Meine jahrelangen Erfahrungen nicht nur mit dem großen Orgonakkumulator, sondern auch mit Orgon-Akupunktur, Chakra-ORAC und anderen Varianten des Akkumulators (ORAC-Decke, ORAC-Kissen, ORAC-Dose zur energetischen Aufladung von Lebensmitteln und Getränken)[54] lassen für mich keinen Zweifel mehr an einer tiefgreifenden energetischen Wirksamkeit des Reichschen Orgonakkumulators, aber auch seiner Geräte zur Erzeugung eines Energiesogs. Inzwischen liegen auch einige systematische wissenschaftliche Studien vor, die belegen, daß vom Akkumulator eine signifikante Wirkung auf menschliche Organismen ausgeht.[55] Darüber hinaus gibt es eine Reihe von Untersuchungen, die die Wirkung des Orgonakkumulators auf Pflanzen belegt haben.[56]
Bei richtiger Anwendung und Dosierung und in der geeigneten energetischen Umgebung[57] scheint der Orgonakkumulator ein großes und vielfältiges Potential energetischer Heilung zu haben, nicht nur für den Menschen, sondern auch für die Umwelt. Unabhängig davon, ob und inwieweit es gelingt, die von ihm ausgehenden Energiephänomene mit üblichen Meßgeräten

überzeugend nachzuweisen, ist die Existenz dieser Energiephänomene für mich inzwischen eine Realität, die jede(r), wenn er oder sie will, mit ganz einfachen Mitteln am eignen Leib erfahren kann. Aber gerade das macht es für viele so schwer, die von der Kompliziertheit vorherrschender Wissenschaft und Technologie und von der am Geld sich orientierenden Bewertung geprägt sind: Was so einfach und billig ist, denken sie, kann doch schon deswegen nicht wahr sein oder wirken. Aber vielleicht ist manchmal genau das Gegenteil richtig. Die Erfahrungen mit den Reichschen Forschungen und ihren Anwendungen weisen jedenfalls in diese Richtung.

Reich hätte für die Entdeckungen des Orgonakkumulators den Nobelpreis verdient, und für etliche andere seiner Entdeckungen gleich noch mehrere Nobelpreise dazu. Oder eigentlich doch nicht: Dynamit-Nobel – ein Vermögen, das sich aus Geschäften mit Sprengstoff angehäuft und durch den Zins am Kapitalmarkt scheinbar wie von selbst vermehrt hat, so daß jährlich Prämien für verdiente Wissenschaftler vergeben werden können. Ein Vermögen also, das aus dem Druck von Explosionstechnologie und dem Druck der Kapitalverwertung entstanden ist, wäre eigentlich doch nicht die richtige Anerkennung für die Wiederentdeckung der Lebensenergie und der ihr zugrundeliegenden Fließprozesse. Die beste Anerkennung für die Reichschen Forschungen bestände wohl darin, daß sich sein Wissen und dessen lebenspositive Anwendung immer weiter verbreiten. Daß man Reich statt dessen inhaftiert und alle seine Bücher, in denen »Orgon« auch nur mit einem Wort erwähnt wurde, verboten und verbrannt hat, ist und bleibt allerdings ein unglaublicher Skandal. Es ist zu hoffen, daß eines Tages auch eine offizielle Rehabilitierung von Reich stattfinden wird. Aber man sollte nicht auf den Segen von oben warten, um die segensreichen Möglichkeiten der Lebensenergie zu nutzen.

Das Wissen und die Erfahrungen um diese Möglichkeiten werden sich auch so verbreiten, zumal der Zugang zur Nutzung der Orgonenergie vom Technischen her unglaublich einfach ist.

4.1.7 Ist die Erde bioenergetisch krank?

Die folgenden Ausführungen sind ein Versuch, das Reichsche bioenergetische Verständnis von Krankheit und Gesundheit auf den großen lebenden Organismus Erde anzuwenden. Die Auffassung von der Erde als einem lebenden Organismus wurzelt in alten matriarchalischen bzw. vorpatriarchalischen Traditionen und ist in den letzten Jahrzehnten wiederentdeckt bzw. wiederbelebt worden unter dem Begriff »Gaia«. James E. Lovelock[58] hat unter Auswertung einer Fülle naturwissenschaftlicher Forschungen und Daten nachgewiesen, daß etwa das Verhalten der Erdatmosphäre sich im Rahmen der klassischen mechanistischen Wissenschaft nicht hinreichend deuten läßt, sondern darauf hinweist, daß sich die Erde wie ein lebender Organismus verhält (»Gaia-Hypothese«). Auch in spirituell orientierten Kreisen ist immer wieder von »Mutter Erde« die Rede oder von der »großen Erdgöttin« – nicht zu verwechseln mit der Vorstellung von einem patriarchalischen Gott.

Geomantie – heilende, heilige Orte

Das lange Zeit verschüttete und ebenfalls nach und nach wiederentdeckte Erfahrungswissen der sogenannten Geomantie geht davon aus, daß die Erde umströmt und durchströmt wird von kosmischer Lebensenergie und daß es – entsprechend den Akupunkturbahnen und Akupunkturpunkten bei Menschen – ein System von Energiebahnen und Energiepunkten der Erde gibt.[59] Indem die kosmische Energie diese Punkte und Bahnen durchströme, würde sich die Erde mit einem größeren Ganzen verbinden. Dieses Wissen bzw. das Spüren der besonderen energetischen Qualität bestimmter Orte war früher die Grundlage für das Auffinden »heiliger«, heilender Orte, von denen gesunde »Einflüsse« (im wahren Sinne des Wortes) ausgingen – bzw. für das Vermeiden von Störfeldern mit krankmachenden Einflüssen. Sowohl die Wanderbewegungen früherer Stämme wie auch später die Besiedlung bestimmter Gebiete und die Standortwahl für Hütten, Häuser und Heiligtümer folgten den Energiebewegungen, und die Architektur war bezüglich Form, Farbe, Materialien und Licht darauf gerichtet, energetisch gesunde, heilende Räume zu schaffen.[60]

Sowohl durch das Wirken patriarchalischer und sexualfeindlicher Religionen wie durch das Wirken mechanistischer Wissenschaft auf die Menschen ist der ungebrochene, unverzerrte, direkte Kontakt zur Lebensenergie in uns und um uns herum mehr oder weniger zerstört worden und verlorengegangen und mit ihm das Gefühl und Wissen um die oben angedeuteten Zusammenhänge. Die Kirchen haben dem Menschen dieses Wissen zwar geraubt und die alten Heiligtümer der lebensenergetisch geprägten Naturreligionen zerstört, aber sie haben vielfach immerhin noch deren heilige Orte übernommen, darauf ihre Kirchen errichtet und das entsprechende Wissen für sich bzw. für ihre Baumeister monopolisiert.

Die mechanistische Wissenschaft hingegen hat nicht einmal das getan, sondern eine Technologie und Architektur hervorgebracht, die in jeder Hinsicht blind ist gegenüber den lebensenergetischen Funktionsgesetzen und den unterschiedlichen energetischen Qualitäten bestimmter Orte und Räume. Aus diesem Unwissen heraus, aus diesem verlorengegangenen Kontakt zur kosmischen Lebensenergie in uns und um uns, findet seit Jahrhunderten eine permanente und sich immer wei-

ter steigernde Vergewaltigung nicht nur von Menschen, Tieren, Pflanzen und Rohstoffen, sondern auch des Lebensenergiefeldes der Erde statt.
Der chronisch gepanzerte, mechanistisch geprägte Mensch hat ja nicht nur verlernt, die Lebensenergie in sich und um sich herum für heilende Zwecke zu nutzen. Indem er ihr den Kampf angesagt hat oder ihre Existenz leugnet und dabei permanent gegen ihre Funktionsgesetze verstößt, verändert er die lebenspositive Qualität der Energie und verwandelt sie in Destruktivität. Wie sich dieser Prozeß im Menschen vollzieht und wie er in schwersten Krankheiten gipfeln kann, habe ich ausführlich an anderer Stelle erläutert. Bezogen auf das, was die gepanzerte Menschheit dem Organismus Erde angetan hat, gibt es verblüffende Parallelitäten, funktionelle Identitäten.

Funktionelle Identität zwischen Mensch und Organismus Erde

Wenn die Erde ein lebender Organismus ist, durchströmt und umströmt von Lebensenergie, die mit ihren Fließprozessen die einzelnen Teile zu einem einheitlichen Ganzen verbindet, dann kann sie auch bioenergetisch erkranken. So wie der Mensch den Fluß der Lebensenergie in seinem Organismus blockieren kann, so kann es auch der Organismus Erde. Die energetischen Blockierungen können vorübergehender Art sein, sie können aber auch chronisch werden. Zwischen den Blockierungen kann sich die noch fließende Energie aufstauen, um sich periodisch gewaltsam zu entladen und dabei vorübergehend die Panzerung zu durchbrechen – beim Menschen wie beim Organismus Erde.
Und vor dem Hintergrund chronischer Panzerung entwickeln sich funktionelle Störungen des Organismus, die schließlich in

Abb. 50

organische, das heißt materielle Veränderungen übergehen können, bis hin zum Strukturzerfall derjenigen Teile, die nicht mehr hinreichend von Lebensenergie durchströmt, die chronisch blockiert sind. Beim Menschen sind diese Zusammenhänge noch vorstellbar. Aber wie sehen sie beim Organismus Erde aus? Woran könnte sich zeigen, daß die Erde bioenergetisch blockiert ist, worin drücken sich die entsprechenden Krankheitssymptome aus, und wo kann entsprechend bioenergetische Heilung der kranken Erde ansetzen?

Ich möchte mich diesen Zusammenhängen unter Anwendung der Reichschen funktionellen Forschungsmethode annähern, das heißt des Aufspürens funktioneller Identität bei gleichzeitigen Unterschieden zwischen Erde und Mensch bzw. anderen lebenden bioenergetischen »Systemen«. Erinnern wir uns an die Reichsche Entdeckung der Biogenese und in diesem Zusammenhang an die sogenannten Bione, die Reich als kleinste Energiebläschen beschrieben hat – im Übergangsbereich zwischen Nicht-Leben und Leben. Nach Reichs Beschreibungen sind sie erfüllt und umgeben von einem intensiven bläulichen Strahlungsfeld, das er interpretiert als Ausdruck ihres Lebensenergiefeldes, ihrer orgonenergetischen Ladung *(Abb. 50)*. Die Bione sind für ihn die elementaren

Abb. 51

stofflichen Träger biologischer Energie, eine Einheit von stofflicher Substanz und der sie umgebenden und durchströmenden Lebensenergie.

Der blaue Planet – das Lebensenergiefeld der Erde

Wir kennen alle die aus dem Weltraum aufgenommenen Bilder unseres Planeten *(Abb. 51)*. Etliche dieser Bilder zeigen deutlich die Erde als einen »blauen Planeten« *(Farbtafel 1)*, eingehüllt in ein intensiv bläulich leuchtendes Strahlungsfeld. Gegenüber dem schwarzen Hintergrund des Weltalls existieren keine scharfen Konturen, sondern es besteht ein fließender Übergang *(Farbtafel 2)*. Es gibt allerdings auch Aufnahmen, bei denen das bläuliche Strahlungsfeld entweder ganz herausgefiltert ist oder aber die unscharfen Konturen geglättet sind.[61]
Schon lange bevor derartige Aufnahmen aus dem Weltall vom Planeten Erde existierten, hatte Reich in den fünfziger Jahren die These aufgestellt, die Erde sei von einem Lebensenergiefeld umgeben, das durch die Sonnenstrahlung zu intensiven bläulichem Leuchten angeregt werde, das aber auch aus sich heraus ein für unsere Augen wahrnehmbares schwaches Schimmern, eine Lumineszens aufweise. Ausdruck davon sei die Tatsache, daß der Nachthimmel – auch abseits von irgendwelchen künstlichen Lichtquellen und auch bei Neumond – niemals schwarz sei. (Von dieser Tatsache kann sich jeder überzeugen, der in einer klaren Neumondnacht in »freier Natur« die Hand zwischen Himmel und Augen hält: Sie erscheint vor dem Hintergrund des schwach schimmernden Himmels als schwarze Silhouette.) Was wir tagsüber an manchen Tagen als blauen Himmel wahrnehmen, ist nach diesem Verständnis nichts anderes als die »Innenansicht« der durch Sonnenstrahlung erregten

Lebensenergiehülle der Erde. Etwas Entsprechendes existiert auf dem leblosen Mond zum Beispiel nicht.

Die Energiehülle der Erde hat Wunden

Auf denjenigen Fotos, auf denen das bläuliche Strahlungsfeld der Erde nicht künstlich herausgefiltert worden ist, läßt sich auch erkennen, wie die Erdoberfläche in weiten Regionen unter einem bläulichen Schleier eingehüllt ist, der all ihre unterschiedlichen Färbungen wie durch eine bläuliche Brille erscheinen läßt. Nicht nur das Blau der Meere, sondern auch das Grün der Wälder, das Weiß der Gletscher, die vielen unterschiedlichen Tönungen der Gesteine sind ins Bläuliche getönt – mit einer Ausnahme: In einer nahezu unverfälschten Tönung sind die Farben der großen Wüstengebiete dieser Erde auf den Bildern aus dem Weltall zu erkennen, als einzige nicht eingehüllt und überdeckt von diesem bläulichen Schleier, als hätte die Lebensenergiehülle der Erde über diesen Gebieten eine Wunde *(Farbtafel 3)*.

Ist die Erde krebskrank?

Die entsprechenden Aufnahmen kennt jeder, aber kaum jemand macht sich normalerweise darüber Gedanken, eben weil die lebensenergetische Betrachtungsweise und Wahrnehmung der Erde noch viel zu wenigen bekannt und vertraut ist. Aber wenn man bei Aufnahmen von der Erde, bei denen das Lebensenergiefeld nicht herausgefiltert ist, darauf achtet, wird man immer wieder feststellen: Die Energiehülle der Erde hat die größten Wunden über den Gebieten der großen Wüsten: Sahara, Arabische Wüste, Asiatische Wüste. Weitere kleinere Wunden finden sich über der Namib-Wüste und der Wüste Kalahari im

Tafel 1: Der blaue Planet Erde. Aufgenommen aus der Mondumlaufbahn (Juli 1969, Apollo 11, Nasa)

Tafel 2: Der Mond über dem Horizont der Erdatmosphäre (September 1973, Skylab 3, Nasa)

Tafel 3: Die bläuliche Lebensenergiehülle der Erde hat über den großen Wüstengebieten Wunden. Aufgenommen aus 26000 Kilometer Entfernung (Juli 1969, Apollo 11, Nasa)

südlichen Afrika, über der Australischen Wüste, über dem südamerikanischen Wüstenstreifen entlang der Westküste sowie – wesentlich schwächer – in Nordamerika über der Wüste von Arizona und der von Nevada.
Sind Wüsten vielleicht Ausdruck und Folge einer bioenergetischen Erkrankung des Organismus Erde? Sind sie gar die Tumoren bzw. Metastasen einer an Krebs erkrankten Erde? Und ist das Wachstum der Wüsten in den letzten Jahrzehnten, ihr Ausgreifen aus ihren bisherigen Kerngebieten in ihre jeweilige Peripherie, die Häufung von Dürrekatastrophen in bislang fruchtbaren Regionen, ist all das Ausdruck für eine bedrohlich fortschreitende Krebserkrankung der Erde?

Energetische Erstarrung der Atmosphäre und Wüstenbildung

In der Tat liegt vor dem Hintergrund der Reichschen Forschungen ein solcher Schluß nahe. Reich hatte schon in den fünfziger Jahren die Hypothese aufgestellt, daß die Wüsten möglicherweise entstanden seien als Folge einer tiefgreifenden lebensenergetischen Funktionsstörung der Atmosphäre.[62,63] Während natürlicherweise die atmosphärische Lebensenergie in großräumigen Wirbeln und Wellenbewegungen die Erde umströmt und dabei Luft- und Wasserdampfmassen (Wolken) mit sich führt, wären die Wüstengebiete von derartigen Strömungen weitgehend abgeschnitten, weil die Lebensenergiehülle der Atmosphäre in diesen Gebieten erstarrt sei *(Abb.52)*. Der periodische Durchfluß der Tiefdrucksysteme mit entsprechenden Niederschlägen und der Wechsel zwischen Tiefdruck- und Hochdrucksituationen mit entsprechend wechselnden Wetterlagen könne unter solchen Bedingungen nicht mehr stattfinden. Die langfristig ausbleibenden Niederschläge ließen nicht nur

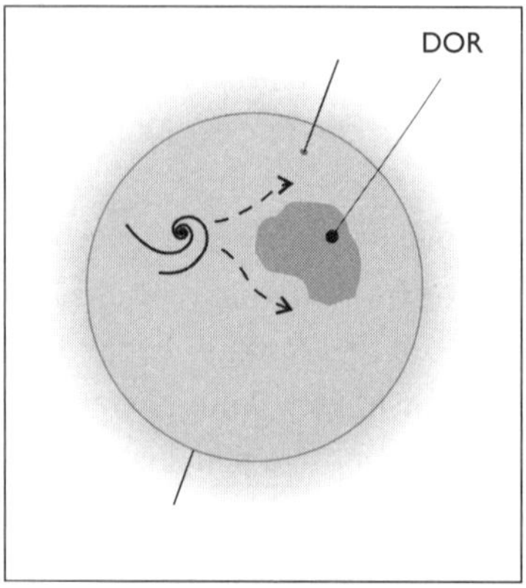

Abb. 52

die Vegetation verdorren und absterben, sondern die erstarrte Lebensenergie (DOR) der Atmosphäre würde sogar die Struktur des Gesteins langfristig zerfallen lassen, ebenso wie die Struktur der Wolken.

Was Reich im Rahmen seiner bioenergetischen Krebsforschung für den Menschen herausgefunden hatte, scheint sich in großen Dimensionen funktionell identisch am Organismus Erde zu vollziehen. Chronisch gewordene bioenergetische Erstarrung von Teilen des Organismus führt zunächst zu funktionellen Störungen und bei fortgeschrittener Entwicklung zu einem Strukturzerfall von Teilen, die sich gegenüber dem Gesamtorganismus verselbständigen und langfristig seine Lebensfähigkeit zerstören. Ist die Erde wirklich krebskrank, und sind die sich ausbreitenden Wüsten ihre Tumoren?

Das ORANUR-Experiment

Wie war Reich dazu gekommen, die Erde als einen lebenden Organismus zu betrachten? Ich habe die innere Logik seines Forschungsprozesses an anderer Stelle ausführlich dargestellt und will mich hier auf ein paar kurze Andeutungen beschränken.[64]

In den vierziger Jahren war es ihm ja gelungen, mit Hilfe des Orgonakkumulators die atmosphärische Lebensenergie aus dem Raum zu verdichten und unter anderem für Heilungszwecke zu nutzen. Wegen der unglaublichen Heilwirkungen konzentrierter Lebensenergie hatte Reich dann Anfang der fünfziger Jahre vor dem Hintergrund der Gefahr eines Atomkrieges die Frage aufgeworfen, ob diese Energie eventuell sogar zur Neutralisierung der lebensbedrohlichen Wirkungen radioaktiver Strahlung genutzt werden könnte. Diese Frage bildete die Grundlage für eine Versuchsreihe, die er ORANUR-Experiment nannte und in der er ungewöhnlich hoch konzentrierte Orgonenergie mit geringen Mengen radioaktiver Substanz zusammenbrachte.[65]

Radioaktivität und bioenergetische Erkrankung

In dieser Versuchsreihe, deren Verlauf und Interpretation ich für umwälzend halte und die bis heute kaum gewürdigt wurde, stieß Reich auf eine bis dahin unbekannte Wirkung der Radioaktivität, die den wenigsten Menschen bekannt geworden ist: Radioaktivität versetzt die atmosphärische Lebensenergie in einen Zustand der Übererregung, der sich durch alle Abschirmungen hindurch ausbreitet und sich auf alle lebenden Organismen als bioenergetische Übererregung überträgt *(Abb.53)*.

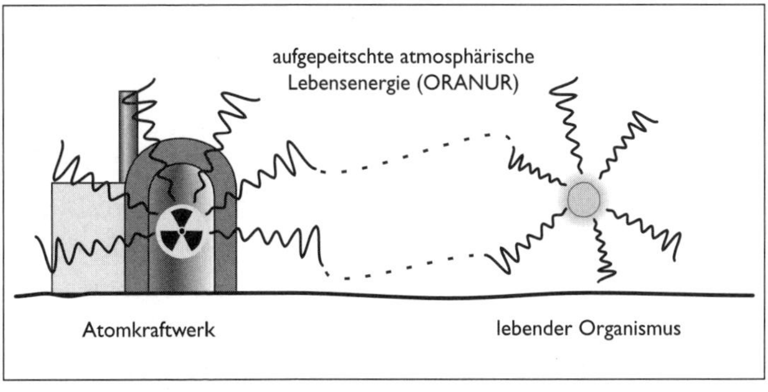

Abb. 53

Die Folge davon sind grundlegende Störungen der lebensenergetischen Funktionen, die zu schwersten Krankheiten führen können und den einzelnen Organismus jeweils am schlimmsten an seinen bioenergetischen Schwachstellen treffen, das heißt in den Bereichen der stärksten Blockierungen oder der stärksten Stauungen. Reich nannte die dadurch hervorgerufenen, individuell sehr unterschiedlichen Krankheitssymptome bzw. den sie verursachenden Krankheitsprozeß »ORANUR-Krankheit«. Eine Erscheinungsform dieser Krankheit beim Menschen ist Leukämie. Aber auch viele andere Symptome, die herkömmlicherweise von der Strahlenmedizin unter dem Begriff »Strahlenkrankheit« zusammengefaßt, aber nicht verstanden werden, führt Reich auf den angedeuteten Zusammenhang zurück.

Die krankmachenden Wirkungen des ORANUR-Effekts bestehen also nicht in dem direkten Auftreffen radioaktiver Strahlen (α-, β-, γ-Strahlung) auf den lebenden Organismus, sondern in einer durch alle Materie durchdringenden Übererregung des atmosphärischen Lebensenergiefeldes, in das die lebenden Organismen mit ihrem bioenergetischen System eingebettet sind und von dessen Störungen sie in ihren lebendigen Funktionen mit erfaßt werden.

Radioaktivität und Störung der Lebensenergiehülle der Erde

Aus diesen Beobachtungen und Hypothesen von Reich läßt sich der Schluß ziehen, daß in den letzten Jahrzehnten seit Beginn des Atomzeitalters nicht nur von Atombombenexplosionen, sondern auch von Kernkraftwerken ein ständiger und sich steigernder ORANUR-Effekt auf die Lebensenergiehülle der Erde ausgeht, der den Organismus Erde mit allen seinen Teilen bioenergetisch immer kranker werden läßt. Reich hatte damals schon eindringlich vor der Illusion einer angeblich friedlichen Nutzung der Atomenergie gewarnt, ganz zu schweigen von den Gefahren eines Atomkriegs.

Aufgrund des ORANUR-Experiments 1951 hatte er dramatische Veränderungen der Atmosphäre und des Wetters zunächst in der näheren Umgebung seines Laboratoriums (in der ländlichen Gegend von Orgonon/Rangeley/Maine im Nordosten der USA) beobachtet. Aus dem anfänglich übererregten, aufgepeitschten Zustand war die Atmosphäre nach einigen Monaten umgekippt in Leblosigkeit und Erstarrung – ein Zustand, den Reich als DOR (Deadly ORgone) bezeichnete. Ein Grauschleier lag drückend über der Landschaft, die gewohnte Brillanz der Farben war völlig verschwunden, alles wirkte nur noch stumpf, und es bildeten sich keine strukturierten weißen Wolken mehr. Lediglich strukturlose, an ihren Rändern zerfaserte, stumpfgraue Wolken hingen unbewegt über der Landschaft. Reich nannte sie DOR-Wolken. Die Seen lagen regungslos wie Blei, die Bäume ließen ihre Zweige schlaff herunterhängen; insgesamt machte die Natur einen ganz traurigen, deprimierten und deprimierenden Eindruck.

Reich interpretierte dieses Erscheinungsbild als Ausdruck energetischer Erstarrung der Atmosphäre, als Reaktion auf die vorausgegangene energetische Übererregung. Ähnlich wie ein energetisch und emotional aufgepeitschter menschlicher Organismus als Gegenreaktion umkippen kann in Erstarrung, ähnlich vielleicht auch wie ein politisch aufgepeitschter sozialer Organismus umkippen kann in reaktionäre Erstarrung, so kann auch die Lebensenergie des Organismus Erde von dem einen Extrem in das andere Extrem kippen. Während es sich einerseits bei ORANUR und DOR um extreme Gegensätze handelt, sind sie doch gleichzeitig auf einer tieferen Ebene betrachtet

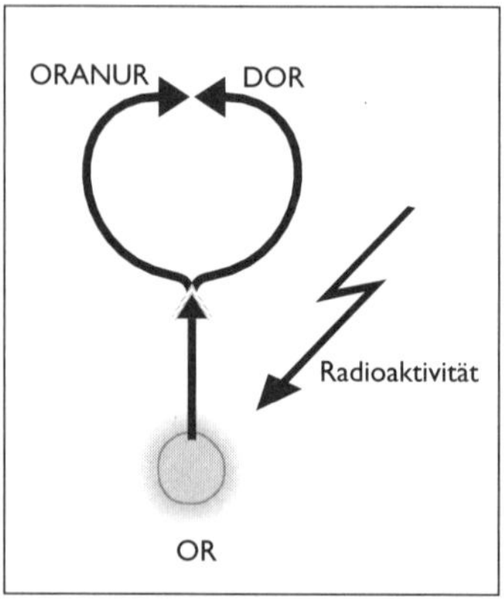

Abb. 54

identisch: Beide sind Ausdruck einer grundlegenden Störung lebensenergetischer Funktion, Ausdruck einer tiefgreifenden bioenergetischen Erkrankung eines lebenden Systems *(Abb. 54)*.

Das ORANUR-Experiment hat eine der wesentlichen Ursachen für die bioenergetische Erkrankung des Organismus Erde aufgedeckt: die radioaktive Strahlenbelastung des Lebensenergiefeldes der Erde.

Die unter dem Eindruck der DOR-Atmosphäre immer unerträglicher werdenden Lebensbedingungen in Orgonon bildeten für Reich seinerzeit den Hintergrund, über Möglichkeiten einer energetischen Heilung der Atmosphäre nachzudenken. Auch hier kam ihm wieder seine funktionelle Forschungsmethode zugute: So wie es beim energetisch blockierten Menschen darum ging, die Blockierungen behutsam zu lösen und den Weg für den natürlichen Energiefluß wieder freizumachen, so konnte vielleicht auch die energetische Blockierung der Atmosphäre gelöst werden, um die atmosphärische Selbstregulierung wiederherzustellen. Die Frage war nur, wie.

4.1.8 Cloudbusting – energetische Heilung der Atmosphäre

Reich hat hierzu eine Methode entwickelt, die man als »Himmels-Akupunktur« oder als »Akupunktur der Atmosphäre« bezeichnen könnte. Er selbst nannte das Gerät, das er hierzu entwickelte, »Cloudbuster« und die Methode seiner Anwendung

»Cloudbusting«. Ähnlich wie die Akupunktur beim Menschen mit simplen Metallnadeln den gestörten Energiefluß wieder einreguliert und auf diese Weise unglaubliche Heilungen bewirken kann, so könnte man den Cloudbuster als Akupunkturnadel in bezug auf den Organismus Erde betrachten.
Reich konnte mit Hilfe dieses Gerätes und seiner sensiblen Handhabung die energetische Blockierung der Atmosphäre lösen und den natürlichen Fließprozeß der atmosphärischen Lebensenergie und damit die natürliche klimatische Selbstregulierung wiederherstellen. Es hört sich unglaublich an, aber es ist wahr: Die Natur gewann ihre verlorengegangene Lebendigkeit und Ausdruckskraft zurück, die Atmosphäre klarte auf, der Himmel wurde tiefblau, es bildeten sich wieder weiße, klar strukturierte Wolken, Wind kam auf; die brillanten Farben der Landschaft, der Seen, der Bäume kehrten wieder zurück, die Oberflächen der Seen kräuselten sich, und der unerträgliche Druck der Atmosphäre war einer belebenden Frische gewichen. Ein Stück sterbender Natur war wieder zum Leben erweckt worden.[66]
Nach verschiedenen positiven Erfahrungen mit der Anwendung des Cloudbusters entschloß sich Reich Mitte der fünfziger Jahre zu einer Expedition in die Wüste von Arizona, um die dortigen energetischen Bedingungen der Atmosphäre genauer zu studieren und mit dem Cloudbuster (im wahren Sinne des Wortes) zu beeinflussen. Seine energetische Diagnose der Atmosphäre besagte, daß sich westlich der Wüste von Arizona eine weit ausgedehnte energetische Blockierung befinde, die das Einströmen fließender Lebensenergie von Westen her verhindere, und damit auch das Einströmen von Luftfeuchtigkeit und Tiefdruckwirbeln vom Pazifik. Mit dem Einsatz mehrerer Cloudbuster gelang es ihm und seinen Mitarbeitern, die energetische Blockierung der Atmosphäre zu lösen – mit der Folge langanhaltender heftiger Regenfälle, wie es sie seit Menschengedenken in der

Wüste von Arizona nicht gegeben hatte. Die bis dahin völlig ausgetrocknete und verdorrte Wüstenlandschaft begann wieder aufzuleben und grün zu werden.
Damit waren die wesentlichen Grundlagen gelegt für eine Wiederbegrünung und Wiederbelebung ausgetrockneter Gebiete, für eine Umkehr des Prozesses sich ausbreitender Wüsten, für eine weiträumige Heilung des krank gewordenen Organismus Erde. Die unglaublich hoffnungsvolle Forschungsarbeit von Reich wurde allerdings jäh unterbrochen durch das gegen ihn eingeleitete Gerichtsverfahren, zu dem er in den Osten der USA zurückkehren mußte und das mit seiner Verurteilung zu zwei Jahren Haft endete sowie mit dem Verbot seiner Forschungen und der Verbrennung seiner Bücher und sämtlicher Veröffentlichungen, die sich auf die Entdeckung, Erforschung und Nutzung der Orgonenergie bezogen.

Elektrosmog und ORANUR-Effekt

Seither sind mehr als 40 Jahre ins Land gegangen, und das sind auch über 40 Jahre Atomtechnologie, das heißt mehr als 40 Jahre Vergewaltigung des Lebensenergiefelds der Erde – neben all den anderen ungeheuer angewachsenen Umweltbelastungen, die mehr oder weniger allgemein bekannt sind. Der ORANUR-Effekt geht allerdings nicht nur von der Atomtechnologie aus, sondern, wenn auch in schwächerer Form, von einer ganzen Reihe anderer technologisch erzeugter Strahlungsquellen. Dazu gehören Röntgengeräte, Bildschirmgeräte, Leuchtstoffröhren, Radarsender, Mikrowellen, Hochspannungsleitungen, Sendemasten für Funktelefon. Auch ein Teil der Gesundheitsbelastungen durch Kat-Autos mit 3-Wege-Platin-Katalysator kann vor diesem Hintergrund interpretiert werden.[67]
Abgesehen von den Röntgengeräten wird die gesundheitsschäd-

liche und umweltschädliche Wirkung dieser Strahlungsquellen im großen und ganzen von Seiten der offiziellen Wissenschaft geleugnet. Wenn trotzdem von Betroffenen gesundheitliche Belastungen beklagt werden, werden sie häufig von offizieller Seite abgewiesen nach dem Muster, daß nicht sein kann, was nicht sein darf. Indem die offizielle Wissenschaft die Existenz der Lebensenergie leugnet, verhindert sie natürlich auch, daß Funktionsstörungen der Lebensenergie, also bioenergetische Erkrankungen, auf ihre Ursachen hin zurückgeführt werden können.

Erst allmählich setzt sich ein Bewußtsein durch, daß von einer Reihe technischer Apparaturen bislang unerkannte und unverstandene Gesundheitsbelastungen ausgehen, Phänomene, die mittlerweile unter dem Begriff »Elektrosmog«[68] zusammengefaßt werden. Robert O. Becker hat über diese Zusammenhänge sein richtungweisendes Buch »Der Funke des Lebens« veröffentlicht, in dem eine Fülle ausführlicher Erfahrungen und Forschungsergebnisse zusammengetragen wird. Im deutschen Sprachraum sind es vor allem die Forschungen und Veröffentlichungen von Wolfgang Volkrodt[69] und Hans-Ulrich Hertel.

In diesem Zusammenhang sind auch die Forschungen von Günther Reichelt[70] zu nennen, der mit empirischen Untersuchungen nachgewiesen hat, daß der Grad des Waldsterbens in unmittelbarer Umgebung von Atomkraftwerken drastisch höher ist, und zwar auch in Gebieten, die relativ wenig von Schadstoffen belastet sind. In allen drei Forschungsarbeiten findet sich allerdings kein Hinweis auf die Existenz einer Lebensenergie und auf eine mögliche bioenergetische Interpretation der entsprechenden Gesundheits- und Umweltschäden. Aber die empirischen Befunde lassen sich größtenteils als Wirkung des ORANUR-Effekts interpretieren. Reichelt sind übrigens weitere Forschungsgelder mit der Begründung verweigert worden, es bestehe kein öffentliches Interesse an einer Weiterführung dieser Forschung. Hertel ist von einem Elektrokonzern unter Androhung einer Schadensersatzklage in Millionenhöhe die weitere Veröffentlichung seiner Forschungsergebnisse untersagt worden.

Nimmt man sowohl die atomare wie die Elektrosmogbelastung zusammen, so läßt sich feststellen, daß das Lebensenergiefeld der Erde über das letzte halbe Jahrhundert hinweg einer enorm wachsenden ORANUR-Belastung ausgesetzt war. Besonders dramatisch in diesem Zusammenhang war die Reaktorkatastrophe von Tschernobyl; aber auch die lange Kette von ober- und unterirdischen Atombombenversuchen sowie die permanente Belastung der Atomkraftwerke im Normalbetrieb und die oben erwähnten technologischen Strahlungsquellen haben die Lebensenergie der Erde vergewaltigt und tun es weitgehend unerkannt und ungebrochen bis heute.

Erinnern wir uns an die Zeit kurz nach Tschernobyl: Wir hatten in Europa »strahlendes Wetter«, im makaber doppelten Sinn des Wortes: einerseits von fast unwirklich strahlender Klarheit, mit einem unglaublich tiefblauen, wolkenlosen Himmel; auf der anderen Seite die bedrohlich hohe radioaktive Strahlenbelastung der Atmosphäre. Über Europa war ein ausgeprägtes, stabiles Hochdrucksystem entstanden, das das Einströmen von Tiefdruckwirbeln vom Atlantik für längere Zeit verhinderte. Diese Wettersituation eines chronisch sich festsetzenden Hochdrucksystems kann gedeutet werden als Ausdruck einer extremen ORANUR-Reaktion der Atmosphäre, als Ausdruck der Übererregung und Überexpansion der atmosphärischen Lebensenergie. Hält ein solcher Zustand lange an, so unterbleibt der sonst übliche Wechsel der Wetterlagen, und es kommt zur Dürre.

Nach Tschernobyl war auch zu beobachten, wie der Zustand der Übererregung der Atmosphäre schließlich umkippte in sein

Gegenteil: in energetische Erstarrung (DOR). Auch vor Tschernobyl gab es in Mittel- und Südeuropa schon immer deutliche Anzeichen für eine qualitative Veränderung der atmosphärischen Energie in Richtung DOR. Die Tage im Jahr, an denen ein mehr oder weniger dicker Grauschleier über der Landschaft lag, waren schon seit längerer Zeit immer häufiger geworden. Aber nach Tschernobyl hat sich nach meinem Eindruck die Leblosigkeit der Atmosphäre – nach der ersten ORANUR-Reaktion – noch einmal weiträumig drastisch verschärft. In den darauffolgenden Wintern gab es in verschiedenen Großstädten Europas längere Phasen von Smog, einhergehend mit Smogalarm, bis hin zum totalen Fahrverbot.

Aber auch zu anderen Jahreszeiten lag oft ein dicker Schleier über den Städten und über der Landschaft, sogar in Ländern, die noch vor 20 Jahren durch das tiefe Blau des Himmels und die unglaubliche Brillanz der Farben der Landschaft bekannt waren (wie Griechenland, Italien, Spanien, Südfrankreich). Die Alpen, die mich früher immer wieder wegen ihrer unglaublichen Schönheit und Klarheit der Atmosphäre begeistert hatten, lagen nach Tschernobyl häufig wie unter einem dicken, drückenden, lähmenden Grauschleier begraben – selbst bei »schönem Wetter«, von dem die Meteorologen sagen, es sei »heiter«. Dabei haben sie gar keinen Begriff dafür, begreifen gar nicht, wie traurig die Natur aussieht und wie krank sie ist. Auch Norditalien ist seit Jahren über lange Zeitabschnitte von einem dicken Grauschleier überzogen, ebenso die Provence, die früher wegen ihrer eindrucksvollen Farben und ihres ungewöhnlich klaren Lichts große Maler angezogen hat.

Längere Perioden von DOR, von energetischer Erstarrung der Atmosphäre, von Leblosigkeit, sind in den letzten 15 bis 20 Jahren und verstärkt nach Tschernobyl immer wieder gewaltsam durchbrochen worden durch heftigste Wirbelstürme und

Orkane, wie sie für europäische Verhältnisse bis dahin unbekannt waren. Als würde sich der Organismus Erde gegen die zunehmende Erstarrung mit zunehmender Heftigkeit auflehnen und die noch fließenden Energien mobilisieren, um die Erstarrung aufzubrechen.

Auch diese Reaktion erinnert an energetische Funktionen eines emotional gepanzerten menschlichen Organismus: Je stärker die Panzerung eines Menschen und die von ihr erzeugte Aufstauung der Energie, um so gewaltsamer sind die emotionalen Ausbrüche, die vorübergehend die Panzerung durchbrechen. Sind diese Panzerungen in einer Gesellschaft weit verbreitet, so bilden sie den emotionalen Boden, auf dem sich kollektive Gewalt entladen kann und periodisch immer wieder entladen muß, solange die starre Grundstruktur unverändert bleibt. Reich hat diese massenpsychologischen Prozesse eindrucksvoll, aber auch erschütternd in seiner »Massenpsychologie des Faschismus« beschrieben.

Es scheint, als handelt es sich auch hier wieder um eine funktionelle Identität zwischen individuellem Organismus, sozialem Organismus und dem Organismus Erde. Je höher der Grad der energetischen Erstarrung, um so heftiger die gewaltsamen Explosionen oder Eruptionen der aufgestauten Energien. Ist also die in den letzten Jahrzehnten weltweit gewachsene Zahl und Heftigkeit der Unwetter eine bioenergetische Reaktion des Organismus Erde auf die ihr zunehmend widerfahrende energetische Erstarrung und damit eine Folge der durch Atomkraft und Elektrosmog, aber auch durch die wachsende Schadstoffbelastung und Vergiftung verursachte bioenergetische Erkrankung der Erde?

Ich hatte weiter oben erwähnt, daß der ORANUR-Effekt den menschlichen Organismus jeweils an seiner bioenergetischen Schwachstelle am schlimmsten trifft. Gilt das gleiche auch für den Organismus Erde? James DeMeo, der weltweit zu den kompetentesten Personen auf dem Gebiet des Cloudbusting gehört und der über mehr als zwanzigjährige praktische Erfahrungen in der Anwendung dieser Methode verfügt, vertritt tatsächlich eine derartige These.

Wenn wir davon ausgehen, daß die Wüstengebiete Ausdruck und Folge grundlegender bioenergetischer Störungen des Energiefeldes der Erde sind, also Gebiete mit chronischer energetischer Kontraktion (DOR) bzw. Expansion (ORANUR), dann müßten sie durch den ORANUR-Effekt am extremsten getroffen werden. Dem scheint zu widersprechen, daß sich gerade die Wüstengebiete fern ab der Zivilisation und Industrialisierung befinden. Aber das Energiefeld der Erde ist ein einheitliches Ganzes, ein äußerst sensibles System, wie das Energiefeld jedes lebenden Organismus; es ist ein Kontinuum, bei dem jeder Teil eingebettet ist in den Gesamtzusammenhang und mit dem Ganzen bzw. mit den anderen Teilen in ständiger Wechselwirkung und Verbindung steht. (Derartige ganzheitliche Zusammenhänge sind – bezogen auf den menschlichen Organismus – beispielsweise aus der Akupunktur bekannt; die energetische Beeinflussung eines Akupunkturpunktes kann Wirkungen am ganz anderen Ende des Körpers hervorrufen.)

DeMeo hat über Jahre hinweg beobachtet, daß die Wüstengebiete dieser Erde nicht nur auf atomare Katastrophen wie Tschernobyl, sondern auch auf ober- und unterirdische Atombombenexplosionen mit einem Ausgreifen ihrer Atmosphäre auf ihre Peripherie reagiert haben.[71] In der Folge von Atombombentests in der Wüste von Nevada sei es immer wieder zu verheerenden Dürrekatastrophen und im Sommer zu entsetzlichen Hitzewellen mit Waldbränden im Umkreis von mehreren hundert Kilometern an den Rändern der Wüste gekommen – in Gebieten, die früher fruchtbares Land waren. Kalifornien zum

Beispiel war Ende der achtziger / Anfang der neunziger Jahre von einer jahrelangen und sich immer mehr verschärfenden Dürrekatastrophe getroffen.
Sogar auf weit entfernte Atombombenexplosionen würde die Atmosphäre der Wüsten mit Expansion reagieren, mit einer zeitlichen Verzögerung je nach Entfernung vom Ort der Explosion. Die verheerenden Feuerstürme in Südkalifornien im Oktober 1993, denen viele Luxusvillen im Prominentenort Malibu (einem Vorort von Los Angeles) zum Opfer fielen, bringt DeMeo in Zusammenhang mit der drei Wochen vorher in China gezündeten Atombombenexplosion.
Auch die Wüstenatmosphäre der Sahara greift seit eineinhalb bis zwei Jahrzehnten immer mehr nach Norden aus und hat zunächst in den Ländern des Mittelmeerraumes immer wieder verheerende Dürrekatastrophen erzeugt, wobei die Niederschläge auch in den gewohnten Regenperioden des Winters immer mehr ausblieben. Zeitweilig hat sich die Sahara-Atmosphäre sogar bis hoch nach Mitteleuropa ausgestreckt, die Landschaft mit einem drückenden DOR-Schleier überzogen und Dürrekatastrophen und Hitzewellen von bis dahin nie gekanntem Ausmaß hervorgerufen. Aber auch nach Süden bzw. Südosten fand eine Ausdehnung der Sahara statt, die die verheerenden Dürrekatastrophen in der Sahel-Zone bzw. am Horn von Afrika mit sich brachte. Die Arabische Wüste scheint sich mit ihrer Atmosphäre ebenfalls ausgedehnt und auf den gesamten Nahen Osten übergegriffen zu haben. Das langjährige Ausbleiben wesentlicher Niederschläge selbst in den »Regenperioden« hatte die Situation bis zum Herbst 1991 schließlich soweit verschlimmert und die Wasservorräte derart verknappt, daß in den Medien immer wieder die Befürchtung geäußert wurde, der nächste Krieg im Nahen Osten werde sich um die knappen Wasservorräte entzünden.

Auch die Atmosphäre der Namib-Wüste und der Wüste Kalahari im Südwesten Afrikas haben sich seit Anfang der achtziger Jahre immer mehr auf die Peripherie ausgedehnt und auf das ganze südliche Afrika übergegriffen: Die Niederschläge während der gewohnten Regenperioden gingen immer mehr zurück, bis sich die Dürrekatastrophe 1992 ganz dramatisch zuspitzte. Es wurde befürchtet, daß bei Ausbleiben wesentlicher Niederschläge in der kommenden Regenperiode 92/93 die größte Hungerkatastrophe dieses Jahrhunderts drohen würde.
Der Beginn des Nachlassens und schließlich Ausbleibens der Niederschläge zunächst in Namibia und später übergreifend auf das ganze südliche Afrika fällt zeitlich zusammen mit der Öffnung der größten Uranmine der Welt, in der Uran im Tagebau abgebaut wird! Hier scheint der räumliche und zeitliche Zusammenhang zwischen radioaktiver Strahlenbelastung der Atmosphäre, ORANUR-Effekt und Ausdehnung der Wüstenatmosphäre offensichtlich. Im Unterschied zu anderen Wüstengebieten, die überwiegend von einem dicken DOR-Schleier überzogen sind, handelte es sich in Namibia offensichtlich um einen ORANUR-Zustand, einen Zustand der chronischen Übererregung und Überexpansion der atmosphärischen Lebensenergie. Er ist gekennzeichnet durch eine fast unwirklich erscheinende Klarheit der Atmosphäre und eine Brillanz der Farben – bei chronisch anhaltendem Hochdrucksystem, das das Einströmen von Tiefdrucksystemen und Niederschlägen verhindert.
Dies alles sind nur einige Hinweise auf Beobachtungen, die vor allem von James DeMeo, aber über Jahre hinweg auch von mir gemacht wurden. Sie sollen dazu anregen, die Verschärfung der Klimakatastrophen unter dem lebensenergetischen Gesichtspunkt zu betrachten: als Ausdruck bioenergetischer Erkrankung der Erde und als Reaktion des Lebensenergiefeldes der Erde auf Atomtechnologie und Elektrosmog.

Energetische Wetterarbeit nach Reich

Die katastrophalen klimatischen Entwicklungen in vielen Teilen der Welt scheinen wenig Hoffnung auf Besserung zu versprechen, und dennoch: Es gibt berechtigte Hoffnung auf Heilung der krank gewordenen Erde! Die Grundlagen für eine bioenergetische Wiedergesundung der Atmosphäre sind gelegt, und die mit diesen Methoden bereits gemachten Erfahrungen sind außerordentlich ermutigend. Daß ihre Wirkungsweise von den etablierten Wissenschaften nicht verstanden wird, spricht nicht gegen diese Methoden, sondern gegen diese Art von Wissenschaft, deren mechanistisches Weltbild viel zu eng ist, um Lebensprozesse, ihre energetischen Störungen und ihre energetischen Heilungen zu verstehen.
Die Methoden der energetischen Wetterarbeit, des Cloudbusting, sind mit dem Tod von Reich, mit der Verbrennung seiner Bücher und mit dem Verbot seiner Forschungen in den USA nicht verlorengegangen, sondern von anderen wieder aufgegriffen und weitergeführt worden. Die weltweit kompetentesten Personen auf diesem Gebiet, die auch am meisten über entsprechende Forschungen und Versuche dokumentiert und veröffentlicht haben, sind Richard A. Blasband und James DeMeo. Blasband hat über Jahre hinweg Cloudbusting-Arbeit vor allem in den USA durchgeführt und darüber in einer langen Serie von Artikeln im amerikanischen »Journal of Orgonomy«[72] berichtet. Die Abkürzung für diese Art energetischer Wetterarbeit heißt »CORE« (Cosmic ORgone Engineering) oder »OROP« (ORgone OPeration), Kürzel, die auch von Reich verwendet wurden.

DeMeo hat ebenfalls Cloudbusting-Operationen in den USA, aber auch in Griechenland, Zypern, Israel und Namibia durchgeführt bzw. geleitet. Seine diesbezüglichen Veröffentlichungen finden sich im Journal of Orgonomy und in der von ihm herausgegebenen Zeitschrift »Pulse of the Planet« sowie in einzelnen im Selbstverlag erschienenen Broschüren (OROP Arizona, OROP Israel).[73]

Seine Berichte beinhalten auch die Auswertung der relevanten meteorologischen Daten vor, während und nach den Cloudbusting-Operationen. So zeigt z.B. die Auswertung einer Versuchsreihe 1989 in der Wüste von Arizona, daß es jeweils einige Tage nach den Operationen ungewöhnliche Niederschläge im Umkreis mehrerer hundert Kilometer um den Einsatzort gegeben hat.

Nach dieser Versuchsreihe wurde diese Methode von Blasband und DeMeo nur noch in akuten bzw. chronischen Notsituationen atmosphärisch-klimatischer Blockierung angewendet – mit teilweise unvorstellbaren Wirkungen. So kam es im Gefolge einer ausgedehnten Cloudbusting-Operation in Kalifornien im Frühjahr 1991 zur überraschenden Beendigung der größten Dürrekatastrophe Kaliforniens in diesem Jahrhundert – mit heftigen und länger anhaltenden Niederschlägen, die von den Medien und der Öffentlichkeit als »Wunder« (Miracle March) bezeichnet wurde.

Eine jahrelange und sich immer weiter verschärfende Dürre in Griechenland Anfang der neunziger Jahre war für James DeMeo Anlaß für Cloudbusting-Operationen vor Ort. Sein Versuch, außerhalb der üblichen Regenperiode Regen entstehen zu lassen, brachte keinen Erfolg. Die Cloudbusting-Arbeit ist möglicherweise wirkungslos, wenn sie gegen den Rhythmus der Natur eingesetzt wird. Was sie aber offenbar bewirken kann, ist, dem natürlichen Rhythmus (sofern er blockiert ist) durch Auflösung von Blockierungen den Weg zu ebnen. Nach dem Cloudbuster-Einsatz 1990 in Griechenland während der üblichen Regenzeit setzten hingegen heftige Regenfälle ein, die bis dahin ausgeblieben waren, und die Dürrekatastrophe war beendet.

In südlicheren Regionen (z. B. Zypern) dauerte die Dürre allerdings fort und löste sich erst auf, nachdem auch dort Cloudbusting-Operationen durchgeführt worden waren. Der Nahe Osten blieb aber weiterhin von einer verheerenden Dürre geplagt, weshalb DeMeo Cloudbusting-Operationen in Israel (OROP Israel) durchführte.

Wenige Tage nach Beendigung dieser Operationen im November 1991 setzten in Israel und im gesamten Nahen Osten heftige Niederschläge ein. Während die Wasserreservoirs vorher vollständig erschöpft waren, wurden die Seen und unterirdischen Reservoirs durch die Niederschläge wieder aufgefüllt, und die Dürrekatastrophe war beendet.

Die Abfolge der Operationen in Griechenland, Zypern und Israel erscheint wie ein allmähliches Abschmelzen einer großräumigen Energieblockierung der Atmosphäre, bei dem immer größere Gebiete in die energetische und klimatische Wiederbelebung einbezogen wurden. Diese Erfahrungen geben Anlaß zu der Hoffnung, daß sogar die weiträumigsten und stärksten Blockierungen der atmosphärischen Energie über den großen Wüstengebieten allmählich abgeschmolzen und auf diese Weise die Wüsten wieder belebt und wieder fruchtbar gemacht werden könnten.

James DeMeo hat tatsächlich ein langfristig orientiertes Projekt ins Leben gerufen, das er »Desert Greening Project« nennt; und nach allem, was bereits an Erfahrungen auf diesem Gebiet vorliegt, ist es nicht undenkbar, daß das Ziel des Projekts, die Wüsten wieder zu begrünen, in absehbarer Zeit Wirklichkeit werden könnte. Zunächst geht es aber vor allem darum, diejenigen bislang fruchtbaren Gebiete, die von der ausgreifenden Wüstenatmosphäre ausgedorrt und nach und nach der Wüste einverleibt wurden, für das Leben zurückzugewinnen, wieder zu bewässern und wiederzubeleben, um die dort lebenden

Menschen und Tiere vor verheerenden Hungerkatastrophen zu bewahren.[74]
An diesem Ziel orientierten sich die Cloudbusting-Operationen im November 1992 und im Februar 1993 in Namibia (OROP Namibia) unter Leitung von James DeMeo.[75]
Die Operationen in einer Atmosphäre extremer energetischer Übererregung oder Überexpansion (ORANUR) waren darauf gerichtet, der energetischen Expansion entgegenzuwirken und den sonst natürlichen, aber blockierten Fluß der Großwettersysteme zu unterstützen, um auf diese Weise die über das ganze südliche Afrika ausgeweitete Wüstenatmosphäre wieder schrumpfen zu lassen.
Infolge einiger Operationen in November 1992 kam es in der äußeren Peripherie der Namib-Wüste, das heißt in den Namibia umgebenden Ländern, nach jahrelanger Dürre wieder zu erheblichen Niederschlägen und zu einer deutlichen Entspannung der Dürresituation. Namibia war bis zum Beginn der zweiten Phase der Operation im Februar 1993 davon allerdings noch wenig betroffen. Nach einer Reihe von Operationen an verschiedenen Standorten, die sich von der inneren Peripherie (innerhalb Namibias) immer mehr dem harten Kern der Wüste näherten und mit einer Operation am Rande der Wüste abschlossen, kam es zu heftigen und ausgedehnten Regenfällen in weiten Teilen Namibias bis in die Namib-Wüste hinein *(Farbtafel 4)*. Auch in den meisten übrigen Ländern des südlichen Afrika schien die Dürrekatastrophe überwunden, und die Atmosphäre schien für einige Zeit ihren natürlichen Rhythmus wiedergefunden zu haben.
Alle diese Arbeiten sind übrigens bisher mit keinem einzigen Dollar oder keiner einzigen Mark von staatlicher Seite gefördert worden. Sämtliche Versuche, auch nur das Interesse offizieller Stellen zu gewinnen, sind letztendlich immer wieder im

Tafel 4: Energetische Dürrebekämpfung mit Hilfe des Cloudbusters. OROP Namibia unter Leitung von James DeMeo (Februar 1993)

Sande verlaufen und gescheitert. In den meisten Fällen sind entsprechende Mitteilungen, Anfragen oder Anträge völlig ignoriert worden. Bestenfalls zeigten sich einige Personen anfangs aufgeschlossen, aber nach einiger Zeit hüllten sie sich immer wieder in Schweigen und reagierten nicht einmal nachträglich auf die unglaublichen Veränderungen, die im Gefolge der Cloudbusting-Operationen eingetreten waren und die ihnen, die um die geplanten Operationen wußten, eigentlich gar nicht entgangen sein konnten.

Vermutlich haben sie sich zu ihrer Entscheidungsfindung erst einmal die Stellungnahme sogenannter Experten oder Sachverständiger eingeholt, z. B. von klassisch ausgebildeten Meteorologen, um sich mit deren Rat abzusichern. Und wie der Rat eines Experten aussieht, in dessen wissenschaftlicher Disziplin die Existenz einer Lebensenergie nicht gesehen wird, ist eigentlich klar. Aus seiner Expertensicht wird er nur davor warnen, eine derartige »Scharlatanerie« ernst zu nehmen, geschweige denn auch noch finanziell zu unterstützen.

Woher sind dann die Mittel gekommen, um derartige Projekte energetischer Wetterarbeit zu finanzieren? Bisher ausschließlich aus Spenden einiger Privatpersonen, die um die Bedeutung und die Möglichkeiten dieser Methode wissen und diese Arbeit fördern wollen. Dabei ist es ganz erstaunlich, wie jeweils zur rechten Zeit die erforderlichen Mittel zusammenkamen und die betreffenden Personen sich zusammenfanden, die die Arbeit auf die eine oder andere Weise unterstützten, indem sie zum Beispiel am Wasser gelegene Standorte für den Einsatz der Geräte zur Verfügung stellten. Offenbar bedarf es zur Unterstützung lebendiger Prozesse keines großen bürokratischen Apparates, sondern eines spontan sich bildenden Zusammenwirkens von Menschen, die sich ihrer Verantwortung für das Lebendige bewußt sind und entsprechend handeln.

4.2 Viktor Schauberger: Mit der Natur bewegen

Auf einem ganz anderen Weg als Wilhelm Reich ist Viktor Schauberger zur Wiederentdeckung des Lebendigen gekommen, und dennoch gibt es verblüffende Berührungspunkte und Übereinstimmungen zwischen seinen Forschungsergebnissen und denen von Reich. Die Verbindung beider Ansätze scheint mir das Verständnis der lebendigen Natur noch weiter zu vertiefen, als es mit jedem einzelnen Ansatz allein möglich ist.

Reich gelangte zur Wiederentdeckung der Lebensenergie auf dem Weg über seine therapeutische Arbeit mit emotional blokkierten Menschen, der Auflösung ihrer Blockierungen und der Wiederentdeckung der darunter verschütteten natürlichen Fließbewegungen sexueller Energie. Schaubergers Weg führte über die Beobachtung gestörter Fließbewegungen »kranken« Wassers zur Wiederentdeckung lebendigen Wassers und der darin wirkenden Lebensenergie. So wie Reich die Grundlagen legte für die emotionale Wiederbelebung und Heilung kranker Menschen, so legte Schauberger die Grundlagen für die energetische Wiederbelebung kranker Gewässer. Aber beide haben sich über den ursprünglichen Bereich ihrer Forschungen weit hinaus bewegt und treffen sich schließlich in immer tieferen Einsichten in die Funktionen der kosmischen Lebensenergie in allen Dimensionen der Natur – vom Mikrokosmos bis zum Makrokosmos – und in den fast unglaublichen Perspektiven, die sich aus der Nutzung dieser Energie für die Heilung kranker Menschen, kranker Gewässer und des kranken Organismus Erde ergeben.

Während allerdings der Schatz des verschütteten Wissens um Wilhelm Reich und seine Forschungen mittlerweile weitgehend gehoben und die damaligen Veröffentlichungen wieder zugänglich sind, scheint mir die Schatztruhe des ebenfalls verschütteten Wissens um Viktor Schauberger erst einen Spalt wieder geöffnet zu sein, und es ist noch viel Spurensuche zu leisten. Aber vielleicht wissen andere auch viel mehr als ich, und ich gehe davon aus, daß eine konsequente Spurensuche – ähnlich wie in bezug auf Reich – mehr und mehr Einzelheiten der Schaubergerschen Forschungen zutage fördern wird.[76] Ich werde mich im folgenden vor allem auf das sehr flüssig geschriebene Buch von Olof Alexandersson beziehen, das in der deutschen Übersetzung den Titel trägt: »Lebendes Wasser – über Viktor Schauberger und eine neue Technik, um unsere Umwelt zu retten«.[77]

4.2.1 Lebendes und totes Wasser

Der Österreicher Viktor Schauberger, 1885–1958, stammte aus einer alten Försterfamilie und war selbst Förster. Aufgewachsen in einer von der Zivilisation noch weitgehend unberührten Natur hatte er sich offenbar ein sensibles Einfühlungsvermögen und ein liebevolles Verhältnis zur Natur bewahrt. Er hat nie ein akademisches Studium durchlaufen und ist vermutlich auch dadurch vor bestimmten Denk- und Wahrnehmungsblockierungen, wie sie typischerweise durch die Disziplinierung der akademischen Wissenschaften vermittelt werden, verschont geblieben. Sein Zugang zum Naturverständnis ist offensichtlich mehr ein intuitives gewesen, über das er der Natur die Geheimnisse ihrer Bewegungsprinzipien abgeguckt und in entsprechende technische Konstruktionen umgesetzt hat. Sich durch die Natur emotional bewegen lassen, sich ihren Bewegungen gegenüber öffnen, mit ihr in Kontakt kommen, sie auf sich einwirken lassen, sie auf diese Art erfassen und verstehen, um schließlich mit der Natur zu bewegen anstatt gegen sie – das scheint die Grundlage seiner Herangehensweise gewesen zu sein.
Eine seiner ersten Beobachtungen über Veränderungen der natürlichen Fließbewegungen des Wassers machte er an einer

Quelle, die sich lange Zeit im Schatten eines großen Steines befunden hatte. Schauberger war aufgefallen, daß die Quelle auf einmal versiegte, nachdem der Stein heruntergerollt war und der Quelle kein Schatten mehr gespendet wurde. Nachdem er zusammen mit anderen den Stein wieder in die ursprüngliche Lage gerollt hatte, begann die Quelle wieder zu fließen.
Daraufhin achtete er genau darauf, wie sich Quellen und Bäche in ihrem Fließen verändern, wenn der gewohnte Schatten wegfiel, zum Beispiel nachdem schattenspendende Bäume umgestürzt oder gefällt worden waren. Es schien, als ob sich daraufhin immer mehr Geröll im Bachbett ablagerte und das Bachbett zunehmend verstopfte, so daß bei gleichen zu Tal fließenden Wassermengen die Bäche über die Ufer traten, die Böschungen niederrissen und – anstatt sich langsam ins Tal zu schlängeln – geradewegs ins Tal stürzten. Der natürlich sich hinschlängelnde Flußlauf war nach einiger Zeit zerstört.
Schauberger vermutete, daß die Temperatur des Wassers einen wesentlichen Einfluß auf dessen Fähigkeit hat, Geröll aufzuwirbeln und zu Tal zu transportieren und dadurch das Bachbett immer wieder selbst zu reinigen. Aus der Quelle trat das Wasser mit 4 °C aus (der auch aus der Physik bekannten Temperatur der größten Wasserdichte). Wird das Wasser, anstatt sich im Schatten zu bewegen, der direkten Sonneneinstrahlung ausgesetzt, so wird die Temperatur sehr schnell erhöht, und das Wasser verliert immer mehr seine natürliche Fähigkeit, zu wirbeln und Geröll aufzuwirbeln – mit den oben beschriebenen Folgen, daß das Bachbett immer mehr verstopft. Die Tragfähigkeit des Wassers gegenüber dem Geröll war nach den Beobachtungen von Schauberger am größten in kühlen und klaren Nächten, und besonders stark bei Vollmond.
Nun ist Geröll ja schwerer als Wasser (auch als das Wasser in seiner größten Dichte bei 4 °C) und müßte nach physikalischen

Gesetzmäßigkeiten – nach dem sogenannten »Archimedischen Prinzip« – absinken; weil das Eigengewicht der Steine, das heißt die auf sie wirkende Schwerkraft, größer ist als der Auftrieb (der dem Gewicht des verdrängten Wassers entspricht). Unter den beschriebenen Bedingungen entwickelt das Wasser aber Eigenschaften, die diesen physikalischen Gesetzen widersprechen, entwickelt es offenbar eine Kraft, die gegen die Schwerkraft gerichtet ist, gegen die Gravitation: Antigravitation! Eine Kraft, die sogar Steine, anstatt sie auf den Grund des Wassers sinken zu lassen, zum Schweben brachte und dadurch nahezu reibungslos zu Tal transportieren konnte.

Ohne die umwälzende Bedeutung seiner Entdeckung zu diesem Zeitpunkt schon absehen zu können, war Schauberger auf den Spuren der Antigravitation, eines Bewegungsprinzips, das den der industriellen Technologie zugrundeliegenden Antriebsprinzipien fundamental entgegengesetzt ist. Neben der Temperatur schien hier der Wirbelbewegung eine zentrale Bedeutung zuzukommen. Wasser, das die Fähigkeit und Möglichkeit zu wirbeln verliert, büßt auch seine Tragfähigkeit gegenüber schwereren Gegenständen und damit seine Fähigkeit zur Antigravitation ein.

Abtöten von Flüssen durch Begradigung

Vor diesem Hintergrund wurde für Schauberger auch verständlich, warum die künstliche Begradigung von Bächen und Flüssen katastrophale Auswirkungen haben muß: Im Unterschied zu den sich schlängelnden Flußläufen, in denen sich die Natur vielfältige Möglichkeiten des Wirbelns schafft, verliert das Wasser in begradigten Flußläufen weitgehend diese Möglichkeiten – und damit auch seine Fähigkeit, Geröll aufzuwirbeln und das Flußbett immer wieder selbst zu reinigen. Statt dessen lagert sich das Geröll ab, und die Ablagerung und Verstopfung bewirken ein Über-die-Ufer-Treten der Flüsse und entsprechende Überschwemmungen. Zum Schutz dagegen werden die Flüsse noch mehr eingedämmt, was zwar der Bauindustrie Aufträge verschafft, aber der Natur in keinster Weise hilft, sondern sie nur noch weiter von ihrer Selbstregulierung entfernt.

Schauberger ist hier auf einen Zusammenhang gestoßen, der in den Reichschen Forschungen auf ähnliche, funktionell identische Weise immer wieder entdeckt wurde: Gestörte natürliche Selbstregulierung erzeugt Abhängigkeit von weiteren künstlichen Eingriffen, die das betreffende lebende System immer weiter von seiner Selbstregulierung entfernen und immer mehr Destruktion hervortreiben.

Die künstlichen Eingriffe aller Art bringen zwar Aufträge, mit denen sich Geld verdienen läßt und an denen Arbeitsplätze hängen. Kurzum, es gibt massive ökonomische Interessen an der Aufrechterhaltung zerstörter Selbstregulierung und gegen die Wiedergewinnung natürlicher Selbstregulierung und der damit einhergehenden Heilung von Mensch und Natur. Wie soll man noch Krücken aller Art verkaufen, wenn die Menschen und die Natur erst einmal wieder auf eigenen Beinen laufen würden? (Diese kurzen Andeutungen verweisen freilich auf einen grundlegenden Strukturmangel der herrschenden Ökonomie, in der nicht die Lebensinteressen von Mensch und Natur die entscheidenden Orientierungsgrößen darstellen, sondern das Verwertungsinteresse und der widernatürliche Wachstumszwang des toten Kapitals.)

Wasserrutsche zum Holztransport

Die genannten Beobachtungen kamen Schauberger zunächst bei der Lösung einiger praktischer Transportprobleme in der Forstwirtschaft zugute. Im Winter 1918 sollte in seinem Revier eine große Zahl von Baumstämmen umgestürzter Bäume vom Berg ins Tal befördert werden – zur Gewinnung von knapp gewordenem Brennholz. Transportmittel waren nicht verfügbar, und so kam Schauberger auf die Idee, die besondere Tragfähigkeit des Wassers in kalten Vollmondnächten zu nutzen, um die Baumstämme vom Gebirgsbach ins Tal tragen zu lassen. Obwohl andere Forstexperten diesem Versuch keinerlei Erfolgschancen einräumten, war er erfolgreich.

Später ging es um den Transport einer großen Zahl von Baumstämmen im Waldgebiet des Prinzen von Schaumburg-Lippe vom Berg ins Tal, und Schauberger beteiligte sich an einem Wettbewerb zur möglichst kostengünstigen Lösung dieses Problems. Sein völlig unkonventioneller Vorschlag bekam den Zuschlag. Aus Mangel an geeigneten natürlichen Wasserläufen ließ Schauberger eine Art Wasserrutsche aus Brettern bauen, ähnlich einer Bobbahn, die sich vom Berg ins Tal schlängelte. In diese Holzschwemmanlage leitete er frisches Quellwasser ein, ließ es nach einer gewissen Strecke wieder ablaufen und führte neues frisches Quellwasser aus einer anderen Quelle zu usw.

Auf diese Art befand sich das Wasser über den gesamten Verlauf der Wasserrutsche in nahezu optimalem Zustand, um ein Maximum an Tragfähigkeit gegenüber den schweren Baumstämmen zu entfalten. Hinzu kamen die ständigen talwärts wirbelnden, spiralig sich windenden Bewegungen des Wassers, die durch den schlängelnden Verlauf der Wasserrutsche entstanden. Zur Eröffnung dieses ungewöhnlichen Transportsystems war die örtliche Prominenz geladen, und die im Wettbewerb durchgefallenen Experten rieben sich die Hände ob der bevorstehenden öffentlichen Blamage ihres merkwürdigen Konkurrenten. Nichtsdestoweniger wurde die Aktion ein voller Erfolg: In unglaublich kurzer Zeit schlängelten sich die Baumstämme, die

oben ununterbrochen in die Rutsche eingebracht wurden, fast reibungslos und unbeschädigt zu Tal, zum großen Erstaunen aller Anwesenden.
Schauberger hatte damit ein vergleichsweise billiges Transportmittel entwickelt, um große Mengen von Holz vom Berg ins Tal zu befördern. Als sich dieses Verfahren herumsprach, bekam er für seine patentierte Methode entsprechende Aufträge aus allen möglichen Gegenden und Ländern, und er schien auf diese Weise für den Rest seines Lebens finanziell ausgesorgt zu haben. Ihm wurde aber selbst bald mit Schrecken klar, daß die ökonomische Nutzung dieser Methode – seinerzeit aus einer Notsituation heraus geboren – der Natur großen Schaden zufügen konnte. Indem es nämlich durch die Verbilligung der Transportkosten rentabel wurde, die Wälder auf den Bergen abzuholzen, trat genau das ein, was er als Störung der Selbstregulierung natürlicher Flußläufe erkannt hatte: Die Quellen und Bäche verloren immer mehr ihre natürlichen Schattenspender, einzelne Quellen versiegten, Bäche traten über die Ufer und rissen die Böschungen nieder. Als Schauberger diese verheerenden Konsequenzen deutlich wurden, verweigerte er jedes weitere Projekt dieser Art und verzichtete – der Natur zuliebe – vermutlich auf Millionengewinne. Den Geheimnissen des Wassers blieb er aber als Naturforscher weiter auf der Spur.

Wirbelbewegung und Eiform

Eine weitere interessante Beobachtung machte er in einer Vollmondnacht an einem klaren Gebirgssee, auf dessen Grund die Steine zu sehen waren. Zu seinem Erstaunen begannen sich einige Steine von der Größe eines Kopfes allmählich in Bewegung zu setzen, ins Schweben zu kommen und entlang einer

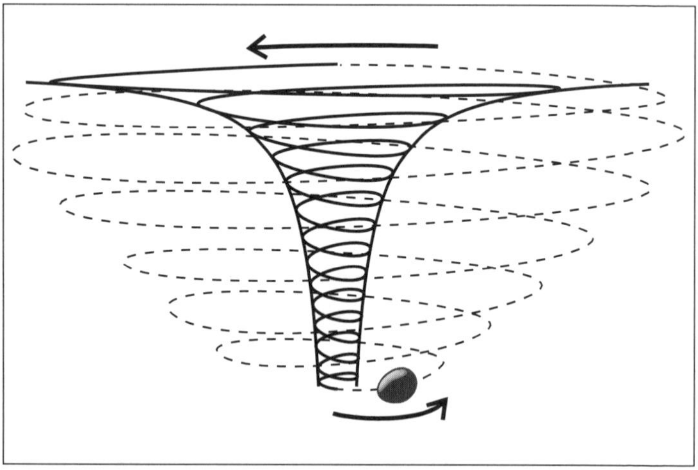

Abb. 55

Wirbelbewegung sich bis an die Wasseroberfläche zu bewegen, um dann wieder in einem größeren Wirbel nach unten zu sinken *(Abb. 55)*.

Ihm fiel auf, daß es sich dabei nur um Steine von annähernder Eiform handelte (mehr eckige Steine blieben auf dem Grund liegen) und um solche, die aus einer Mischung von metallischen und nichtmetallischen Anteilen bestanden. Steine, die zwar eiförmig waren, bei denen aber der metallische Anteil fehlte, schienen diese Fähigkeit zum Schweben nicht gleichermaßen zu entwickeln.

Aus dem Reichschen Forschungszusammenhang ist bekannt, daß wechselnde Schichten von Isolator und Metall das Grundprinzip des Orgonakkumulators darstellen, mit dem kosmische Lebensenergie verdichtet werden kann. Reich hatte auch mit einer Mischung von Sandkörnern und Eisenspänen in einem Reagenzglas gearbeitet, um die auf diese Weise verdichtete und abgestrahlte Orgonenergie zu Behandlungszwecken in die Mundhöhle von Patienten einzustrahlen. Daraus kann der Schluß gezogen werden, daß auch ein in der Natur vorkommender Stein mit einer Mischung von metallischen und nichtmetallischen Anteilen ein Orgonakkumulator ist und entsprechend konzentrierte Lebensenergie abstrahlt. In Verbindung mit einer Wirbelbewegung des Wassers scheinen also an einem solchen Stein Kräfte anzusetzen, die ihn zum Schweben bringen, und dies um so mehr, je näher der Stein der Eiform kommt.

So schälte sich immer klarer heraus, worin die optimalen Bedingungen für die Entfaltung von Antigravitation im Wasser liegen. Ich fasse sie hier noch einmal zusammen:

- wirbelndes Wasser
- 4 °C
- Vollmondnacht
- eiförmige Steine
- Steine aus einer Mischung von Metall und Nichtmetall

Jede Abweichung von diesen optimalen Bedingungen scheint die Antigravitation zu vermindern, bis sie schließlich gar nicht mehr zum Tragen kommt und nur noch die bekannten physikalischen Gesetze des Archimedischen Prinzips wirken.

Die Form des Eies scheint aber nicht nur die ideale äußere Angriffsfläche für wirbelndes Wasser zu sein, um den Gegenstand zum Schweben zu bringen. Schauberger hat auch herausgefunden, daß sie eine ideale Hülle bildet, um in ihrem Inneren einen ständigen Prozeß von Einwirbeln und Auswirbeln auf beinahe reibungslose Art zu ermöglichen. Kommt es zu einem solchen Fließprozeß im Inneren des Eies, so entsteht eine dynamische Einheit von Gegensätzen: Einwirbeln nach unten in einen Wirbeltrichter ist das Gegenteil dessen, was am unteren Ende als Auswirbeln beginnt und nach oben aufsteigt, bis es schließlich oben wieder umschlägt in sein Gegenteil, nämlich von neuem einwirbelt. Erreicht die eine Qualität ihr Maximum (das Einwirbeln z. B. seine größte Verdichtung), so schlägt es

Abb. 56

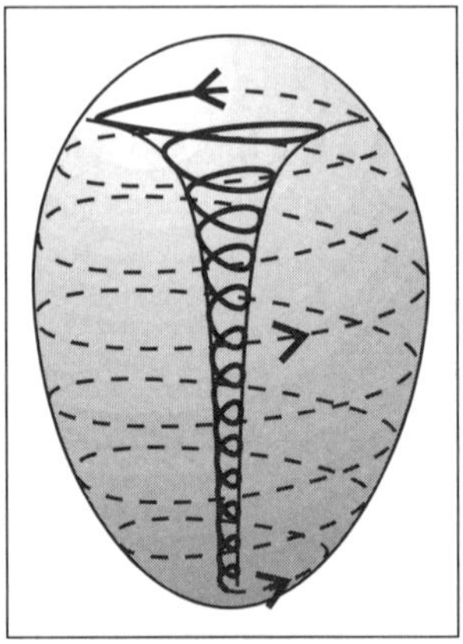

Abb. 57

ins Gegenteil um; und wenn das Gegenteil sein Maximum erreicht, schlägt es wieder in die erste Qualität um *(Abb. 56)*.

Nichts anderes kommt übrigens in dem weithin bekannten Symbol des Taoismus über die Einheit der gegensätzlichen Qualitäten von Yin und Yang bildlich und symbolisch zum Ausdruck *(Abb. 57)*.[78] Wenn man sich die einzelnen Flächen als gegeneinander abgegrenzte Flüssigkeiten vorstellt, so treibt die Bewegung der einen die Bewegung der anderen hervor. Auf ihrem jeweiligen Maximum, symbolisiert durch die entgegengesetzt gefärbten Kreise, schlägt die eine Qualität jeweils in ihr Gegenteil um. In früheren Kulturen, einschließlich der taoistisch geprägten, war das Wissen oder die Weisheit um dieses dynamische Gleichgewicht, um diese Einheit der Gegensätze, bekannt. Schauberger hat es auf seine Art wiederentdeckt in der Form wirbelnder Fließbewegung innerhalb eines Eies – in der Urform, aus der heraus sich fast alles Leben entwickelt.

Wirbeln und Wiederbeleben toten Wassers

Schauberger war auch aufgefallen, daß Wasserläufe, die sich nicht mehr schlängeln und weniger wirbeln konnten, ihre lebendige Qualität verloren. Das Leben in ihnen starb immer

Abb. 58

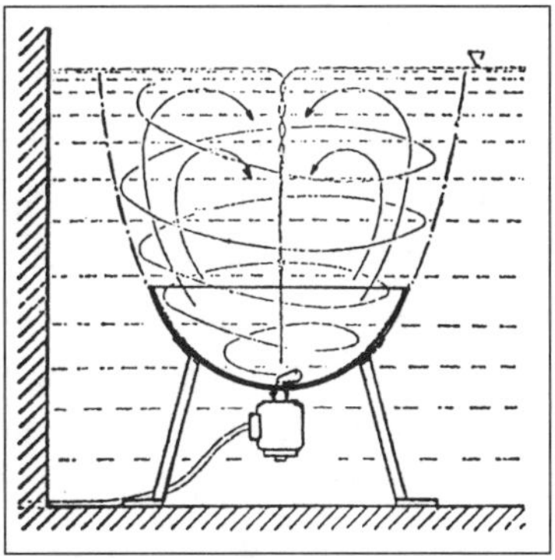

Gerät zur Anregung von Wirbelbewegungen in stehenden Gewässern

mehr ab, aus lebendigem, lebensförderndem Wasser wurde schließlich lebloses, »totes Wasser«.
Diese Beobachtungen brachten ihn auf die Idee, leblos gewordenes Wasser künstlich wieder zum Wirbeln zu bringen und insoweit die lebendige Natur in ihren Bewegungen möglichst genau nachzuahmen. Er enwickelte in diesem Zusammenhang eine ganze Reihe von Methoden, die auch patentiert wurden. Eine Methode, die von seinem Sohn Walter Schauberger technisch realisiert wurde, bestand darin, auf dem Boden eines stehenden leblosen, das heißt umgekippten Gewässers, einen Saugpropeller zu installieren und so einen wirbelnden Sog von Wasser zu erzeugen, der sich trichterförmig bis an die Wasseroberfläche fortsetzte *(Abb. 58)*. Einmal in Gang gesetzt, konnte sich diese von oben nach unten einwirbelnde und von unten nach oben weiträumig auswirbelnde Bewegung weitgehend selbst in Fluß halten.
Es handelte sich um ein offenes System, dessen sprichwörtlicher Einflußbereich sich immer weiter ausbreitete und immer mehr Wassermassen in den Sog hineinzog, ein- und auswirbelte und auf diese Weise in natürliche Bewegung brachte und umwälzte. Mit dieser Methode war ihm eine unglaublich einfache, aber im doppelten Sinne des Wortes »umwälzende« Entdeckung gelungen. Nach einiger Zeit der Umwälzung in diesem offenen Wirbelsystem gewann das anfangs tote Wasser allmählich seine lebendigen Qualitäten zurück und wurde »lebendes Wasser«. Mit der Wiederbelebung von vorher trübem und schadstoff-

belastetem Wasser ging gleichzeitig eine Aufklarung des Wassers einher, Schadstoffe wurden ausgefällt, lagerten sich auf dem Grund ab und verloren ihre Giftigkeit.
Schauberger hat mit dieser Methode im Grunde nichts anderes gemacht, als mit der Natur zu bewegen, anstatt gegen sie: nämlich mit den natürlichen wirbelnden Fließbewegungen, die er, nachdem sie weitgehend zum Stillstand gekommen waren, durch einen kleinen Impuls anregte; ansonsten vertraute er darauf, daß sich der natürliche Fließprozeß selbst aufbaut und selbst trägt und dabei immer größere Wassermassen in sein wirbelndes Fließsystem einbezieht oder hineinzieht.
So unglaublich sich diese Wirkungen anhören, so sehr erinnern sie doch an das, was in großen Dimensionen ein Wirbelsturm in einer vorher schadstoffbelasteten und trüben Atmosphäre bewirkt: Nach dem Sturm ist die Atmosphäre meistens aufgeklart, der Himmel ist tiefblau, die Wolken klar strukturiert und leuchtend, und die Landschaft strahlt in den brillantesten Farben, als wäre in eine vorher leblos wirkende Landschaft das Leben zurückgekehrt. Die Wirbelbewegung scheint dem betreffenden Medium, sei es Wasser oder Luft oder ein anderer Stoff, lebendige Qualitäten zurückzugeben, Leben einzuhauchen. Aber warum?

Wirbelbewegung und Lebensenergie

Zur Erklärung scheint es mir sinnvoll, noch einmal auf Wilhelm Reich zurückzukommen. Eines seiner Bücher hat den Titel »Die kosmische Überlagerung« (1949), und in diesem Buch entwickelt er die These, daß die kosmische Lebensenergie in all den verschiedenen Dimensionen der Natur, vom Mikrokosmos bis zum Makrokosmos, gleiche Bewegungsformen aufweist. Aus der Annäherung und Überlagerung mindestens zweier

Orgonenergieströmungen ergebe sich die Wirbelbewegung als primäre, aus sich heraus entstehende, sich selbst tragende Energiebewegung *(Abb. 59)*.

Die Verdichtung der Energie zum Zentrum des Wirbels hin erscheint uns als Materie, die in der Physik bekannten Elementarteilchen seien insoweit nichts anderes als eingewirbelte, verdichtete kosmische Energie, mikrokosmische Energiewirbel. Im Makrokosmos findet sich das gleiche Funktionsprinzip wieder in den Spiralnebeln, wovon unsere Milchstraße nur einer ist. Die aus der kosmischen Energie hervorgehende Materie wird nun ihrerseits vom Energiewirbel getragen, bewegt. Sie schwimmt sozusagen mit dem Energiewirbel, ohne irgendeinen äußeren Bewegungsantrieb.

Abb. 59

Die Materie läßt sich lediglich treiben auf dem Fluß der Energie. So die Milliarden Fixsterne auf dem Energiewirbel unserer Milchstraße, die Planeten auf dem Energiewirbel unseres Sonnensystems, die Luft- und Wasserdampfmassen in den Energiewirbeln der Erdatmosphäre und schließlich das Wasser in den Energiewirbeln, die den Wasserstrudeln zugrunde liegen.

Dort, wo sich Materie von den Wirbeln der kosmischen Lebensenergie tragen läßt, ist sie im Lebensfluß, im Fluß mit der Lebensenergie, ist sie belebt, lebendig. Dort hingegen, wo sie sich dem natürlichen Fluß entgegenstellt, dagegen ankämpft, den ganzheitlichen Fließprozeß zersplittert, wo anstelle des Fließens die Erstarrung tritt, dort werden lebendige Prozesse gestört und wird langfristig Leben zerstört.

Das gilt für die natürlichen Fließbewegungen der Lebensenergie im Menschen ebenso wie im Wasser und in der Atmosphäre.

So wie es Reich mit seiner Methode der energetischen Wetterarbeit gelungen ist, eine energetisch leblos gewordene, nicht mehr wirbelnde Atmosphäre wiederzubeleben, so hat Schauberger eine Grundlage für die energetische Wiederbelebung leblos gewordenen Wassers geschaffen.
Der technische Unterschied scheint mir darin zu liegen, daß Reich auf die Auflösung energetischer Erstarrung hingearbeitet hat, um den natürlichen Fließbewegungen wieder den Weg zu ebnen, während Schauberger im Wasser eine Wirbelbewegung angeregt hat, die der natürlichen Fließbewegung kosmischer Lebensenergie entspricht. Auf diese Weise kann die Energie reibungslos in die gleichermaßen bewegte Materie einfließen und sie wieder mit Leben erfüllen, wiederbeleben.
Schauberger hat auch Methoden entwickelt, um krank gewordene, verschmutzte fließende Gewässer wiederzubeleben bzw. zu heilen und ihnen die natürliche Fähigkeit zur Selbstreinigung und Aufklarung wiederzugeben. So hat er in bestimmter Weise geformte Körper auf dem Grund der Bäche oder Flüsse versenkt, die die Aufgabe hatten, die Strömung des Wassers zu teilen und in Wirbelbewegung zu bringen *(Abb. 60)*. Die Versenkung einer ganzen Anzahl solcher Körper in bestimmten Abständen *(Abb.61)* soll bewirkt haben, daß der Fluß allmählich aufklarte und sich wiederbelebte. Die Erfolge waren wohl so überzeugend, daß Schauberger ein Großprojekt plante, mit dem der damals schon sehr belastete Rhein mit diesen Methoden saniert werden sollte.

Abb. 60

Mit diesen Plänen wandte er sich 1934 an das Naziregime,

Abb. 61

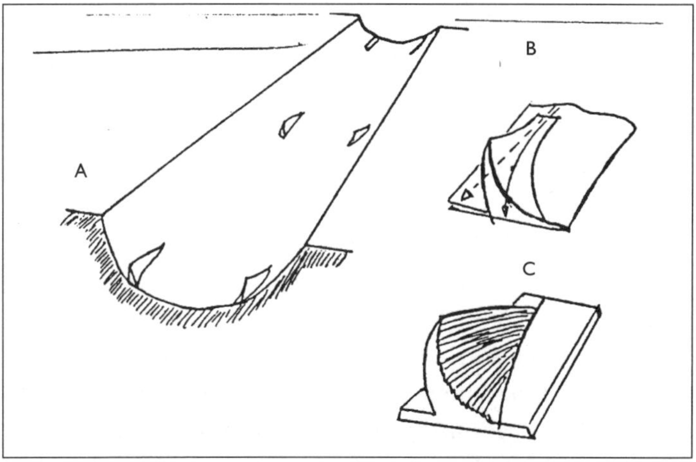

Wirbelkörper (B und C) zur Anregung von Wirbelbewegungen in fließenden Gewässern

bei dem er allerdings zunächst keine Unterstützung fand. In einem persönlichen Gespräch mit Hitler soll er mit aller Eindringlichkeit auf die naturzerstörenden und lebensfeindlichen Auswirkungen herrschender Wissenschaft und Technologie, insbesondere auch im Umgang mit dem Wasser, verwiesen und vor katastrophalen Umweltschäden gewarnt haben, wenn nicht ein grundlegender Wandel eingeleitet würde. Aus seinen Warnungen und seinen konstruktiven Lösungsvorschlägen zog man keine Konsequenzen.

Daß er sich überhaupt mit seinen Ideen an das Naziregime gewandt hat, dessen lebensverachtender Charakter schon damals unübersehbar war, bezeugt einige politische Naivität. In dieser Hinsicht hat Wilhelm Reich ungleich klarer gesehen, wie sein 1933 verfaßtes Buch »Massenpsychologie des Faschismus« eindrucksvoll belegt. In späteren Jahren hat Schauberger unter Druck der Nazis an der Entwicklung grundlegend neuer Antriebssysteme unter Nutzung der Antigravitation gearbeitet, an denen die Nazis sicherlich in erster Linie ein militärisches

Interesse gehabt haben (auch wenn Schauberger selbst alles andere als ein kriegerischer Mensch war). Man hatte ihn vor die Alternative gestellt, entweder die Leitung eines Forschungslagers zu übernehmen, das aus gefangenen Technikern und Physikern bestand, oder gehängt zu werden.

Versorgung mit lebendem Wasser

Ich komme zurück auf die Forschungen von Schauberger und seine ganz konkreten Methoden zur Wiederbelebung leblosen Wassers. Nicht nur in der Begradigung von Flüssen und Bächen sah er eine Vergewaltigung und Abtötung des lebendigen Wassers, sondern auch in dem Durchpumpen des Wassers durch geradlinige Wasserleitungen auf dem Weg vom Wasserwerk in die Häuser. Selbst wenn das Wasser in den Wasserwerken noch lebendig wäre, käme es am anderen Ende der Wasserleitungen abgetötet heraus.

Das Wasser ist in früheren naturnahen Kulturen immer wieder als »Wasserschlange« dargestellt und gesehen worden, und das war vermutlich nicht nur symbolisch, sondern wörtlich gemeint. Lebendes Wasser verhält sich nicht nur wie ein Lebewesen, es ist ein Lebewesen. Wird es in seinen natürlichen Bewegungen eingeschränkt, eingesperrt, unter Druck gesetzt, so wird es krank und geht daran zugrunde.

Würde man eine Schlange *(Abb. 62)* in ein geradliniges Rohr mit nur geringfügig größerem Durchmesser hineinschieben, so würde sich die ganze natürliche Bewegung der Schlange

Abb. 62

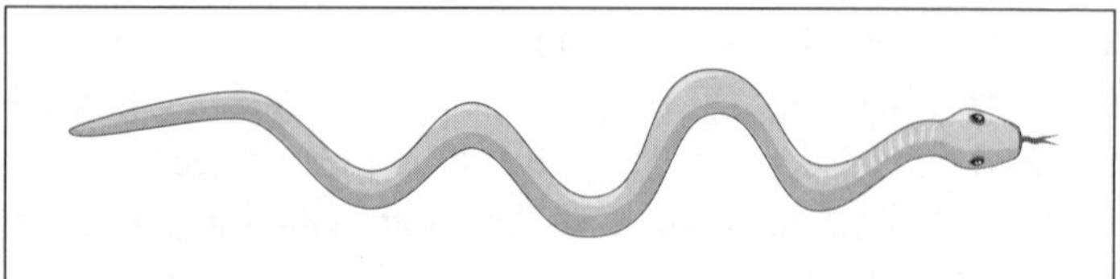

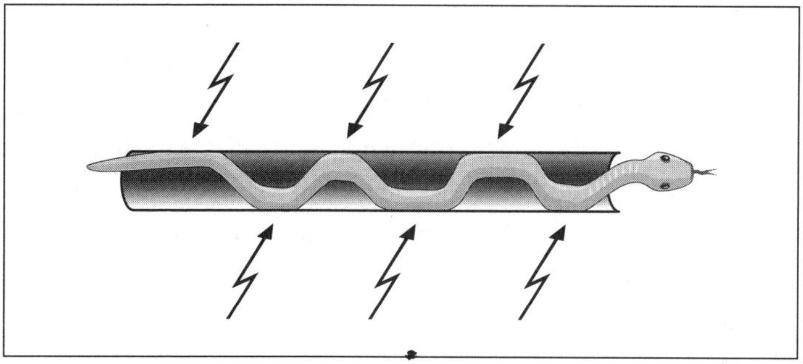

Abb. 63

gegen diese Enge sträuben und an den Innenwänden des Rohres reiben *(Abb. 63)*. Will man die Schlange dennoch durch das Rohr hindurchschieben, müßte man großen Druck aufwenden. Vielleicht schafft man es schließlich, sie vollständig durch das Rohr durchzupressen; aber was am anderen Ende herauskommt, ist keine lebende Schlange mehr, sondern eine tote!

Wenn das Wasser eine »Wasserschlange«, ein lebender Organismus ist, dessen natürliche Bewegung das Schlängeln und Wirbeln ist, dann geht es solchem Wasser, das durch Wasserleitungen gepumpt wird, ganz genauso. Das Wasser wird sich mit allen Kräften gegen diese Einengung sträuben, sich an den Innenwänden reiben, und entsprechend muß großer Druck aufgewendet werden, um es durch das Rohr hindurchzupressen, und am anderen Ende kommt schließlich nur noch totes Wasser heraus. Es hat seine Lebensenergie verloren, weil seine innere Bewegung mit Gewalt gebrochen wurde, weil es am Schlängeln und Wirbeln gehindert und so vom Fluß des Lebens, der Lebensenergie, abgeschnitten wurde.

Schauberger sah in dieser Art von Wasserversorgung ein hochgradiges Gesundheitsrisiko, ganz abgesehen von den Energien, die verschwendet werden, um das Wasser durch die Leitungen durchzupumpen. Im übrigen würde das Wasser durch die

Abtötung auch die Fähigkeit zur Selbstreinigung verlieren, und es käme in den Wasserleitungen zu allen möglichen Ablagerungen, die die Rohrwände angriffen und frühzeitig zersetzten. Aber vor allem die Gesundheitsbelastung der Menschen, die in ihren Haushalten das Wasser zum Trinken, Kochen und Waschen verwenden, das heißt ihrem Körper zuführen, machte Schauberger Sorgen.

Der menschliche Körper besteht schließlich zu 80 Prozent aus Wasser, und wenn das Wasser weitgehend leblos ist, verliert der Körper an Vitalität und Abwehrkräften. Schauberger führte eine Reihe von schweren Krankheiten, einschließlich Krebs, auf diese lebensenergetische Schwächung zurück. Wenn wir uns auf die Reichsche Krebsforschung besinnen, wird dieser von Schauberger unterstellte Zusammenhang auch plausibel: Eine extreme bioenergetische Ladungsschwäche des Gewebes läßt dessen Struktur schließlich zerfallen, und daraus gehen die Krebszellen hervor. Neben den von Reich erforschten Ursachen bioenergetischer Schwächung, insbesondere der emotionalen Blockierung, können demnach auch andere Faktoren schwächend auf das bioenergetische System des Organismus einwirken, wie lebloses Wasser und lebensenergielose Nahrung.

Schauberger hielt es für lebenswichtig, die Haushalte mit lebendem Wasser zu versorgen. Ein Ansatzpunkt hierzu lag in der Entwicklung von Rohrleitungen, die den natürlichen Fließbewegungen des Wassers Raum geben, so daß das Wasser durch die Leitungen nicht eingesperrt und durch sie hindurchgepreßt werden muß, sondern möglichst reibungslos, gemäß seinen inneren Bewegungen, hindurchfließen kann. Ein anderer Ansatzpunkt war die Entwicklung von Wasseraufbereitungsgeräten für die Haushalte, die das dort leblos ankommende Wasser wiederbeleben könnten. Ich will auf beide Methoden kurz eingehen:

Abb. 64

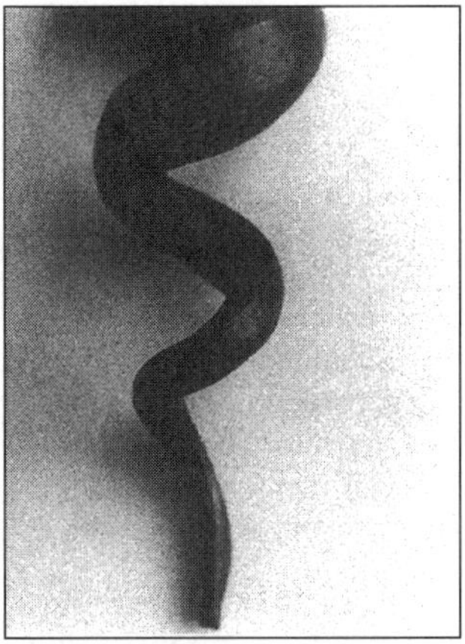

Kupferrohr (dem Horn einer Kudu-Antilope nachgebildet) für den reibungslos wirbelnden Durchfluß von Wasser

Zur Ermöglichung des reibungslosen Durchflusses von Wasser entwickelte Schauberger bestimmte, sich schlängelnde, spiralig sich windende Rohrleitungen, die den Eigenbewegungen des Wassers entsprechen. Sie waren in ihrer Form dem Horn der Kuduantilope nachgebildet und bestanden aus Kupfer *(Abb. 64)*. Mit ihnen gelang es Schauberger, den sonst erforderlichen Druck für das Durchpumpen des Wassers bis auf Null sinken zu lassen, das heißt die Reibung zwischen den Leitungen und dem Wasser auf Null zu reduzieren. Ohne Druck, nur durch seine innere Eigenbewegung, konnte sich das Wasser durch die Leitung hindurchschlängeln und hatte dabei hinreichend Gelegenheit zum Wirbeln, also auch zur lebensenergetischen Aufladung. Lebendes Quellwasser, durch derartige Rohrleitungen fließend, konnte seine Qualität auf diese Weise bewahren.

Abb. 65

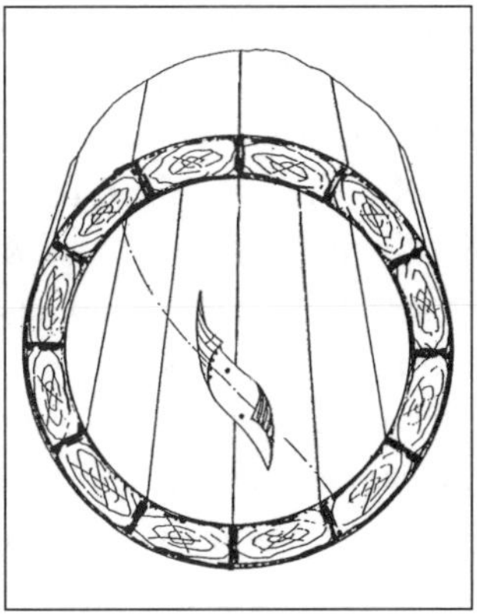

Holzrohr mit eingebautem Wirbelkörper zur Anregung von Wirbelbewegungen durchfließenden Wassers

Eine andere Entwicklung bezog sich auf die inneren Profile von Rohrleitungen. Hierbei waren die Innenwände der Rohre mit kleinen Körpern versehen, die das durchfließende Wasser jeweils in Wirbelbewegung brachten *(Abb. 65)*. Auch auf diese Weise konnten die Reibung und der zum

Durchfluß erforderliche Druck erheblich reduziert und die lebende Qualität des Wassers weitgehend bewahrt werden.

Die von Schauberger herausgefundenen Zusammenhänge zwischen Wirbelbewegung, Durchfluß und lebensenergetischer Qualität von Wasser lassen sich übrigens auf den menschlichen Blutkreislauf übertragen. Unsere Adern sind nämlich nicht einfach nur ein System starrer Rohrleitungen, durch die das Blut hindurchgepumpt wird. Vielmehr bewirken die Adern selbst durch ihr inneres Profil und durch ihre Elastizität von Natur aus eine ständige Wirbelbewegung des Blutes, so daß das Blut nicht nur weitgehend reibungslos durch die Adern fließt, sondern sich dabei auch noch lebensenergetisch auflädt.

Daß der bioenergetischen Aufladung des Blutes eine fundamentale Bedeutung zukommt in bezug auf bioenergetische Gesundheit oder Krankheit, ist aus der Reichschen Krebsforschung bekannt. Die Verbindung des Schaubergerschen Ansatzes mit dem von Reich eröffnet darüber hinaus noch weitergehende Einsichten in das Wesen bioenergetischer Erkrankungen.

Die chronischen Kontraktionen des Charakter- und Körperpanzers, die ja ganz allgemein zu Kontraktion von Gewebe und zu plasmatischer Erstarrung der Zellen führen, können auch das Kreislaufsystem erfassen. Elastische Adern, die mit ihren inneren Eigenbewegungen Blut durchwirbeln, werden unter diesen Bedingungen zunehmend starr und verlieren auf diese Weise ihre Fähigkeit, das Blut relativ reibungslos durchfließen und sich durch die Wirbelbewegung bioenergetisch aufladen zu lassen.

Das Kreislaufsystem verliert auch immer mehr seine natürliche Selbstreinigungsfähigkeit, es kommt zu mehr und mehr Ablagerungen in Form von Verkalkungen. Dadurch erst wird das Herz als Pumpe immer mehr gefordert und schließlich überfordert, weil es immer mehr Druck aufwenden muß, um unter wachsender Reibung das Blut ohne Wirbel durch das Kreislaufsystem zu pumpen. Die Überforderung kann sich schließlich im Herzinfarkt zuspitzen. Eine andere akute Gefahr eines verkalkten Kreislaufsystems besteht darin, daß einzelne Adern – zum Beispiel im Gehirn – unter dem wachsenden Druck und aufgrund verlorengegangener Elastizität platzen und einen Schlaganfall auslösen. Herz- und Kreislauferkrankungen, sogenannte Zivilisationskrankheiten, sind bei uns die häufigste Todesursache.

4.2.2 Der Schaubergersche Trichter

Kommen wir wieder auf die Methoden der Wiederbelebung toten Wassers zurück. Ich hatte schon angedeutet, daß Schauberger auch Geräte entwickelt hat, um das aus den üblichen Wasserleitungen leblos ankommende Wasser aufzubereiten. Auch hier war die Wirbelbewegung wieder das wesentliche Funktionsprinzip. Schauberger entwickelte zunächst einen Trichter, der der Form des Wirbeltrichters in der Natur möglichst genau nachgebildet war. In diesem Trichter leitete er das Leitungswasser derart ein, daß es in einer abwärts- und einwärtsgerichteten Wirbelbewegung durchfließen konnte, um am unteren Ende des Trichters in einer Glokkenform wieder auszuwirbeln. Allein durch einen wirbelnden Durchfluß verbesserte sich die Qualität des Wassers *(Abb. 66)*.

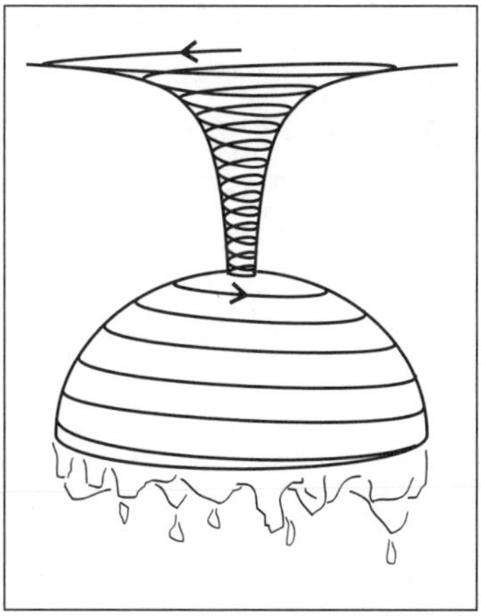

Abb. 66

Inzwischen wurden alle möglichen Versionen von »Schaubergerschen Trichtern« entwickelt, die auf den Wasserhahn, auf die Dusche oder an das Ende eines Gartenschlauches montiert wer-

den und das durchwirbelnde Wasser lebensenergetisch aufladen, mit den entsprechend belebenden Wirkungen für Mensch, Tier, Pflanze und Boden, die mit diesem Wasser versorgt werden.
Schauberger suchte eine mathematische Beschreibung für die lebensenergetisch wirkungsvollste Trichterform und fand sie in der Hyperbel $y = 1/x$. Diese mathematische Funktion, die die meisten noch aus der Schule kennen und die in den Lehrbüchern in Form trockener abstrakter Mathematik gelehrt wird, wurde von Schauberger mit Leben gefüllt.
Bei dieser Funktion ist *y* immer genau der Kehrwert von *x*, also z. B.:

x	¼	½	1	2	4
y	4	2	1	½	¼

Stellt man sich vor, daß die so entstandene Kurve um die y-Achse rotiert, dann ergibt sich ein räumlicher Körper von der Form eines umgekehrten Trichters *(Abb. 67)*. Das Erstaunliche ist, daß die gleiche mathematische Gesetzmäßigkeit den Tönen zugrunde liegt, wenn man sich die Längen auf der x-Achse als Saiten vorstellt und die Werte auf der y-Achse als Schwingungsfrequenzen.

Abb. 67

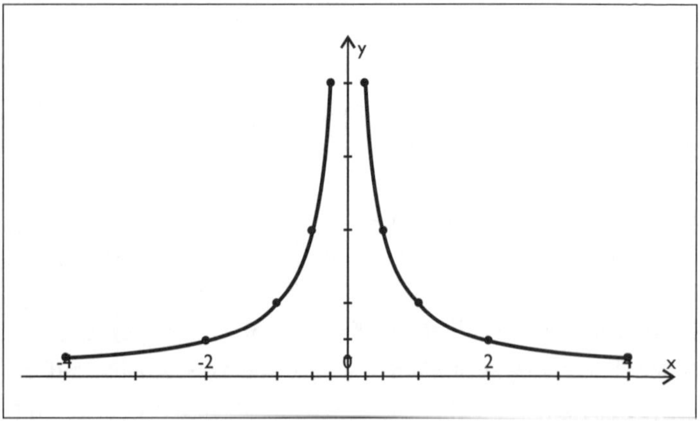

Eine bestimmte Saite von der Länge 4 – in Schwingung versetzt – erzeugt zum Beispiel die Schwingungsfrequenz $^{1}/_{4}$ (von 1000 = 250 Hertz). Verkürzt man die gleiche Saite auf die Hälfte, also auf 2, ergibt sich eine Schwingungsfrequenz von $^{1}/_{2}$ (von 1000 = 500), also eine Verdoppelung gegenüber vorher. Verdoppelte Frequenz ist aber gleichbedeutend mit Oktave. Der gleiche Ton klingt jetzt eine Oktave höher. Halbiert man nochmals die Saite auf 1, verdoppelt sich nochmals die Frequenz, also noch einmal um eine Oktave höher usw. Schauberger sprach deswegen auch vom Naturton-Gesetz[79], das sich in der Hyperbel ausdrücke.

Im Schaubergerschen Trichter liegen auch die Geheimnisse der anderen Töne der Tonleiter und damit die Geheimnisse der Harmonien verborgen. Betrachtet man den Trichter von oben und projiziert das Bild auf eine Ebene, so ergibt sich zunächst einmal ein Kreis. Unterteilt man diesen Kreis wie einen Kuchen in zwölf gleiche Teile und stellt sich die Geraden vom Mittelpunkt nach außen wie Speichen eines Rades vor, oder besser wie aufgespannte Gitarrensaiten, so führt die zunehmende Verkürzung der Ausgangssaite C zu immer höheren Tönen *(Abb. 68)*.

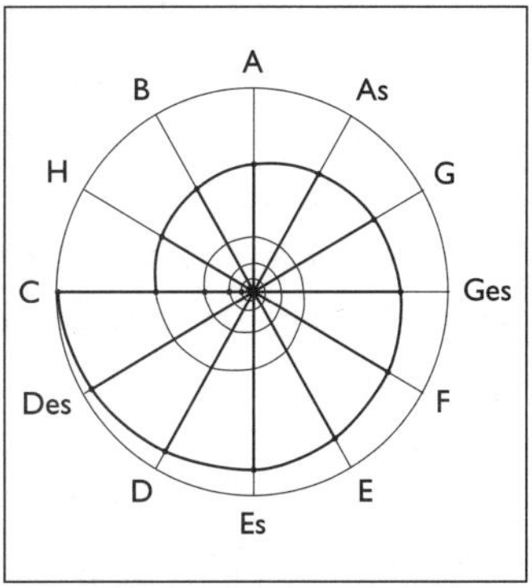

Abb. 68

Der dreizehnte Ton in diesem Rad entspricht wieder dem ersten Ton, nur um eine Oktave höher (die Ausgangssaite ist an dieser Stelle genau halbiert). Die Aufeinanderfolge dieser Saiten bzw. ihrer Töne entspricht genau der sogenannten chromatischen Tonleiter, mit allen Halbtonschritten, wie auf dem Klavier in der Aufeinanderfolge von weißen und schwarzen Tasten. Setzt man die Spirale eine weitere Runde fort, so ergibt sich für jede der Saiten die nächsthöhere Oktave usw. Der Schaubergersche Trichter, von oben gesehen, zeigt also das Bild einer Spirale, eines Einwirbelns, und die entsprechende Umsetzung in Töne ergibt genau die Töne unserer Tonleiter, die Grundelemente von Musik und Harmonie.

Je mehr Schauberger in die Geheimnisse der Natur eindrang und sie sich ihm offenbarten, um so einfacher erschienen sie ihm. So vielfältig die Erscheinungsformen der Natur sind, so einfach sind die tieferliegenden gemeinsamen Wurzeln, die gemeinsamen Funktionsprinzipien. Wenn das Fließen der Lebensenergie in der Bewegungsform des Wirbels den gleichen Gesetzen unterliegt wie die Musik, ist es dann verwunderlich, wenn wir durch bestimmte Musik, die diesen Gesetzmäßigkeiten folgt und ihnen Klang verleiht, zutiefst emotional berührt werden, in Resonanz geraten?

Die Brücke zur Musik und zur Bedeutung von harmonikalen Strukturen in der Musik und in der Natur ist hier nur ganz kurz angedeutet. Andere haben sich hiermit viel ausführlicher beschäftigt als Schauberger, zum Beispiel Hans Cousto, Hans Kayser und Joachim Ernst Berendt.[80] Es ist ein aufregendes Abenteuer, diesen Spuren weiter zu folgen. Das Geniale an Schauberger ist, daß er die einheitlichen Gesetze von Musik und Natur wiederentdeckt hat.

Das Ei als Urform des Lebens

Aus dem Schaubergerschen Trichter leitet sich mathematisch noch eine andere Form ab, die fundamentale Bedeutung für Lebensprozesse hat, nämlich die Form des Eies. Sie ergibt sich geometrisch aus einem Schrägschnitt durch den Trichter *(Abb. 69)*. Die Eiform ist weiter oben schon erwähnt worden als die ideale Umhüllung für einen ununterbrochenen und reibungslosen Fließprozeß von Einwirbeln und Auswirbeln – als eine Einheit von Gegensätzen.

In einer Weiterentwicklung seiner Wasseraufbereitung bediente sich Schauberger auch dieser Form. Er entwickelte ein Gerät, dessen Kernstück ein eiförmiges Gefäß war, an dessen unterem Ende wiederum ein Sogpropeller eingebaut war. Das Gefäß war außerdem umbaut mit einer Kühlvorrichtung, die die Temperatur konstant auf 4 °C hielt, derjenigen Temperatur, bei der wirbelndes Wasser seine lebensenergetisch höchste Qualität erreicht. In dieses Gerät wurde totes Wasser eingefüllt und in einen längeren, ununterbrochenen Prozeß von Einwirbeln und Auswirbeln gebracht. Auf diese Weise erreichte lebloses Leitungswasser wieder die Qualität frischen Quellwassers, wurde lebensenergetisch aufgeladen und von Schadstoffen gereinigt. Dieses Wasser soll außerordentlich gesundheitsförderliche Wirkungen für damit versorgte Menschen, Tiere, Pflanzen und Böden haben (entsprechende Geräte sind inzwischen wieder im Handel).[81]

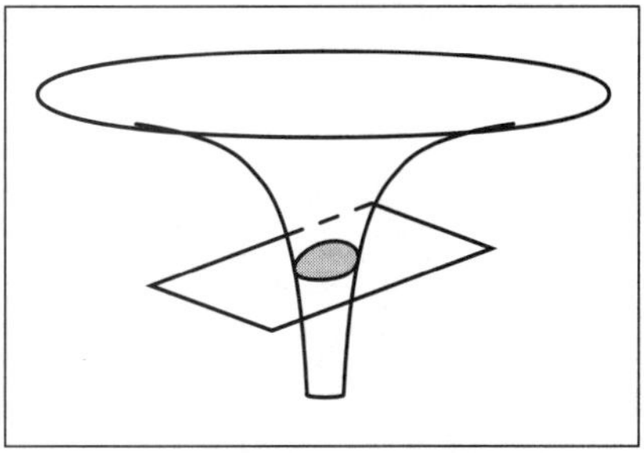

Abb. 69

Levitationsverfahren nach Wilfried Hacheney

Einer, der auf anderem Weg zu ganz ähnlichen, aber noch tiefergehenden Einsichten gelangte, ist Wilfried Hacheney.[82] Seine Geräte zur Aufbereitung von Wasser (er nennt es »levitiertes Wasser«) sind inzwischen in größerer Zahl verbreitet, teilweise in einzelnen Städten auch als »Wasserstellen«, bei denen man sich das levitierte Wasser abholen kann, so wie früher die

Abb. 70

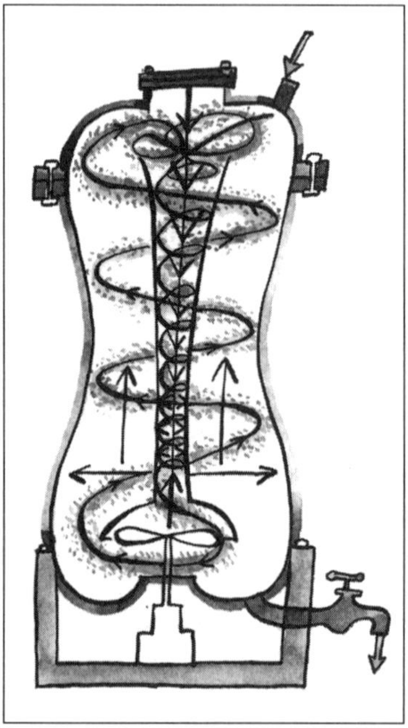

Wasserlevitationsanlage
nach Wilfried Hacheney

Milch beim Milchmann. Es liegt bereits eine Fülle von Erfahrungen vor, die die heilenden Qualitäten dieses Wassers bestätigen.

Vor einigen Jahren gab es hierzu einen längeren Fernsehfilm von Wilfried Zeckai[83] im Fernsehsender W3, in dem die Wirkungen des levitierten Wassers eindrucksvoll dokumentiert wurden. Sogar Baustoffe, die mit levitiertem Wasser angerührt werden, sollen eine veränderte, gesundheitsverträglichere Qualität bekommen. Hacheney hat sein Verfahren auch auf andere Materialien angewendet und deutlich positive Qualitätsveränderungen nachweisen können. Unter dem Elektronenmikroskop ließ sich sogar zeigen, daß sich die kristalline Struktur bestimmter Materialien durch sein Levitationsverfahren verändert hatte.

Die Herstellung von levitiertem Wasser erfolgt dabei nicht nur durch Ein- und Auswirbeln bei hoher Geschwindigkeit. Hinzu kommt, daß das Wasser an den Umkehrpunkten in feinste Partikel zerstäubt wird *(Abb. 70)*, wodurch sich die Oberfläche des Wassers enorm vergrößert. In diesem kolloidalen Zustand werden die sonst auf das Wasser einwirkenden Gravitationskräfte aufgehoben, und es entwickelt saugende Qualitäten bzw. Levitationskräfte, die die Struktur der im Wasser gelösten Stoffe verändern und den Stoffwechsel anregen.

Hacheney hat auch umwälzende Methoden zur Lösung des Müllproblems entwickelt. Bei diesem Verfahren wird das Abwasser dem Levitationsverfahren ausgesetzt, und zusätzlich werden die zu kleinsten Partikeln zerkleinerten Abfälle in das wirbelnde Abwasser eingebracht. Abwasser und Abfälle verlieren auf diese Weise ihre giftigen Qualitäten und werden ohne Giftrückstände in den Naturkreislauf reintegriert.[84] Der dabei zurückbleibende Klärschlamm hat sogar lebensfördernde Eigenschaften und kann auch als biologisches Baumaterial verwendet werden.

Wenn die Eiform die ideale Umhüllung für einen ununterbrochenen und reibungslosen Fließprozeß des Einwirbelns und Auswirbelns ist (wie Schauberger beschrieben hat) und wenn auf diese Weise Lebensenergie verdichtet und Materie lebensenergetisch aufgeladen, also belebt werden kann, ist es dann ein Wunder, daß fast alles Leben seinen Ursprung im Ei hat? Durch diese Form schafft sich die Natur offenbar die idealen Ausgangsvoraussetzungen, um durch konzentrierte Lebensenergie einem neuen Lebensprozeß die erforderliche »Schubkraft« zu verleihen. Das Ei wirkt allein durch seine Form wie ein Orgonakkumulator und verdichtet die kosmische Lebensenergie aus dem Raum, indem es ihr die ideale Hülle für ihre ununterbrochenen Fließbewegungen gibt.

Vielleicht liegt darin auch das Geheimnis der von Reich entdeckten »Bione«, der mikroskopisch kleinen Bläschen, die sich aus dem Strukturzerfall bioenergetisch geschwächten Gewebes und aus dem Strukturzerfall von Materie ganz allgemein ergeben (z. B. aus geglühtem und anschließend quellendem Meeressand, wie bei den SAPA-Bionen). Reich hatte die Bione als elementare stoffliche Träger kosmischer Lebensenergie entdeckt, und über die Erforschung der von ihnen ausgehenden intensiven Strahlung war ihm die Entdeckung der Lebensenergie gelungen.

Warum allerdings diese kleinen Bläschen, die sich aus dem Zerfall komplexerer Strukturen bildeten, derart mit Lebensenergie aufgeladen waren, blieb auch für Reich ein ungelöstes Rätsel. Er konnte nur immer wieder beobachten, daß es so war.
Wenn es sich bei diesen Bläschen um kleinste Eiformen handelt, dann wird vor dem Hintergrund der Schaubergerschen Forschungen verständlich, warum sich in ihnen kosmische Lebensenergie, die den ganzen Raum anfüllt, in Wirbelprozessen verdichtet und mit Materie verbindet. Indem die Natur bei Strukturzerfall diese kleinsten Eiformen entstehen läßt, sammelt sie neue Kräfte, um die Entstehung neuen Lebens auf den Weg zu bringen: Biogenese. Wilhelm Reichs bahnbrechende Entdeckung der Bione und ihrer Bedeutung für die Biogenese könnte durch diese Überlegungen eine weitere Untermauerung und Erklärung finden.

Wirbelpflug und Kompostei

Die von Schauberger wiederentdeckten Prinzipien des Einwirbelns und der besonderen Bedeutung der Eiform fanden auch in der Landwirtschaft Anwendung. Schauberger entwickelte einen besonderen Pflug, der statt der üblichen Schneiden aus Wirbelkörpern bestand, von ihrer Funktion her ähnlich denen, die er auf dem Grund von Bächen und Flüssen versenkt hatte, um das fließende Wasser in Wirbelbewegung zu versetzen. Bei dem Wirbelpflug ging es entsprechend darum, mit der Bewegung des Pfluges die Erde derart durchzufurchen, daß sie von den Wirbelkörpern in Wirbelbewegung versetzt wurde *(Abb. 71)*.
Der so konstruierte Wirbelpflug kam in mehreren landwirtschaftlichen Betrieben Österreichs zur Anwendung, und die Fruchtbarkeit der Böden hat sich gegenüber vergleichbaren Äckern, die mit den üblichen Stahlpflügen umgepflügt wurden,

Abb. 71

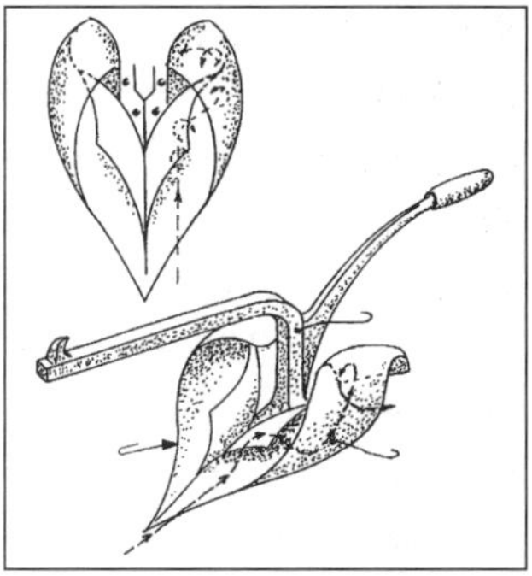

Wirbelpflug zum Aufwirbeln gepflügter Erde

deutlich erhöht. Die Erfolge sprachen sich unter den Bauern herum, und eine Firma übernahm die serienmäßige Herstellung des Schaubergerschen Wirbelpfluges, der aufgrund seiner ertragssteigernden Wirkung auf immer mehr Interesse und Nachfrage von Seiten der Bauern stieß. Der nachlassende Absatz chemischer Düngemittel bei den betreffenden Bauern alarmierte die chemische Industrie, die daraufhin den Hersteller der Wirbelpflüge unter Druck setzte, bis dieser die Produktion der Pflüge einstellte.

Eine weitere Anwendungsmöglichkeit in der Landwirtschaft besteht wie gesagt in der Versorgung von Pflanzen, Böden und Tieren mit lebendem Wasser. Eine dritte Anwendung bezog sich auf eine von ihm entwickelte Art der Kompostzubereitung, bei der der Kompost in eine große Eiform gebracht wurde und im Zusammenhang mit weiteren Zubereitungsmethoden eine deutlich höhere Qualität als normal aufwies. Einzelheiten hierzu – wie übrigens zu fast allen anderen hier behandelten und auf Schauberger sich beziehenden Zusammenhängen – sind in dem genannten Buch von Olof Alexandersson nachzulesen.

Implosion statt Explosion – unsere Techniker bewegen falsch!

Je besser Schauberger die Wirkungsweise der Wirbelbewegung verstand und nutzen konnte, um so deutlicher wurde für ihn der grundsätzliche Irrweg, die grundsätzliche Lebensfeindlichkeit der vorherrschenden Technologie und des vorherrschenden industriell-technologischen Bewegungsprinzips, der Explosion. Er brachte seine Einsichten einmal auf die Formel: »Unsere Techniker bewegen falsch.« Sie bewegen gegen die Natur, anstatt von ihr und mir ihr bewegen zu lassen. Überall in der Natur findet sich das Prinzip des Fließens, des Einwirbelns, der »Implosion«, wie es Schauberger nannte.

Ich finde den Ausdruck »Implosion« übrigens nicht sehr passend, weil er sich auch gewaltsam anhört und deshalb mißverständlich ist: Wenn zum Beispiel eine Fernsehröhre implodiert, gibt es einen heftigen Knall, und die ganze Röhre fliegt in Splittern in sich zusammen – ganz anders als die fließenden, weitgehend geräuschlosen Bewegungen beim Einwirbeln. Aber der Begriff »Implosion« wird im Zusammenhang mit Schauberger immer wieder verwendet, und es gibt sogar eine Zeitschrift, die sich auf sein Werk bezieht und den Titel »Implosion« trägt. Deswegen werde ich den Ausdruck im folgenden auch verwenden.

Erst die industrielle Technologie hat in großem Maßstab damit begonnen, Antriebssysteme auf der Basis von Explosion und Druck zu entwickeln, das heißt grundsätzlich gegen die Natur zu bewegen. Die unvermeidliche Konsequenz solcher Art von Technologie ist die wachsende Zerstörung der Natur. Diese Tendenz hat Schauberger schon in den 20er und 30er Jahren klar gesehen. Um es noch einmal in Erinnerung zu rufen: Explosionstechnologie braucht Rohstoffe zum Verbrennen, führt zwangsläufig in die Rohstoffknappheit mit entsprechenden ökonomischen, politischen und militärischen Konflikten um die Sicherung der Rohstoffquellen. Explosionstechnologie erzeugt unvermeidlich Schadstoffe, Lärm und Hitze und belastet auch von dieser Seite her in wachsendem Maß die Umwelt.

Implosion hingegen vollzieht sich fließend, weitgehend geräuschlos, bedarf keiner Brennstoffe; folglich werden Brennstoffverknappung und Schadstoffbelastung nicht zum Problem.

Implosion erzeugt keine Hitze, sondern ist im Gegenteil mit Abkühlung verbunden, und Implosion belebt und reinigt das jeweils wirbelnd bewegte Medium (Wasser, Luft und andere Medien) und erhöht dessen Lebensqualität. Wenn also anstelle der Explosionstechnologie allmählich eine Implosionstechnologie gesetzt wird, werden nicht nur die Schäden der Explosionstechnologie vermieden, sondern es entstehen aus ihrer Anwendung auch heilende Wirkungen für Mensch, Gesellschaft und Umwelt – besser gesagt: für den kranken Organismus Erde und alle seine Teile.

4.2.3 Wirbelbewegung und Antigravitation

Schauberger hatte schon sehr früh beobachtet, daß in den Wirbelbewegungen auch Phänomene von Antigravitation wirksam werden. Wirbelndes Wasser entwickelte Antigravitationseigenschaften, und im wirbelnden fließenden oder gar herabstürzenden Wasser entwickelten bestimmte Fische (wie Bachforelle oder Lachs) sogar die Fähigkeit, gegen starke Strömung zu schwimmen und sich meterhoch den Wasserfall aufwärts zu bewegen. Diese Fähigkeiten hatten Schauberger immer wieder beschäftigt, und er hatte die Fische tage- und nächtelang beobachtet, um dem Geheimnis ihres Bewegungsantriebs auf die Spur zu kommen.

Antigravitation schien mit Wirbelbewegung untrennbar verbunden zu sein. Während sich Wasser im Wasserfall abwärts wirbelt, schien es im Inneren der Wirbel einen Sog zu geben, der die Forellen aufwärts zog, wenn sie sich nur mit ihren Bewegungen entsprechend in diesen Sog einfädelten und sich von ihm tragen ließen. Auch im Zentrum eines Tornados, bei dem die Luftmassen den Wirbeltrichter abwärts wirbeln, gibt es offensichtlich einen aufwärts gerichteten Sog, der manchmal ganze Häuser Hunderte von Metern mit in die Höhe reißt.

Die Entwicklung einer »fliegenden Untertasse«

Je mehr Schauberger die Problematik der vorherrschenden Antriebssysteme klar wurde, um so mehr ging seine Suche nach einem grundlegend anderen Antriebssystem, das die Bewegungskräfte der Implosion, also auch die Antigravitation, technisch nutzen konnte. Es soll ihm schließlich gelungen sein, ein Gerät zu konstruieren, das unter Ausnutzung der Wirbelbewegung die Schwerkraft überwunden hat und zum Schweben gebracht werden konnte. Über einen Prototyp dieser »fliegenden Scheibe« *(Abb. 72)* wird berichtet, daß er in der Fabrikhalle abgehoben habe und am Dach der Halle zerschellt sei. Schauberger wäre damit der Erfinder einer »fliegenden Untertasse« mit einem umwälzend neuen und funktionierenden Antriebssystem auf der Grundlage der technischen Nutzung von Antigravitation. Alle entsprechenden Produktionsanlagen sind jedoch Ende des Zweiten Weltkrieges zerstört worden.

Es gibt Berichte darüber, daß vor allem dieses Wissen um die

Abb. 72

Viktor Schaubergers Flugkreisel – Antriebsprinzip von UFOs?

technische Nutzung der Antigravitation nach dem Zweiten Weltkrieg auf großes Interesse von Seiten amerikanischer Luftfahrtkonzerne gestoßen sei, die Schauberger in den fünfziger Jahren großzügige finanzielle Angebote machten. 1958 ließ er sich auf eines dieser Angebote ein, und zur Finanzierung eines »Project Implosion« wurden angeblich 650 Millionen Dollar in Aussicht gestellt. Schauberger, in Vertragssachen nach eigenen Aussagen weitgehend unbeholfen, ging daraufhin in die USA und wurde in einem Forschungslabor in Texas monatelang von der Außenwelt abgeschirmt.
Um aus den für ihn unerträglichen Bedingungen so schnell wie möglich wieder herauszukommen, unterschrieb er unter großem psychischen Druck einen in Englisch verfaßten Vertrag (er selbst konnte kein Englisch, und der Vertragstext wurde ihm auch nicht übersetzt), in dem er im Gegenzug für seine frühzeitige Entlassung alle Rechte an allen seinen Forschungen an die Firma Washington Iron Works abtrat. Schauberger ist an diesen schlimmen Erfahrungen zerbrochen: Fünf Tage nach seiner Rückkehr nach Österreich starb er im Alter von 74 Jahren. Sein kürzlich verstorbener Sohn, Walter Schauberger, der mit den Forschungen seines Vaters weitgehend vertraut war und ihn auch während seines USA-Aufenthaltes begleitet hatte, hüllte sich – aus welchen Gründen auch immer – über diese Ereignisse in Schweigen.[85]

Schauberger, Reich und UFOs

Es ist viel darüber spekuliert worden, was aus den Unterlagen über Schaubergers Forschungen geworden ist, ob sie einfach nur in der Schublade verschwunden sind, um die Entwicklung einer Implosionstechnologie mit all ihren umwälzenden Möglichkeiten und Konsequenzen zu verhindern, oder ob im geheimen mindestens Teile seiner Forschungen weitergeführt wurden bis hin zur Entwicklung von UFOs. Ich will mich hier auf diese Spekulationen nicht näher einlassen, aber interessant ist die Tatsache, daß mit der von Schauberger entwickelten Implosionstechnologie, mit dem Einwirbeln kosmischer Lebensenergie, offenbar Antriebssysteme entwickelt worden sind, die denen von gesichteten UFOs zu entsprechen scheinen.

UFO-Sichtungen wurden und werden ja von Seiten der Regierungen, der etablierten Wissenschaften und des Großteils der Medien offiziell immer wieder geleugnet, lächerlich gemacht, wegdiskutiert oder als Ausdruck gestörter Wahrnehmung interpretiert. Abgesehen von einer großen Zahl von Fällen, die sich nachträglich als offensichtliche Täuschung aufklären ließen, bleibt aber eine beachtlich große und dokumentierte Zahl an Sichtungen von UFOs, an deren Realitätsgehalt kaum zu zweifeln ist.[86]

Interessant in diesem Zusammenhang ist auch die Tatsache, daß hohe Regierungs- und Militärstellen (nicht nur in den USA) seit Jahrzehnten unter strengster Geheimhaltung Berichte über UFO-Sichtungen dokumentiert und sich ernsthaft mit der Frage auseinandergesetzt haben, ob es sich dabei um außerirdische Raumschiffe handelt und wie ihnen gegebenenfalls begegnet werden könnte.[87]

Mir scheint in unserem Zusammenhang bemerkenswert, daß UFO-Phänomene unter anderem auch deswegen immer wieder geleugnet werden, weil sie sich im Rahmen der mechanistischen Wissenschaften in keinster Weise erklären lassen. Wie bei vielen anderen Phänomenen, die nicht in das herrschende Weltbild passen, wird auch hier nach der Devise verfahren, daß nicht sein kann, was nicht sein darf. Das entsprechende Muster kommt ja auch immer wieder zum Tragen, wenn es um Energieheilungen geht, für die sich keine Entsprechung auf der stofflich-materiellen Ebene nachweisen läßt. Aber anstatt einzuräumen, daß das herrschende mechanistische Weltbild viel zu eng geworden ist für das Verständnis einer Fülle von Phänomenen, deren Realität sich gar nicht mehr leugnen läßt, werden diese Phänomene weggeleugnet; und die, die sie beobachten und erforschen, werden immer wieder ausgegrenzt.

Um so wichtiger scheint es mir deshalb, bekanntzumachen, daß es grundsätzlich andere Sichtweisen und Forschungsansätze gibt, wie zum Beispiel diejenigen von Reich und Schauberger, in deren Rahmen sonst unverständliche Phänomene interpretierbar und handhabbar werden. Das trifft auch für einen Großteil der UFO-Phänomene zu.[88]

Es soll in diesem Zusammenhang nicht unerwähnt bleiben, daß auch Reich Mitte der fünfziger Jahre unmittelbar mit UFO-Phänomenen konfrontiert war und sich mit ihnen intensiv auseinandergesetzt hat.[89] Unter anderem hatte er sich mit dem Stand der damaligen UFO-Forschung, wie er im Ruppelt-Report und im Keyhoe-Report dokumentiert war, vertraut gemacht. Im Lichte seiner Entdeckung der kosmischen Orgonenergie kam er zu der Auffassung, daß das Antriebssystem der UFOs auf der Nutzung dieser Energie beruhe. Reich führte Gravitation und Antigravitation auf Funktionen der Orgonenergie zurück.

Für seine These sprach außerdem, daß UFOs immer wieder von einem leuchtenden Strahlungsfeld umgeben waren, das Reich als Ausdruck eines hocherregten Orgonenergiefeldes interpretierte. Auch die wechselnden Färbungen dieser Strahlungsfelder entsprachen dem, was er im Labor mit orgonenergetisch hochaufgeladenen und in bestimmter Weise angeregten Vakuumröhren (»VACOR-Röhren«)[90] an Strahlungs- und Leuchteffekten erzielen konnte. Darüber hinaus wurden die oft außerordentlich starken emotionalen Reaktionen von Menschen im Zusammenhang mit UFO-Sichtungen und UFO-Landungen verständlich – als Ausdruck einer hochgradigen Erregung ihres

bioenergetischen Systems durch das erregte Orgonenergiefeld der UFOs.
Vor dem Hintergrund seiner Kenntnisse über unterschiedliche Strukturen von Charakter- und Körperpanzer wurde es auch verständlich, warum verschiedene Menschen auf das gleiche UFO-Phänomen emotional und gesundheitlich unterschiedlich reagierten: Vermutlich wurden sie jeweils an ihrer bioenergetischen Schwachstelle am stärksten getroffen. Da entsprechend dem unterschiedlichen Grad und der unterschiedlichen Struktur der Panzerung auch die Wahrnehmungsfähigkeit (einschließlich der visuellen) gegenüber orgonenergetischen Phänomenen unterschiedlich ist, erklärt sich auch, warum manche Menschen am Ort der UFO-Sichtungen die Phänomene weder optisch noch emotional wahrgenommen haben und deswegen der festen Überzeugung waren, die anderen hätten nur gesponnen und phantasiert.
Außerdem hatte Reich anläßlich seiner Wetterexperimente in der Wüste von Arizona, die immer wieder von UFO-Sichtungen begleitet waren, die Erfahrung gemacht, daß UFOs auf den Cloudbuster reagierten, wenn dieser genau auf sie ausgerichtet wurde. Seine Interpretation dieser Beobachtung war die, daß der Cloudbuster ihnen Energie entziehen und sie auf diese Weise manövrierunfähig machen kann, wenn sie sich nicht aus dem Einflußbereich des Cloudbusters herausbewegten. Entsprechend erschien es Reich völlig konsequent, daß die UFOs verschwanden, unmittelbar nachdem das Gerät auf sie ausgerichtet worden war.
Über die mögliche Herkunft und Absichten von UFOs oder derjenigen, die sie manövrieren, ist damit nichts gesagt. Reich hatte mehrfach beobachtet, daß nach UFO-Sichtungen die Atmosphäre extrem DOR-belastet war, was auf die Fähigkeit von UFOs hinwies, lebendige Orgonenergie für den Antrieb zu

nutzen und sie in DOR umzuwandeln. Ob diese Umwandlung zwangsläufig erfolgt, sozusagen als Abgas dieser Antriebsart, bleibt dahingestellt.
Diese Folgerung zu ziehen, wie Reich es tat, erscheint mir äußerst zweifelhaft, verwendet doch die Natur überall das Implosionsprinzip bzw. das Prinzip des Einwirbelns kosmischer Energie, ohne dabei derartige lebensbedrohliche Abfallprodukte zu hinterlassen. Im Gegenteil: Im Zusammenhang mit Wirbeln in der Natur erfolgt nicht nur eine lebensenergetische Aufladung, das heißt Belebung, sondern auch eine Aufklarung (z.B. der Atmosphäre nach Wirbelstürmen), das genaue Gegenteil der energetischen Erstarrung in Form von DOR. Es ist allerdings nicht auszuschließen, daß UFOs mit Absicht DOR hervorrufen können, wenn deren Konstrukteure über Kenntnisse der entsprechenden Energiefunktionen verfügen.
Reich jedenfalls zog daraus den Schluß, daß UFOs in feindlicher Absicht zur Erde kämen und im Begriff seien, auf stille Art die Lebensenergiehülle der Erde in DOR und die Erde allmählich in Wüste zu verwandeln. Selbst wenn seine Beobachtungen richtig waren, halte ich diesen Schluß für einen unzulässigen Trugschluß der Verallgemeinerung. Ob UFOs durchweg lebensenergetisch schädliche Wirkungen in Form von DOR hinterlassen, kann nur die empirische Auswertung der UFO-Phänomene unter Einbeziehung dieses Gesichtspunkts beantworten. Für die UFO-Forschung scheint es mir mindestens wichtig, die lebensenergetische Sichtweise von Reich und Schauberger aufzugreifen und die beobachteten Phänomene auch vor diesem Hintergrund zu interpretieren.
Reich jedenfalls gelangte schließlich zu der Überzeugung, daß den vermeintlichen Gefahren aus dem All und dem allmählichen lebensenergetischen Absterben des Organismus Erde – mit der Folge immer weiter sich ausbreitender Verwüstung – allein mit

orgonenergetischen Methoden wirksam zu begegnen sei. Mitte der fünfziger Jahre versuchte er wiederholt, die amerikanische Regierung mit aller Dringlichkeit auf diese Gefahren und auf die entsprechende Bedeutung der Orgonforschung hinzuweisen, aber auf offizieller Ebene gab es nie eine Reaktion. Was in diesem Zusammenhang möglicherweise hinter den Kulissen gelaufen ist, dies herauszufinden, bleibt Aufgabe künftiger Spurensuche.

Daß der Organismus Erde bioenergetisch krank ist, sollte nach den Ausführungen auf S.119–126 deutlich geworden sein. Die Annahme möglicher Schädigungen von außen sollte natürlich keinesfalls den Blick ablenken von all den Vergewaltigungen, die unsere Technologie und Lebensweise dem lebenden Organismus Erde angetan haben und tagtäglich weiter antun. Die von Reich und Schauberger gelegten Grundlagen einer lebensenergetischen Sichtweise lassen diesen Prozeß der Zerstörung des Lebendigen allerdings verständlich werden und zeigen vielfältige Wege für eine grundlegende Wiederbelebung und Heilung der kranken Erde.

Man könnte bestimmte UFO-Phänomene ja auch so deuten, daß außerirdische Zivilisationen, die mit der kosmischen Lebensenergie in vollem Kontakt sind und ihre Funktionen für Heilung und Bewegung nutzen können, uns angesichts unseres Elends zu Hilfe kommen und uns bei der Wiederbelebung der Erde unterstützen wollen. Was die Zeichen, die uns die UFOs in immer größerer Zahl hinterlassen (z. B. in Form der Kornkreise),[91] wirklich bedeuten und woher die UFOs kommen, ist wohl einstweilen noch unklar. Aber daß diesen Phänomenen eine unseren Möglichkeiten weit überlegene Technologie (eine Technologie kosmischer Lebensenergie) zugrunde liegt, dürfte sehr wahrscheinlich sein. Die in den Kornkreisen sichtbaren Wirbel verweisen deutlich auf die Wirkung von Implosion. Sicherlich können wir für unsere Heilung und für die Heilung der Erde eine Menge von denen lernen, denen die Funktionen kosmischer Lebensenergie vertraut sind.

4.3 Georges Lakhovsky: Bioenergetische Schwingung und Resonanz

Ein weiteres eindrucksvolles Beispiel für die Wiederentdekkung der Lebensenergie sind die Forschungen des aus Rußland stammenden und lange Zeit in Frankreich lebenden Georges Lakhovsky (1870–1942). Obwohl Lakhovsky wiederum einen ganz anderen Weg mit seinen Forschungen beschritten hat als Reich und Schauberger, kommt er zu verblüffend ähnlichen Erkenntnissen über die Funktionen der kosmischen Lebensenergie, die er »Universion« nannte.
Die Einbeziehung seiner Forschungen fügt dem Naturverständnis, das sich aus den Ansätzen von Reich und Schauberger ergibt, allerdings noch einige wesentliche Aspekte hinzu und eröffnet dadurch noch zusätzliche Nutzungsmöglichkeiten der Lebensenergie. Die besonderen Aspekte der Arbeit von Lakhovsky liegen in der genaueren Erforschung bioenergetischer Schwingung und Resonanz. Ich werde mich im folgenden auf Lakhovskys Buch »Das Geheimnis des Lebens« beziehen.[92]

4.3.1 Sender und Empfänger – Radiowellen und Organismen

Lakhovsky war ein Fachmann auf dem Gebiet der damals noch neuen Radiotechnologie, und er kannte sich genauestens aus in den technischen Funktionen von Radiosender und -empfänger. Darüber hinaus beschäftigte ihn schon sehr früh die Frage, ob es zwischen Lebewesen eine vergleichbare Kommunikation gebe wie zwischen Sender und Empfänger. Wie war es zum Beispiel zu erklären, daß Zugvögel über Tausende von Kilometern ihre Orientierung behielten, oder daß Raubvögel aus großer Höhe mit hoher Treffsicherheit ihr Beutetier fanden? Gab es in den Tieren irgend etwas, was in seiner Funktion vergleichbar war mit einer Radioempfangsantenne?

Zunächst widmete Lakhovsky seine Studien dem Orientierungssinn der Zugvögel. Wenn sie ein weit entferntes Ziel mit klarer Orientierung anfliegen, müssen sie doch über eine Art Antenne verfügen, die es ihnen ermöglicht, einen Zielpunkt im dreidimensionalen Raum zu orten. Er suchte nach einem inneren Koordinatensystem mit drei senkrecht zueinander stehenden Ebenen und fand es tatsächlich in den halbkreisförmigen Kanälen des Ohres von Vögeln *(Abb. 73)*.

Abb. 73

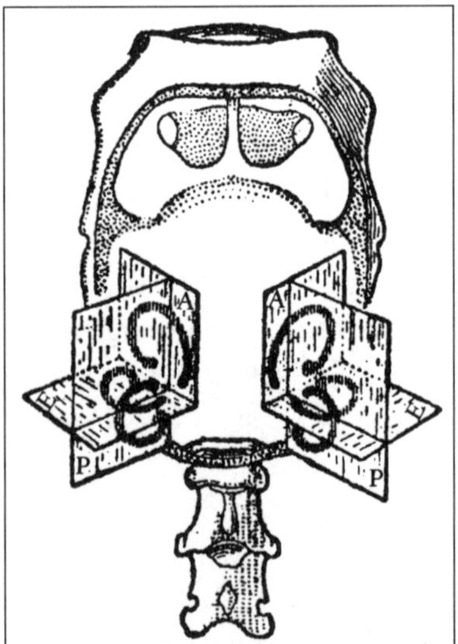

Schematische Darstellung der halbkreisförmigen Kanäle der Ohren von Vögeln – eine Empfangsantenne zur Orientierung im dreidimensionalen Raum

Ein weiteres Bauelement eines Radioempfängers ist der sogenannte Schwingkreis (auf dessen Einzelheiten ich noch näher eingehen werde), ein Gebilde, das zu Schwingungen angeregt werden kann. Auch hierfür fand Lakhovsky eine Entsprechung in den Gehörgängen von Vögeln, und zwar in den zu Schwingungen anregbaren leitenden Flüssigkeiten innerhalb der beschriebenen Ohrkanäle.

Von einem Radioempfänger wissen wir, daß er erst einmal durch Strom in Empfangsbereitschaft versetzt werden muß. Worin lag die entsprechende Energiequelle für den Empfänger in den Vögeln? Lakhovsky war in diesem Zusammenhang aufgefallen, daß die Zugvögel, bevor sie einen geradlinigen Kurs in Richtung auf ihr Ziel einschlagen, zunächst einmal spiralförmig in eine bestimmte Höhe aufsteigen. Er deutete diesen Vorgang als elektrische Aufladung der Vögel, die sich mit ihrem Gefieder an der Luft reiben und dabei elektrostatische Ladung aus der Atmosphäre aufnehmen, die mit wachsender Höhe zunimmt.

Vor diesem Hintergrund erklärte er auch die Tatsache, daß Zugvögel ihre Flughöhe mit wechselnder Windstärke und Windrichtung verändern. Je stärker der Wind relativ zum Vogel, um so stärker lädt sich der Vogel elektrostatisch auf. Will er seine optimale Betriebsspannung halten, so muß er entsprechend bei stärker werdendem Wind seine Flughöhe vermindern, um in Höhen mit geringerer atmosphärischer Ladung zu gelangen. Dadurch sind die Vögel, wenn sie niedrig gegen den Wind fliegen, eher für das bloße Auge sichtbar, als wenn sie in größerer Höhe mit dem Wind fliegen – eine Tatsache, die unter Vogelkundlern wohlbekannt ist.

Außerdem konnte Lakhovsky immer wieder beobachten, wie Zugvögel oder Brieftauben offensichtlich ihre Orientierung verloren, wenn sie in die Nähe eines in Betrieb befindlichen Radiosenders gerieten. Sie fanden ihre Orientierung erst wieder, wenn sie nach längerem Irren aus dem näheren Strahlungsbereich des Senders herausgerieten. Daraus zog Lakhovsky den Schluß, daß der Radiosender auf das Empfangssystem der Vögel offenbar wie ein Störsender wirkt, der die für die Orientierung wichtigen Schwingungen überlagert und »übertönt«, so daß sie nicht mehr hinreichend klar wahrgenommen werden konnten.

Die Empfangsfähigkeit von Vögeln für bestimmte Schwingungen sowie die Ursachen ihrer Störungen hatte Lakhovsky damit aufgeklärt. Eine weitere Frage, die ihn beschäftigte, bezog sich auf die Sendeeigenschaften von Lebewesen. Wenn es auch über größere Entfernungen zu einer Kommunikation zwischen lebenden Organismen kommt, die weder auf Sehen noch auf Hören oder Riechen beruhen kann, dann könnten elektromagnetische Wellen oder Schwingungen die Grundlage solcher Kommunikation sein. Dies setzte aber voraus, daß lebende Organismen entsprechende Schwingungen aussenden konnten, also insoweit wie ein Radiosender funktionierten.

Ein wesentliches Bauelement des technischen Radiosenders ist der Schwingkreis *(Abb. 74)*. Wegen seiner fundamentalen Bedeutung im Forschungsansatz von Lakhovsky will ich hier auf dessen prinzipielle Funktionen eingehen, auch wenn es sich erst einmal wie leblose Technik anhört. Wir werden aber bald wieder auf lebendige Prozesse zurückkommen.

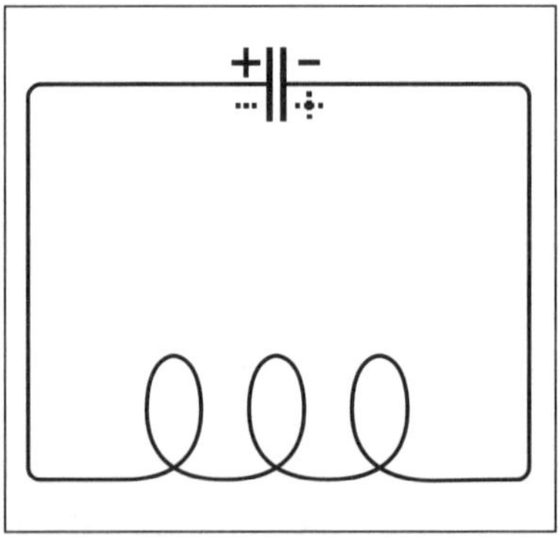

Abb. 74

Ein technischer Schwingkreis besteht aus einem Draht als elektrischem Leiter, der von einer Isolatorschicht umhüllt ist, wie wir das vom Elektrokabel kennen. An den beiden Enden des Drahtes befinden sich sogenannte Kondensatorplatten, die sich nicht berühren. Zwischen den beiden Enden ist der Draht streckenweise spiralig gewunden.

Wird eine der Platten mit Elektronen elektrisch aufgeladen, so fließen die Elektronen durch den Draht, erzeugen um sich herum ein magnetisches Feld (Elektromagnetismus), das durch die spiraligen Windungen ständig seine Richtung ändert und dadurch seinerseits zusätzlichen Strom in dem Draht »induziert« (»Selbstinduktion« oder »Selbstinduktanz«). Auf diese Weise bekommt der Elektronenfluß einen zusätzlichen Anschub, der es verhindert, daß sich der Strom durch Reibung immer weiter vermindert. Die Elektronen fließen dadurch von dem einen Ende des Drahtes zum anderen und wieder zurück, um daraufhin von neuem hin- und herzuschwingen.

Dabei ergibt sich eine bestimmte Schwingungsfrequenz, die typisch ist für einen bestimmten Schwingkreis. Sie hängt ab von der Aufnahmekapazität der Kondensatorplatten und vom Widerstand, der dem Stromfluß entgegengesetzt wird (abhängig vom Durchmesser, von der Länge, von der Leitfähigkeit und von der Anzahl der Windungen des Drahtes). Je kürzer zum Beispiel der Draht (oder ein anderer elektrischer Leiter, umgeben von Isolator), je kleiner die Kondensatorplatten und ihre Kapazität und je geringer die Zahl der Windungen, um so höher die Schwingungsfrequenz.

Wo war in lebenden Organismen etwas Entsprechendes zu finden, das mit den Funktionen eines technischen Schwingkreises übereinstimmte? Und worin konnte die Quelle liegen für die Sendung elektromagnetischer Schwingungen eines Organismus, die von einem anderen lebenden Organismus mit dessen Empfänger empfangen werden konnte? Lakhovsky fand die Entsprechung in der einzelnen lebenden Zelle, und zwar in den Chromosomen innerhalb des Zellkerns.

Die Chromosomen erfüllen alle für einen Schwingkreis erforderlichen Bedingungen, wenn auch in stark reduzierter Form: Das Innere der Chromosomen besteht aus elektrisch leitendem Material, die äußere Hülle aus Isolator. Es handelt sich um einen offenen Schwingkreis, bei dem die Kondensatorplatten auf den Querschnitt der Chromosomen reduziert sind. Am

Abb. 75

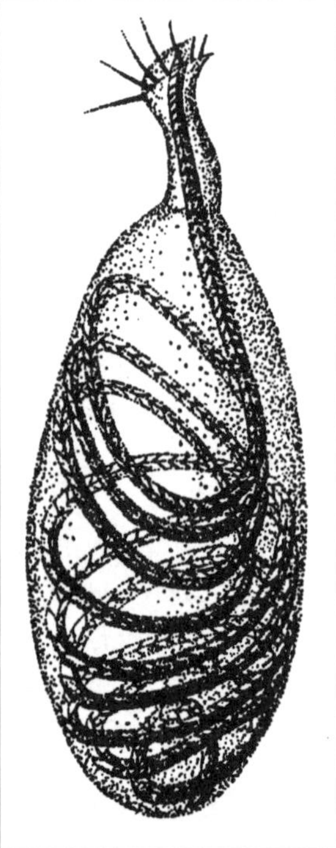

1000fache Vergrßerung eines Seetierchens (corynactis viridis) mit spiralig gewundenen Schwingkreisen: die Sende- und Empfangsantenne für bestimmte Schwingungsfrequenzen

Beispiel eines winzig kleinen Seetierchens zeigt Lakhovsky, wie die Zellfäden als Schwingkreise wirken *(Abb. 75)*.
Auf diese Weise hätte jede biologische Art ihre spezifische Zellstrahlung, ihre »zelluläre Radiation«, ihre natürliche Eigenschwingung. Auf dieser Grundlage erklärte Lakhovsky das Verhältnis zwischen Raubvögeln und ihren Beutetieren. Wenn beispielsweise ein Mäusebussard aus großer Höhe die Mäuse am Boden wahrnimmt, dann deswegen, weil die Mäuse eine spezifische Schwingungsfrequenz aussenden, auf die der Bussard sozusagen geeicht ist. Voraussetzung dafür, daß er diese Schwingungen empfangen kann, ist allerdings, daß er sich in große Höhe begibt und dadurch sein Empfangssystem entsprechend elektrisch aufgeladen wird. Säße er hingegen am Boden direkt neben jener Maus, würde er sie gar nicht wahrnehmen.
Wenn sich die Schwingungsfrequenz einer biologischen Art im Frequenzbereich des für unsere Augen sichtbaren Lichts befindet, dann sehen wir diese Lebewesen in der Dunkelheit leuchten. So erklärt Lakhovsky zum Beispiel unsere Wahrnehmung von Glühwürmchen. (Der Frequenzbereich des für uns sichtbaren Lichtes ist übrigens nur ein ganz kleiner

Ausschnitt aus einem breiten Spektrum elektromagnetischer Schwingungen. Er umfaßt gerade einmal den Umfang einer Oktave, das heißt einer Frequenzverdoppelung, und ist damit viel geringer als der von unseren Ohren wahrnehmbare Frequenzumfang akustischer Schwingungen, der etwa neun Oktaven umfaßt.)

4.3.2 Zellschwingung und Resonanz

Die Eigenschwingung der Zellen eines Organismus ist aber nicht nur Grundlage für den Empfang der Schwingungen durch einen anderen Organismus, sie bildet auch die Grundlage für die Resonanz zwischen den Zellen innerhalb eines Organismus.
Das Phänomen der Resonanz kennen wir alle aus dem Bereich der Akustik: Wenn zum Beispiel die A-Saite einer Gitarre gezupft und damit zum Schwingen gebracht wird, so fängt bei einer anderen Gitarre, die sich in der Nähe befindet, ebenfalls die A-Saite an zu schwingen, ohne daß sie selbst gezupft wurde. Diese Schwingung ist allein Folge des Mitschwingens, der Resonanz. Und Resonanz ergibt sich nur, wenn die Schwingungsfrequenzen der Saiten übereinstimmen. Die übrigen Gitarrensaiten, deren Frequenzen andere sind, werden dadurch nicht angeregt.
Ganz entsprechend ergibt sich eine Resonanz zwischen verschiedenen Zellen dann, wenn die Frequenzen ihrer Schwingkreise, ihrer Chromosomen, übereinstimmen. Und genau das ist der Fall bei Zellen ein und desselben Organismus – und bei Zellen verschiedener Organismen der gleichen biologischen Art. Die Resonanz bewirkt also eine Kommunikation der einzelnen Zellen eines lebenden Organismus untereinander, verbindet die einzelnen Zellen zu einem übergeordneten Ganzen, zu einem ganzheitlichen System.

So wie in der Radiotechnologie die Schwingkreise in den Empfangsgeräten in Resonanz geraten mit dem Schwingkreis im Sender und auf dieser Grundlage die Sendung mit ihren Informationen übertragen werden kann, so ist die Resonanz der Zellschwingungen Grundlage der Informationsübertragung zwischen den Zellen bzw. zwischen dem Gesamtsystem und den Zellen. Nur aufgrund der Resonanzfähigkeit können die einzelnen Zellen Informationen des übergeordneten ganzheitlichen Systems empfangen, die sie in die Lage versetzen, ihre Teilfunktion innerhalb des Ganzen wahrzunehmen. Sie müssen selbst resonanzfähig sein, und die Sendung muß hinreichend klar gesendet bzw. übermittelt werden und ankommen.

Gestörte Resonanz und Krankheit

Ist eine dieser Bedingungen nicht erfüllt, wird also die Resonanz beeinträchtigt, so verlieren die einzelnen Zellen ihre Orientierung und erfüllen nicht mehr hinreichend ihre Teilfunktion im Rahmen des Gesamtsystems, und damit wird auch die Funktionsfähigkeit des Gesamtsystems gestört. Man kann das Verhältnis der einzelnen Zellen zueinander in gewisser Weise mit einem System von Funkwagen vergleichen: Bricht der Funkkontakt zwischen ihnen zusammen, so zerfällt der koordinierte Einsatz, und die einzelnen Wagen verlieren ihre Orientierung.

Lakhovsky hat unter diesem Gesichtspunkt mehrere Einflüsse untersucht, die die Resonanzfähigkeit der Zellen beeinträchtigen und so den Organismus krank werden lassen können: Eine Störung kann zum Beispiel von »Störsendern« ausgehen, die nicht in Resonanz, sondern in Dissonanz zu den Eigenschwingungen der Zellen stehen und diese übertönen. Hierzu können die verschiedensten technischen Sender gehören, sofern sie in bezug auf bestimmte lebende Organismen Störschwingungen aussenden, das heißt auf dissonanten Frequenzen senden.

Elektrosmog als bioenergetische Dissonanz

Eine Reihe von Elektrosmog-Phänomenen, auch in ihrer schädlichen Wirkung auf Pflanzen (Waldsterben!), dürfte unter diesem Aspekt zu interpretieren sein. Wolfgang Volkrodt[93] zum Beispiel hat herausgefunden, daß die Verwendung bestimmter Frequenzen in der drahtlosen Kommunikation der Deutschen Bundespost (Telekom) bzw. militärischer Anlagen ganz bestimmte Baumarten hat krank werden und absterben lassen. Es handelte sich jeweils um solche Bäume, bei denen die Länge ihrer Nadeln gerade übereinstimmte mit der (4fachen) Wellenlänge des Kommunikationssystems, so daß die Zweige als Antennen fungierten und die Störschwingungen verstärkt auffingen. Nachdem die Frequenzen verändert worden waren, wurden andere Baumarten vom Baumsterben erfaßt, deren Nadellänge bzw. Blattlänge den neuen Wellenlängen entsprach. Alle umfänglichen und engagierten Versuche von Volkrodt, die offiziellen Stellen auf diese Zusammenhänge und Gefahren hinzuweisen, wurden ignoriert oder mit dem Hinweis zurückgewiesen, für derartige unterstellte Wirkungszusammenhänge gäbe es keine wissenschaftliche Grundlage. Dabei ist die wissenschaftliche Grundlage längst vorhanden: zum Beispiel in dem bioenergetischen Verständnis von Lebensprozessen durch Reich und in der Entdeckung bioenergetischer Schwingung und Resonanz durch Lakhovsky. Indem allerdings die etablierte mechanistische Wissenschaft mit ihrem Absolutheitsanspruch derartige Forschungen ignoriert bzw. bekämpft und ausgrenzt, kann sich die Politik hinter dieser Art von Wissenschaft verschanzen und weiterhin Technologien fördern bzw. dulden, von denen lebensfeindliche Wirkungen ausgehen.[94] Auf der gleichen Linie liegt die offizielle Leugnung von Gesundheitsschäden und Umweltbelastungen durch die Ausstrahlung der neuen Sendemasten für Funktelefone.

Bei der Frequenzvergabe für Rundfunk- und Fernsehstationen bleiben derartige mögliche Störungen der Resonanzfähigkeit lebender Organismen bislang völlig unberücksichtigt, und es bleibt dem reinen Zufall überlassen, ob – bezogen auf die Vielfalt unterschiedlicher lebendiger Organismen – resonante oder dissonante Schwingungen ausgesendet werden. Und wenn massive Gesundheits- und Umweltschäden auftreten, die einen entsprechenden Zusammenhang vermuten lassen, werden notwendige Forschungen in dieser Richtung nicht nur nicht gefördert, sondern immer wieder unterdrückt.

Krankheitserreger als Störsender

Eine andere Störung der Resonanzfähigkeit von Zellen bzw. der Störung ihrer natürlichen Eigenschwingung sah Lakhovsky in den von Krankheitserregern ausgehenden Störschwingungen. Lakhovsky betrachtete die Krankheitserreger, soweit es sich um Mikroorganismen (»Mikroben«) handelte, ebenfalls als kleinste schwingende Gebilde mit einer spezifischen Eigenfrequenz. Stimmt ihre Frequenz nicht mit der Eigenschwingung der Körperzellen überein bzw. ergibt sich zwischen den körpereigenen Schwingungen und denen der Mikrobe keine Harmonie, sondern eine Dissonanz, dann wirkt der Mikroorganismus wie ein Störsender. Wenn er dann auch noch die Gelegenheit hat, sich im Körper zu vermehren, dann werden immer mehr Störsender wirksam, die schließlich den »Klang« der Zellschwingungen übertönen und ihre Kommunikation untereinander zerstören können.

Harmonie und Dissonanz in Musik und Natur

Die Phänomene von Resonanz, Harmonie und Dissonanz kann man sich am besten im Bereich der Töne und der Musik klarmachen, aber sie gelten ganz analog (funktionell identisch) im Bereich bioenergetischer Schwingungen lebender Systeme. Resonanz zwischen schwingenden Gebilden entsteht dann, wenn deren Eigenschwingungen genau gleich sind. Harmonie entsteht dann, wenn es sich zwar um unterschiedliche Frequenzen (z. B. unterschiedliche Töne) handelt, aber wenn diese Frequenzen einer bestimmten harmonikalen Struktur entsprechen (z. B. in der Musik die Töne C – E – G, die einen Dur-Dreiklang bilden).

Die Harmonielehre in der Musik hat die entsprechenden Gesetzmäßigkeiten herausgefunden, nach denen sich Töne und Akkorde in einem harmonischen Verhältnis befinden bzw. bewegen. Käme zum Beispiel in ein Orchester, dessen Instrumente aufeinander abgestimmt sind und dessen Spieler ein harmonisches Stück spielen, auf einmal ein Spieler mit einem völlig verstimmten Instrument oder mit überhaupt nicht dazu passenden Tönen, dann entsteht Dissonanz. Werden es gar immer mehr solcher störender Spieler, dann wird der Gesamtklang immer mehr beeinträchtigt, und die übrigen Spieler werden immer mehr irritiert, so daß auch die zwischen ihnen bestehende Harmonie mehr und mehr auseinanderbricht.

Für den Gesamtklang hängt viel davon ab, wie laut der oder die störenden Spieler im Verhältnis zum übrigen Klang sind, ob sie durch das Gesamtorchester übertönt werden, ob sie vielleicht sogar am Spielen gehindert werden und damit ihre Störschwingung unterbunden wird, ob also das Orchester gegenüber den Störern über hinreichende Abwehrkräfte verfügt und ob es genügend Energie besitzt, sich von den Störungen nicht ablenken zu lassen. Man braucht alle diese Gedanken nur auf das Orchester der Zellschwingungen eines Organismus zu übertragen und auf den Störsender von Krankheitserregern, und man gelangt zu einem Verständnis von Gesundheit und Krankheit auf der Grundlage bioenergetischer Resonanz und Harmonie bzw. von Dissonanz und Disharmonie.

Mikroben sind demnach für einen Organismus nur dann Krankheitserreger, wenn ihre Schwingungen gegenüber den Eigenschwingungen des Organismus disharmonisch sind. Stimmt ihre Eigenschwingung hingegen mit denen des Organismus überein bzw. befindet sie sich mit ihnen in Harmonie (entsprechend den harmonikalen Gesetzen), so sind sie nicht schädlich, sondern können im Gegenteil lebenswichtig sein. Werden sie abgetötet, verliert das Orchester seinen vollen Klang, verliert der Organismus seine volle Funktionsfähigkeit, seine Gesundheit und wird krank.

So ist zum Beispiel die Darmflora im menschlichen Organismus lebenswichtig. Sie besteht aus einer Unzahl von Mikroben, deren Schwingungen sich in Harmonie mit den Eigenschwingungen des menschlichen Organismus befinden. Die gleichen Mikroben könnten für den Organismus einer anderen biologischen Art Krankheitserreger sein. Und umgekehrt: Mikroben, die sich mit dem Organismus einer anderen biologischen Art in Harmonie befinden, können für den menschlichen Organismus Krankheitserreger sein. Die Eigenschaft von Mikroben, Krankheitserreger zu sein, ist also keine absolute Eigenschaft, sondern immer nur eine relative, bezogen auf den betreffenden Organismus und dessen Eigenschwingungen.

Um wieder auf das Beispiel mit dem Orchester zurückzukommen: Wenn alle Instrumente des einen Orchesters um einen Ton tiefer gestimmt sind als die des anderen Orchesters, so könnte ein einzelner Spieler mit der Stimmung 1 in voller Harmonie bei Orchester 1 mitspielen. Käme derselbe Spieler zu Orchester 2 und würde er bei dem gleichen Stück genauso virtuos seine Noten abspielen, würde er zum Störer; nicht, weil er von Natur aus ein Störer ist, sondern weil er mit seiner Stimmung oder Schwingung nicht zum zweiten Orchester paßt und nur Disharmonie erzeugt.

Eigenschwingung und Immunabwehr

Die Abwehrkräfte eines Organismus gegenüber Störschwingungen sind verständlicherweise um so geringer, je schwächer dessen Eigenschwingungen im Verhältnis zu denen des »Störsenders« sind. Und das hängt wiederum von der bioenergetischen Ladung der Zellen ab. An dieser Stelle scheint es mir angebracht, eine Verbindung zwischen Lakhovsky und Reich zu ziehen. Reich hatte ja als wesentlichen Hintergrund bioenergetischer Ladungsschwäche eines Organismus bzw. einzelner seiner Teile die Auswirkungen chronischer emotionaler und körperlicher Blockierungen, also des Charakter- und Körperpanzers, aufgedeckt. Demnach wird in den Blockierungen Energie gebunden, und eine chronisch blockierte Atmung vermindert zusätzlich die Aufnahme von Lebensenergie, wodurch die innere Energiequelle immer weniger aufgeladen wird.

Sehr tiefgehende emotionale Blockierungen und plasmatische Erstarrungen bilden den Hintergrund nicht nur für funktionelle Störungen, sondern auch für einen Strukturzerfall des Gewebes, aus dem heraus sich Krebszellen entwickeln. Die aus dem Strukturzerfall hervorgehenden und von Reich entdeckten T-Bazillen erinnern in vieler Hinsicht an die gerade beschriebene Funktion von Störsendern, die – wenn sie in gehäufter Zahl auftreten – den ohnehin schon geschwächten Zusammenhalt der anderen Zellen immer mehr stören und so immer weitere Störsender entstehen lassen. Somit wird verständlich, daß durch bioenergetische Aufladung die Eigenschwingung der Zellen und deren Resonanzfähigkeit reaktiviert werden können und auf diese Weise ein sonst lebensbedrohlich verlaufender Prozeß aufgehalten oder gar umgekehrt werden kann.

Auch wenn Lakhovsky den Zusammenhang zu Charakter- und Körperpanzer nicht gesehen, geschweige denn sich mit den gesellschaftlichen Hintergründen von Lustfeindlichkeit und Sexualunterdrückung beschäftigt hat, lassen sich doch deutliche Verbindungen zwischen seinem und Reichs Forschungsansatz ziehen, wobei die Kombination beider Ansätze wiederum ein vollständigeres Bild und ein tieferes Verständnis lebendiger Prozesse und ihrer Störungen vermittelt als jeder einzelne Ansatz für sich genommen.

Energetische Erstarrung und gestörte Resonanz

Ich möchte in dieser Richtung noch einen Schritt weitergehen: Im Reichschen Verständnis bedeutet emotionale Blockierung auch bioenergetische Blockierung, das heißt tendenzielle Erstarrung der Energiefunktionen, die in natürlicher Weise fließen und pulsieren, also innerlich beweglich sind. Für die erstarrte Form der Energie hat Reich den Begriff DOR geprägt – im Gegensatz zur beweglichen Form der Energie, die er »Orgon« nannte (mit diesen Begriffen sind natürlich nur zwei Extreme benannt, zwischen denen es fließende Übergänge gibt).

Die von Lakhovsky beschriebenen elektromagnetischen Wellen, die von den Eigenschwingungen der Zellen ausgehen und sich im Raum ausbreiten, bedürfen zu ihrer Ausbreitung eines bestimmten Mediums, eines physikalischen Äthers, der sich in entsprechende Schwingungen versetzen läßt – genauso wie Wasserwellen sich nur ausbreiten können, wenn Wasser vorhanden ist.

In der Geschichte der Physik gab es über die Beschaffenheit des Äthers einen langen Streit.[95] Noch im vorigen Jahrhundert ging man davon aus, daß er den ganzen Raum ausfüllt. Man hat ihn sich allerdings überwiegend nicht fließend, nicht wirbelnd, sondern statisch vorgestellt. Und als sich die Existenz eines statischen Äthers experimentell nicht nachweisen ließ, hat man gleich die ganzen Äthervorstellungen in der Physik über Bord geworfen und sich den Raum zwischen den Materieteilchen als prinzipiell leer vorgestellt. Wie sich in einem solchen Raum dennoch elektromagnetische Wellen ausbreiten können, bleibt natürlich ein Rätsel; aber an die Stelle der Vorstellungskraft und sinnlichen Anschauung hat man einfach abstrakte mathematische Formeln gesetzt, die die Funktionen elektromagnetischer Wellen beschreiben, und man hat mit diesen Formeln technisch erfolgreich arbeiten können.

Reich ist in gewisser Weise zu einer Wiederentdeckung des physikalischen Äthers gekommen, allerdings nicht in statischer Form, sondern mit der Eigenschaft innerer wirbelnder Fließbewegungen. Schauberger hat den gleichen Äther auf seine Art wiederentdeckt, und auch Lakhovsky kam – wie ich noch zeigen werde – zu einer ähnlichen Vorstellung über den Äther, den er als »Universion« bezeichnete.

Gehen wir einmal davon aus, daß die Orgonenergie dem Äther, das heißt demjenigen Medium entspricht, durch das sich elektromagnetische Wellen ausbreiten können. Die Ausbreitung von Wellen – im Wasser wie im Äther – hängt sicherlich von dessen Beweglichkeit und Schwingungsfähigkeit ab. Würde Wasser

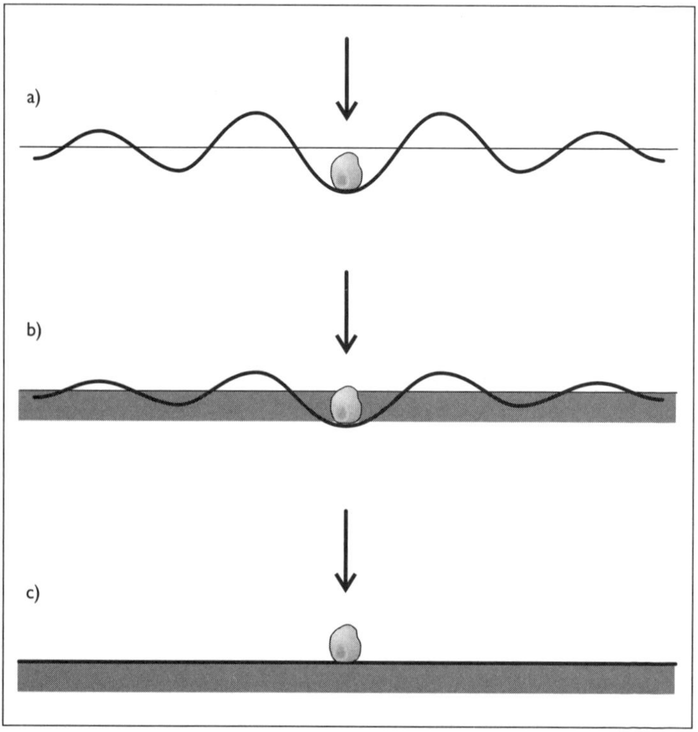

Abb. 76

zu Eis erstarren, könnten sich keine Wellen an der Oberfläche mehr ausbreiten. Gäbe es Übergänge zwischen dünnflüssig und starr, dann würde sich die Ausbreitung mit wachsender Zähflüssigkeit (»Viskosität«) immer mehr vermindern, und die Wellen würden immer schneller abebben; das heißt, die Reichweite der Sender würde entsprechend mit wachsender Starrheit des Mediums immer geringer werden *(Abb. 76 a, b und c).*

Befinden sich nun Zellen des menschlichen Organismus in einem Bereich des Körpers, der bioenergetisch starr ist, so werden sie durch die von anderen Zellen ausgehenden Schwingungen nicht mehr erreicht und verlieren folglich ihre Orientierung, sie verselbständigen sich gegenüber dem Gesamtorganismus.

Genau dies geschieht bei der Entstehung von Krebszellen. Es ist wie mit einer Insel in einem Meer von Energie, wo das Meer um die Inseln herum immer zähflüssiger wird und schließlich ganz erstarrt, bis keine einzige Welle mehr ankommt. Die Insel, das heißt die Zelle, ist auf diese Weise vom Leben abgeschnitten.

Resonanztherapie und Heilung

Das sind natürlich alles nur Bilder, um die Funktionen von bioenergetischer Schwingung und Resonanz zu veranschaulichen. Aber ich denke, sie treffen im wesentlichen das, was Lakhovsky naturwissenschaftlich erforscht hat. Tatsächlich hat er auf dieser Grundlage nicht nur ein besseres Verständnis der Krebserkrankung gewonnen, sondern auch den Ansatz einer absolut unkonventionellen Krebsbehandlung, und dies schon in den zwanziger Jahren! Seine Behandlung war darauf gerichtet, die gestörten Eigenschwingungen menschlicher Zellen wieder zu reaktivieren; und zwar dadurch, daß mit einem entsprechenden Schwingungsgenerator oder mit entsprechenden technisch produzierten Schwingkreisen dem kranken Organismus genau diejenigen Schwingungsfrequenzen eingegeben wurden, die den Eigenschwingungen der menschlichen Zellen entsprachen bzw. mit ihnen harmonierten. Auf diese Weise schien es möglich zu sein, die Wirkungen der »Störsender« zu neutralisieren und die gestörte Resonanzfähigkeit der Zellen wiederherzustellen, das heißt sie wieder in die Funktion des Gesamtorganismus zu integrieren und dessen Selbstregulierung zurückzugewinnen.

Lakhovsky sollen auf diese Art spektakuläre Heilungen auch bei schwersten Krankheiten gelungen sein. Medizin und andere Wissenschaften haben aber weder zu seiner Zeit noch Jahrzehnte danach von seinen umwälzenden Entdeckungen Kenntnis genommen – ein Phänomen, das uns ja schon von Reich und Schauberger wohlbekannt ist und immer wieder durch die Jahrhunderte hindurch in ganz ähnlicher Weise auftrat, wenn es um die Wiederentdeckung der Lebensenergie ging und geht. Gerade wegen der Gründlichkeit ihrer lebensenergetischen Forschungen stellen die drei eine besondere Bedrohung für die Aufrechterhaltung des mechanistischen Weltbildes dar. Aber auf Dauer lassen sich diese Erkenntnisse und die daraus folgenden Heilungsmöglichkeiten nicht mehr unterdrücken. Sie haben sich schon viel zu weit herumgesprochen, und auf der anderen Seite wird die Hilflosigkeit der etablierten Wissenschaften gegenüber dem Lebendigen und seinen Störungen für eine wachsende Zahl von Menschen immer offensichtlicher. Die blinde Wissenschaftsgläubigkeit, die lange Zeit in weiten Teilen der Bevölkerung herrschte, macht zunehmend einer kritischen Haltung Platz. An ihre Stelle können immer mehr die Erkenntnisse lebensenergetischer Forschungen und Erfahrungen treten, die – im Unterschied zu den mechanistischen Wissenschaften – das Lebendige nicht nur verstehen, sondern auch dazu beitragen können, dessen Störungen zu vermeiden bzw. zu heilen. Und diese Erkenntnisse sind – im Unterschied zur abstrakten wissenschaftlichen Verklausulierung – allgemein verständlich und sinnlich erfahrbar.

Fieber und Zellkernschmelze

Ich will noch kurz erläutern, wie Lakhovsky das Fieber interpretiert hat als einen Versuch des Organismus, den Störsender des Krankheitserregers in seiner Schwingungsfähigkeit auszuschalten. Es war weiter oben schon davon die Rede, daß er die Chromosomen als Schwingkreise betrachtete, mit elektrisch leitendem Material im Inneren und umgeben von einer

Isolatorschicht. Die Isolatorschicht hat bei einer bestimmten Temperatur ihren Schmelzpunkt (man könnte von einer »Zellkernschmelze« sprechen). Wird diese Temperatur überschritten, dann verliert die Schicht ihre Isolatoreigenschaft, der Schwingkreis bricht in seiner Funktion zusammen und damit auch die Sende- und Resonanzfähigkeit.
Liegt nun der Schmelzpunkt in der Chromosomenhülle einer Mikrobe nur geringfügig über der normalen Körpertemperatur des Menschen, so kann Fieber die Mikrobe als Störsender auslöschen. Liegt der Schmelzpunkt erheblich höher, dann kann das zur Abwehr erforderliche hohe Fieber allerdings für die menschlichen Zellen selbst zur Bedrohung werden und deren Resonanzfähigkeit und damit Lebensfähigkeit zerstören, so daß der Mensch an zu hohem Fieber stirbt.

Resonanz und Übererregung

Eine andere Möglichkeit, den Störsender von Krankheitserregern lahmzulegen, könnte darin bestehen, sie in ihrer Schwingung über künstlich erzeugte Resonanz derart anzuregen, daß sie zerplatzen und dadurch funktionsunfähig werden. Wir kennen dieses Phänomen wiederum aus der Akustik: Wenn ein feingeschliffenes Weinglas auf einer ganz bestimmten Frequenz schwingt, dann kann die Erzeugung genau dieses Tones durch einen Tongenerator oder eine ganz klare Singstimme das Glas in Resonanz versetzen, in ihm den gleichen Ton hervorrufen, bis es schließlich zerspringt.
Bezüglich der Mikroben müßte die Schwingungsfrequenz des Krankheitserregers genau ermittelt werden, um mit einem Schwingungsgenerator diese Frequenz kurze Zeit zu verstärken und in den Organismus einzugeben. Genau auf dieser Grundlage scheinen Geräte zu funktionieren, die der Amerikaner Roy

Rife schon vor Jahrzehnten entwickelt und für medizinische Diagnose und Behandlung außerordentlich erfolgreich eingesetzt hat. Trotz (oder wegen) seiner großen Erfolge wurde ihm von der Gesundheitsbehörde der Prozeß gemacht, und seine Forschungen sowie die Anwendung seiner Methode wurden in den USA verboten.

Rife hat einerseits ein Lichtmikroskop entwickelt, das bisher für unmöglich gehaltene Vergrößerungen lieferte, und zwar dadurch, daß winzigste Mikroben in Resonanz versetzt wurden und ihre Strahlungsintensität auf diese Weise erhöht wurde, so daß sie im Dunkelfeld als leuchtende Gebilde sichtbar wurden, wo sie vorher nicht erkennbar waren. Auf diese Weise konnte er eine große Zahl von Mikroben, die mit lichtmikroskopischen Methoden bis dahin nicht nachgewiesen werden konnten (und mit dem Elektronenmikroskop schon gar nicht), identifizieren und ihre genauen Schwingungsfrequenzen ermitteln.

Mit einem anderen Gerät, der sogenannten Rife-Maschine, war er in der Lage, nach entsprechender Diagnose genau diejenigen Frequenzen einzugeben, mit denen die betreffenden Krankheitserreger kurzfristig in Resonanz versetzt und schließlich zum Zerplatzen gebracht und damit als Störsender unwirksam gemacht werden konnten. Auch diese jahrzehntelang verschütteten Forschungen werden gerade wieder ans Tageslicht gefördert. Ob Rife die Forschungen von Lakhovsky gekannt hat, weiß ich nicht. Jedenfalls scheint mir die Wirksamkeit seiner Methoden im Lichte der Arbeiten von Lakhovsky und Reich eine plausible Erklärung zu finden.

Daß die sonst nicht sichtbaren kleinsten Mikroben durch Anregung ihrer Resonanz unter dem Mikroskop als leuchtende Gebilde sichtbar werden, könnte auf der Grundlage von Reich als Ausdruck einer Übererregung ihres bioenergetischen Feldes entsprechend dem ORANUR-Effekt gedeutet werden. Vom

ORANUR-Effekt ist im übrigen auch bekannt, daß die energetische Übererregung von Zellen deren lebendige Funktionen stören und schließlich sogar zerstören kann. Die ORANUR-Reaktion roter Blutkörperchen hat Reich auch unter dem Mikroskop beobachtet: Sie drückte sich in einem intensiver leuchtenden Strahlungsfeld aus.
Nach allem scheint übrigens eine Verbindung der Diagnose- und Behandlungsmethoden von Lakhovsky, Rife und Reich auch in den Fällen vielversprechend, wo jeweils eine einzelne dieser Methoden noch auf Grenzen stößt. Konkret heißt das: nicht nur gezielte Bekämpfung von Krankheitserregern mit der Resonanzmethode nach Rife, sondern gleichzeitig Unterstützung der Eigenschwingungen der Zellen des Organismus nach Lakhovsky und bioenergetische Aufladung mit dem Orgonakkumulator nach Reich sowie Auflockerung von Charakter- und Körperpanzer, um die verschüttete natürliche bioenergetische Selbstregulierung mehr und mehr zurückzugewinnen, und natürlich auch weitgehende Vermeidung derjenigen Einflüsse, die bioenergetische Funktionsstörungen hervorrufen. Denn die beste Heilmethode kann langfristig wenig bewirken, wenn sich der Organismus immer wieder den gleichen krankmachenden Einflüssen aussetzt oder ihnen ausgesetzt wird.

4.3.3 Lakhovskys kosmische Energie »Universion«

Ich möchte abschließend zu Lakhovsky noch auf seine Vorstellungen über eine den ganzen Raum anfüllende kosmische Lebensenergie zu sprechen kommen, die er »Universion« nannte. Lakhovsky hatte sich die Frage gestellt, woher denn eigentlich die Zellen ihre Anregung zur Eigenschwingung beziehen. Der Hinweis auf die Resonanz mit anderen Zellen gleicher Frequenz verschiebt nur das Problem, denn es bliebe die Frage, wodurch die anderen Zellen ihrerseits angeregt werden. Für jede unterschiedliche Frequenz muß es in der Natur eine Quelle geben, die die Resonanz hervorruft, das heißt insgesamt ein schwingendes Etwas, das ein ganz breites Spektrum unterschiedlicher Schwingungsfrequenzen umfaßt; ein Spektrum, aus dem sich jedes einzelne schwingende Gebilde seine spezifische Frequenz herausfiltert und sich durch sie in Resonanz versetzen lassen kann.

Mir fällt dazu wieder ein Beispiel aus der Akustik ein. Stellen wir uns ein Klavier mit seinen vielen Saiten vor, die jede für sich eine ganz bestimmte Schwingungsfrequenz aufweist. Schlägt man eine Stimmgabel mit dem Ton A an und hält sie in das Innere des Klaviers, so werden die A-Saiten in Resonanz versetzt. Brüllt man hingegen mit lauter und voller Stimme undefinierbare Laute in das Klavier hinein, so antwortet gleich eine ganze Reihe von Saiten mit Resonanz. Denn das Brüllen beinhaltet ein ganzes Gemisch unterschiedlicher Frequenzen, und jede einzelne Saite holt sich aus diesem Frequenzsalat für sich genau diejenige Schwingung heraus, durch die sie in Resonanz versetzt wird.

Die kosmische Lebensenergie soll nun nicht mit Brüllen verglichen werden, aber mit einem breiten Spektrum unterschiedlicher Schwingungen, aus dem jedes schwingende Gebilde die für seine Resonanz erforderliche Frequenz herausfiltern kann. In der Vorstellung von Lakhovsky mußte es also so etwas wie einen allgemeinen Schwingungshintergrund des Kosmos geben, und dieses den ganzen Raum füllende Medium nannte er »Universion«.

Diese Vorstellung deckt sich in vielem mit den Vorstellungen von Reich und Schauberger über die Existenz einer den ganzen Kosmos erfüllenden und bewegenden Lebensenergie, nur daß Lakhovsky noch den Aspekt von Schwingung und Resonanz hinzugefügt hat. Dies scheint mir aber nicht im Widerspruch zu

Reich und Schauberger zu stehen, sondern vielmehr das Bild von den Funktionen der Lebensenergie weiter zu vervollständigen. Dadurch eröffnet sich nicht nur ein noch tieferes Verständnis der lebendigen Naturprozesse, sondern es erschließen sich auch zusätzliche Möglichkeiten der Nutzung dieser Energie für die Heilung von Mensch und Erde.

4.3.4 Störzonen und Krankheit

Auf einen letzten Aspekt der Forschungen Lakhovskys möchte ich noch kurz zu sprechen kommen, nämlich auf den von ihm erforschten Einfluß von geopathogenen Zonen auf die Erkrankung lebender Organismen. Wenn der Raum angefüllt ist mit schwingender kosmischer Energie, dann können diese Schwingungen von bestimmten geologischen Erdschichtungen entweder reflektiert oder absorbiert werden. Werden sie reflektiert, überlagern sich die reflektierten Wellen mit den ursprünglichen Wellen, und es kommt zu sogenannten Interferenzen, das heißt Wellenüberlagerungen *(Abb. 77)*. Befinden sich lebende Organismen lange Zeit im Einwirkungsbereich solcher Interferenzen, dann kann auch dies wie ein Störsender wirken, der die Eigenschwingungen des Organismus irritiert und ihn krank macht. Unter diesem Gesichtspunkt sind die gesündesten Bodenschichten (die die Schwingungen weitgehend absorbieren) diejenigen von Sand und Kiesel. Mittlere Störzonen befinden sich über leitfähi-

Abb. 77

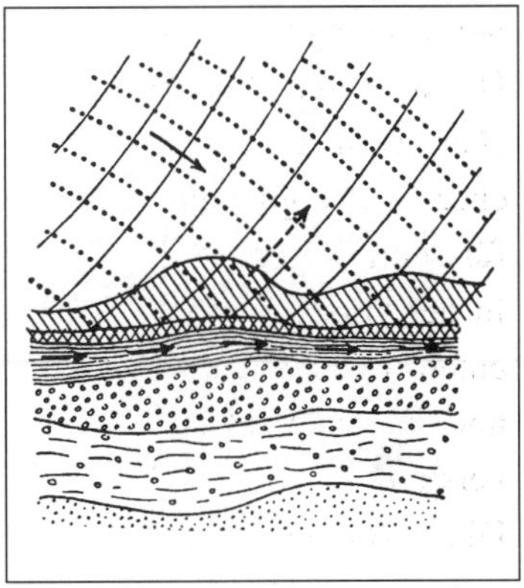

Reflexion kosmischer Schwingungen und Entstehung von Interferenzen bei bestimmten (für Wellen undurchdringlichen) Bodenschichten

gem Boden, zum Beispiel Lehm und plastischem Ton, unterschiedlich nach dem Gehalt an Wasser und mineralischen Beimengungen. Besonders starke Störzonen befinden sich über eisenhaltigem Kalk, mineralhaltigen Salzen und über Kohleflözen.

Lakhovsky hat seinerzeit für Paris unterschiedliche Bodenschichtungen danach eingeteilt, ob sie mehr oder weniger krankmachenden Einfluß ausstrahlen. Ein Abgleichen mit statistischen Daten über die regionale Verteilung von Krebserkrankungen in der Pariser Stadtbevölkerung hat seine These untermauert: In den Gebieten, deren Boden die stärksten Störzonen aufwies, gab es die größte Krebsdichte.

Diese hier nur kurz angedeuteten Forschungen bilden eine Brücke zu einem weiten Gebiet von Erfahrungen über den Zusammenhang von geopathogenen Zonen und Erkrankungen, die ebenfalls von der etablierten Wissenschaft weitgehend ignoriert werden. Die Brücke führt auf das Gebiet der sogenannten Radiästhesie,[96] wonach Menschen mit besonderem energetischen Gespür – oft unter Zuhilfenahme von Instrumenten wie Wünschelrute oder Pendel – entsprechende Störzonen aufspüren können. Gerade in Fällen, wo sich der Schlafplatz der betreffenden Person jahre- oder jahrzehntelang über einer solchen Störzone befunden hat, konnten immer wieder Zusammenhänge zwischen Störzonen und schwersten Erkrankungen nachgewiesen werden.

Besonders eindrucksvoll in diesem Zusammenhang sind die radiästhetischen Forschungen des Gustav Freiherr von Pohl.[97] Mit seiner offenbar sehr entwickelten Energiefühligkeit hat er 1929 das Gebiet der Stadt Vilsbiburg in Niederbayern ausgetestet und in Zonen mit unterschiedlich starken Störfeldern unterteilt. Eine unabhängig davon erfolgte Auswertung der offiziellen Sterberegister über Todesfälle von Krebs und deren

regionaler Verteilung zeigte einen hochsignifikanten Zusammenhang zu den geopathogenen Zonen. Auch hier dürfte die Erklärung zum Teil – was den Einfluß der Bodenbeschaffenheit anlangt – im Ansatz von Lakhovsky zu suchen sein.
Darüber hinaus ist in der Radiästhesie der Zusammenhang zwischen unterirdischen Wasseradern (insbesondere wenn sie sich kreuzen) und gesundheitsschädlichen Störzonen bekannt. Dieser Zusammenhang dürfte wiederum durch Reichs Arbeiten verständlich werden, der sich allerdings nicht näher damit beschäftigt hat. (Es gibt nur eine Veröffentlichung von Reich zum Phänomen von Wünschelruten, in der er die Entstehung eines orgonenergetischen Kontakts zwischen dem Energiefeld des Wünschelrutengängers und der Energieströmung um die Wasserader als Ursache für das Ausschlagen der Wünschelrute ansieht.[98]) Aus seinen Forschungen ist bekannt, daß Wasser und Orgonenergie sich stark anziehen. Daraus folgt, daß fließendes Wasser einen Sog von Orgonenergie erzeugt, das heißt, daß es von einem fließenden Lebensenergiefeld umgeben ist – ähnlich wie fließender elektrischer Strom von einem Magnetfeld.
Befindet sich ein lebender Organismus häufig im Einflußbereich (im wahren Sinne des Wortes) einer solchen Wasserader, wird ihm durch den Energiesog immer wieder Lebensenergie entzogen, was verständlicherweise zu schwersten bioenergetischen Störungen bis hin zu Krebs führen kann. Daß

Abb. 78

sich dieser Einfluß über sich kreuzenden Wasseradern noch verstärkt, wird verständlich aus der von Reich entdeckten Funktion der Energiewirbelbildung *(Abb. 78)* bei sich überlagernden Orgonströmen (Die kosmische Überlagerung[99]). In den Zonen,

in denen die Energie eingewirbelt wird, gerät ein darüber sich lange aufhaltender Organismus in einen verstärkten Energiesog mit krankmachenden Einflüssen.
Derartige Kenntnisse bzw. eine derartige Wahrnehmungsfähigkeit für energetisch heilende oder krankmachende Orte waren in früheren Kulturen, die sich in Kontakt mit der Lebensenergie befanden, allgemein verbreitet. Wie ich schon kurz erwähnt habe, bildeten sie die Grundlage für die Standortwahl beim Bau von Hütten und Häusern sowie für die Wahl von Kultplätzen. Auch dieses verschüttete Wissen und die entsprechenden Fähigkeiten (Feng Shui) sind im Begriff, wiederentdeckt und wiederentwickelt zu werden (in Deutschland werden diese Zusammenhänge u.a. von dem »Forschungskreis für Geobiologie« in Eberbach bei Heidelberg erforscht).

4.4 Paul Schmidt: Schwingung und Heilung

Wiederum auf ganz anderem Weg als Reich, Schauberger und Lakhovsky hat Paul Schmidt die Funktionsgesetze der Lebensenergie wiederentdeckt. Aus seinen Forschungen und Erfahrungen ergeben sich – neben manchen Gemeinsamkeiten – zusätzliche Einsichten in die Geheimnisse des Lebendigen. Ich beziehe mich im folgenden auf seine Bücher »Das Bio-Mosaik« (1983), »Krebs« (1983) sowie »Symphonie der Lebenskräfte«(1986).[100]
Paul Schmidt war ein Mensch, der sich einerseits als Ingenieur ein fundiertes Wissen über Schwingung und Resonanz angeeignet hatte, der andererseits über eine ausgeprägte Energiefühligkeit verfügte und mit Hilfe von Pendel und Wünschelrute unterschiedliche Qualitäten von Lebensenergie deutlich wahrnehmen konnte.

Einhandrute und Energiefühligkeit

Unter Verwendung einer von ihm entwickelten sogenannten »Einhandrute« (die im Unterschied zur Wünschelrute nur von einer Hand gehalten wird) hat er unter anderem ausgetestet, wie diese Rute auf energetische Abstrahlung von Menschen reagiert. Die Schmidtsche Einhandrute, die er »Rayotest« nannte, besteht aus einem Metallrohr, aus dem ein zunächst gerader und am Ende spiralförmig gewundener Draht herausführt *(Abb. 79)*. Zum Austesten wird sie waagerecht gehalten und mit ihrem spiralförmigen Ende auf bestimmte Körperbereiche der getesteten Person ausgerichtet.

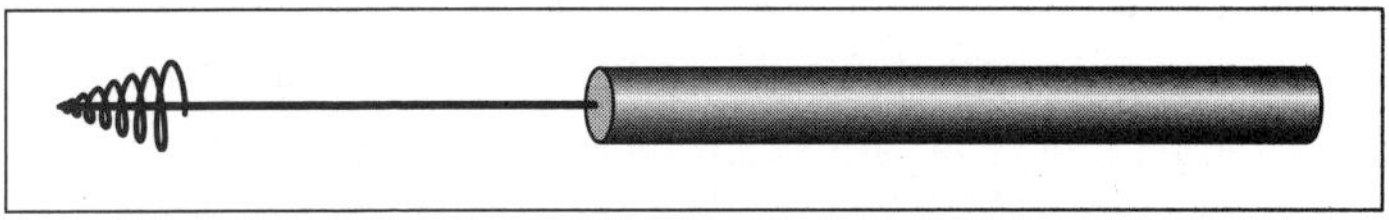

Abb. 79

Dabei reagierte das Ende der Rute mit mehr oder weniger großen kreisförmigen Bewegungen, manchmal (von ihm aus gesehen) rechts drehend, manchmal links drehend. Mit allmählicher Veränderung der Entfernung zur getesteten Person ging diese Bewegung in Spiralbewegungen über, deren Amplitude irgendwann ein Maximum erreichte und dann wieder geringer wurde, bis die Rute bei einer bestimmten Entfernung zum Stillstand kam. Wurde die Entfernung weiter vergrößert, dann begann eine Spiralbewegung in die andere Richtung, deren Ausschlag wellenartig anstieg und schließlich wieder auf Null absank *(Abb. 80)*. Wie aus der Akustik bei Schwingungen von

Abb. 80

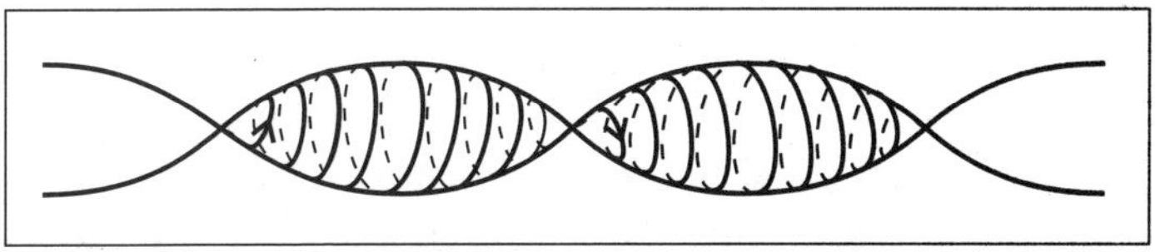

bestimmten Tönen bekannt, so ergab sich auch hier das Bild einer doppelten Spindel, die die doppelte Spiralbewegung umhüllte. Von der Seite und im Querschnitt betrachtet ergibt sich daraus das Bild einer Welle – mit einer bestimmten Wellenlänge und einer bestimmten Amplitude.

Energetische Ausstrahlung und Diagnose

Schmidt konnte nun beobachten, daß sich das Bild dieser Welle bei der gleichen Person veränderte, wenn sich deren emotionaler Ausdruck (z.B. der Augen) veränderte, aber auch dann, wenn die Rute auf jeweils andere Bereiche des Körpers ausgerichtet wurde. Darüber hinaus waren die Wellen gleicher Körperbereiche von Person zu Person unterschiedlich. Wenn sich bei einer Person für einen bestimmten Körperbereich kaum oder nur wenig Ausschlag ergab, so wertete Schmidt dies als Ausdruck dafür, daß dieser Bereich in seiner Schwingungsfähigkeit gestört und entsprechend bioenergetisch krank war. Auf diese Weise konnten auch funktionelle Störungen aufgespürt werden, die sich nicht (oder noch nicht) in entsprechenden organischen Veränderungen niedergeschlagen hatten und sich folglich mit schulmedizinischen Methoden auch nicht diagnostizieren ließen, unter denen die Person aber gleichwohl zu leiden hatte.

Die Erfahrungen von Schmidt erinnern in vielem an die Forschungen von Reich einerseits und Lakhovsky andererseits (auf die Schmidt mit großem Erstaunen erst stieß, nachdem er den eigenen Weg seiner Entdeckungen gegangen war). Seine Testmethode machte es bei Vorhandensein des entsprechenden energetischen Gespürs möglich, Bereiche von mehr oder weniger gestörter Resonanzfähigkeit der Zellen aufzuspüren, die dem entsprechen, was Reich als Segmente bioenergetischer (körperlicher und emotionaler) Panzerungen bezeichnet hatte

– und nicht nur aufzuspüren, sondern auch nach außen sichtbar werden zu lassen in den Veränderungen der Wellenbilder bzw. Doppelspiralen, mit denen die Einhandrute auf die betreffenden Körperbereiche reagierte.

Bioenergiesender, Resonanz und Heilung

Ein nächster Schritt seiner Forschungen bestand für Schmidt darin, einen Bioenergiesender zu entwickeln, der in der Lage ist, aus dem breiten Spektrum unterschiedlicher Schwingungsfrequenzen kosmischer Lebensenergie genau eine bestimmte Schwingung herauszufiltern und gerichtet abzustrahlen. Wie Schmidt auf diese Konstruktion gekommen ist, ist mir nicht bekannt. In seinen Büchern gibt er auch keine technischen Details dieses Geräts an, aber dessen Grundprinzip läßt sich dennoch seiner Bauweise entnehmen. Es handelt sich um ein Gerät, das seine Energie weder aus einer Batterie noch aus der Steckdose bezieht, auch nicht aus Solarzellen.

Nach den Gesetzen der Schulphysik dürfte es eigentlich gar nicht funktionieren. Derartiges ist uns aber schon hinreichend vertraut vom Reichschen Orgonakkumulator, dessen Bauprinzip so unglaublich einfach ist, daß man von ihm auch keine Wirkungen erwartet, und schon gar nicht derart tiefgreifende, die die bioenergetischen Grundfunktionen des lebenden Organismus beeinflussen und sie tendenziell wiederbeleben können.

Auch die Bauweise des Schmidtschen Bioenergiesenders scheint ganz einfach zu sein: Es handelt sich im Prinzip um nichts anderes als um zwei kreisförmige Plastikscheiben, in die jeweils parallel angeordnete Metallstäbe eingelassen sind. Beide Scheiben werden dann aufeinandergelegt und so gelagert, daß sie gegeneinander drehbar sind. Auf diese Weise geraten die Metallstäbe der beiden Scheiben in einen bestimmten Winkel zueinander,

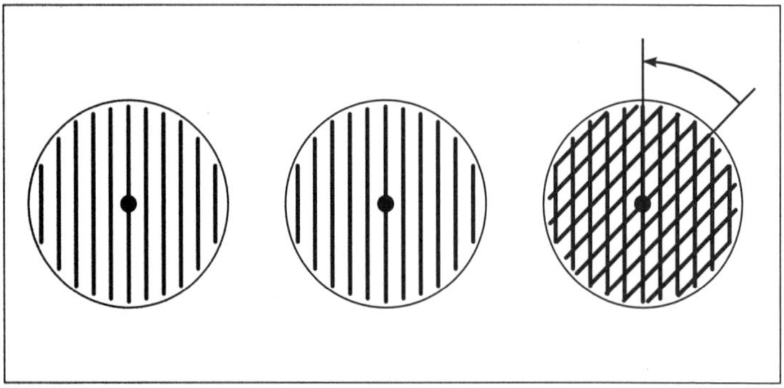

Abb. 81

der durch Drehung der Scheiben um die gleiche Achse beliebig verändert werden kann – zwischen 0° und 180°. (Schmidt unterteilt die Skala in Raten von 0 bis 100). Die Wirkung dieses Gerätes ist dann am größten, wenn die Scheiben waagerecht gelagert werden, und sie geht gegen Null bei senkrechter Ausrichtung *(Abb.81)*.

Die drehbaren Scheiben sind ihrerseits noch umbaut von einem Plastikgehäuse, an dessen einer innerer Wand sich ein Spiegel befindet, der wohl dazu dient, die herausgefilterten Schwingungen in eine bestimmte Richtung abzustrahlen.

Schmidt hat diesen Bioenergiesender (er nennt ihn »Sanotron«)

Abb. 82

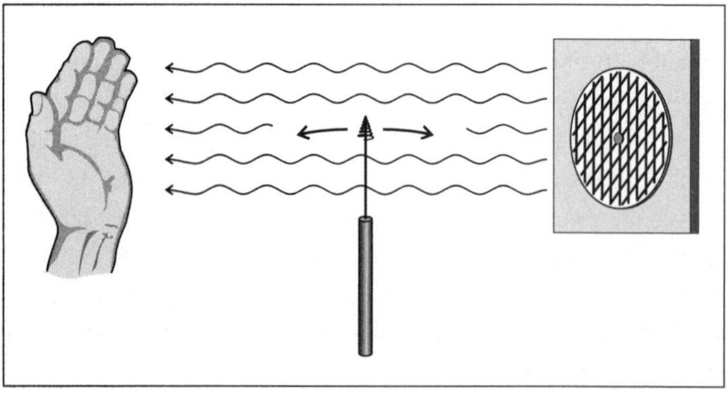

auf die geöffnete Hand einer Versuchsperson ausgerichtet und zwischen den Sender und die Hand das Ende seiner Einhandrute gehalten *(Abb. 82)*. Bei bestimmten eingestellten Schwingungsraten kam es zu einem heftigen waagerechten Hinundherpendeln der Rute, bei anderen Schwingungsraten hingegen gab es keinen Ausschlag. Die jeweiligen Ausschläge waren für ihn Anhaltspunkt für bioenergetische Störungen ganz bestimmter Organe bzw. Körperfunktionen.

Im Laufe der Zeit entwickelte er ein ganzes System der Zuordnung bestimmter Schwingungsraten zu bestimmten Organen und Körperfunktionen, wonach jedem menschlichen Organ eine ganz spezifische Schwingungsrate zwischen 1 und 100 entsprach. War die bioenergetische Funktion dieses Organs gestört, so kam es bei Anwendung seiner Testmethode genau bei der entsprechenden Rate zu einem Ausschlag. Ließ er den Bioenergiesender für längere Zeit, etwa für 1 bis 1 ½ Stunden, auf die Hand der betreffenden Person einstrahlen, so kam es danach zu keinem Ausschlag mehr, das heißt, es ließ sich keine bioenergetische Störung mehr nachweisen. Die vorher vorhandene Störung schien durch die Einstrahlung mit der genau darauf abgestimmten Schwingungsrate neutralisiert zu sein. Der Organismus der behandelten Person schien in bezug auf das betreffende Symptom bzw. die zugrundeliegende bioenergetische Ursache geheilt zu sein.

Neben den einheitlichen Schwingungsfrequenzen der Zellen des menschlichen Organismus schienen die einzelnen Zellen bzw. Zellgewebe und Organe noch über jeweils spezifische Frequenzen zu verfügen, auf denen sie schwingen und über die die zugehörigen Zellen sich untereinander in Resonanz befinden. Einerseits ist ein einzelnes Organ also Teil eines größeren Ganzen, Teil des Gesamtorganismus, und als solches mit allen anderen Teilen und mit dem Gesamtsystem in der gemeinsa-

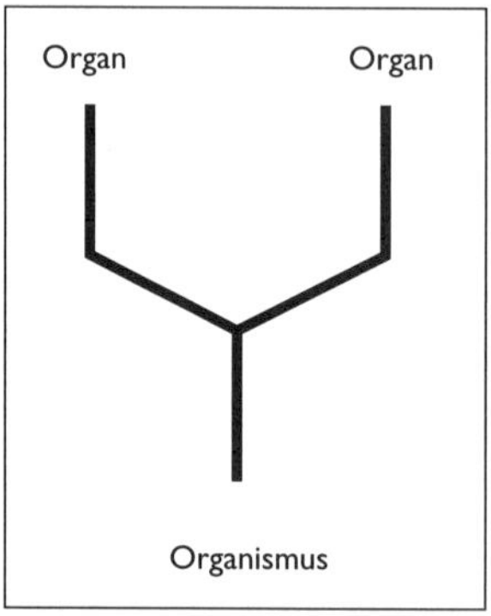

Abb. 83a

men Schwingungsrate verbunden, deren Quelle Lakhovsky in den Schwingkreisen der Chromosomen entdeckt hatte. Andererseits und darüber hinaus haben jedes Organ und alle die ihm zugehörigen Zellen eine spezifische Schwingungsrate, die sie unterscheiden von den Schwingungsraten aller anderen Organe.

Dieses Prinzip erinnert an das, was Reich als »funktionelle Identität bei gleichzeitigen Unterschieden« bezeichnet und als Grundfunktion des Lebendigen entdeckt hatte. Es läßt sich schematisch wie in *Abb. 83a* darstellen. Ein solches System ist nach oben und nach unten hin offen *(Abb. 83b)*. Das heißt, es kann sich beliebig weiter verästeln: Das Organ besteht aus einzelnen Zellen, diese wiederum aus einzelnen Zellteilen (Kern und Plasma), der Zellkern wiederum aus Chromosomen, diese aus den Genen, bestimmten Molekularstrukturen, die sich ihrerseits wieder aus bestimmten Atomen zusammensetzen, welche aus sogenannten Elementarteilchen gebildet werden usw.

Abb. 83b

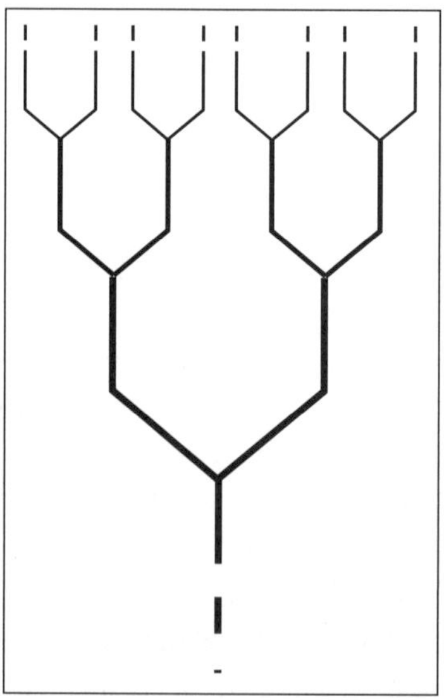

Auf der anderen Seite ist der einzelne menschliche Organismus wiederum nur Teil der menschlichen Gesellschaft, neben der es andere biologische Arten und Populationen gibt, die alle zusammen wiederum nur Teile eines noch größeren Organismus sind, des lebendigen Organismus Erde. Und die Erde ist nur ein Teil des Sonnensystems, und dieses wiederum ein Teil des Milchstraßensystems, neben dem es wiederumandere Galaxien im Weltall gibt, die zu bestimmten größeren Einheiten zusammengefaßt werden können usw.

Die Natur, das Universum, scheint wie ein ganzheitliches System von Schwingungen zu funktionieren. Jedes einzelne Teil unterscheidet sich in seinen individuellen Schwingungen von anderen einzelnen Teilen und ist doch gleichzeitig mit allen anderen in mehr oder weniger direkter Weise, in einem unterschiedlichen Grad von Tiefe in gemeinsamen Schwingungen verbunden. Alle Schwingungen zusammen scheinen von Natur aus in einer Art kosmischer Harmonie zu sein, vergleichbar mit den Klängen einzelner Instrumente eines Orchesters, die sich zwar voneinander unterscheiden, aber dennoch alle durch das Gesamtsystem der Partitur in harmonischer Weise miteinander verbunden sind.

Je mehr Paul Schmidt in die Geheimnisse der Schwingungen lebender Systeme eindrang, um so mehr kam auch ihm die Analogie zur Musik. Eines seiner Bücher trägt den Titel »Symphonie der Lebenskräfte«. Ein gesunder lebendiger Organismus schwingt in den gemeinsamen wie in den unterschiedlichen Schwingungsraten der einzelnen Organe und Zellen wie die Instrumente eines großen Orchesters. Werden ihre Schwingungen gestört, so entsteht Mißklang, »Verstimmung«, Krankheit. Werden die verschiedenen Instrumente, die nicht mehr richtig schwingenden Teile des Gesamtorganismus, durch Wiederherstellung entsprechender Resonanz wieder richtig gestimmt und in ihre natürliche Schwingung und Harmonie gebracht, so kann auf diese Weise der Organismus von Krankheit geheilt werden. Schmidt hat hierzu ein differenziertes System bioenergetischer

Resonanztherapie entwickelt, und die Behandlungserfolge bei unterschiedlichsten Krankheiten scheinen verblüffend zu sein.

Die Welt ist Klang bzw. Schwingung

»Nada Brahma – Die Welt ist Klang« lautet der Titel eines Buches von Joachim Ernst Berendt, der auf ganz anderem Wege, nämlich über die Musik, zu gleichen Einsichten über die Bedeutung von Schwingung, Resonanz und Harmonie in allen Bereichen der Natur, in allen Dimensionen des Kosmos gekommen ist. Man kann Schwingungen jeder Art in entsprechende Tonfrequenzen übersetzen und für das menschliche Ohr hörbar machen. Wenn die Schwingungen der Natur außerhalb des für Menschen hörbaren Frequenzbereiches liegen, braucht man sie nur um einige Oktaven nach oben bzw. nach unten zu verschieben, und sie werden auf diese Weise hörbar.

So lassen sich zum Beispiel die Schwingungen der Planeten in ihrem Umlauf um die Sonne entsprechend vertonen, von denen jeder seinen spezifischen Charakter hat und unterschiedliche Resonanz und Emotion im Menschen anregt. Auf einer Kassette, die dem obengenannten Buch beiliegt, sind die Töne der Planeten einzeln und auch zusammen zu hören, und viele Menschen werden beim Hören dieser Klänge emotional tief von der Harmonie des Kosmos berührt.

»Die Welt ist Klang« ist natürlich eine einseitige Sichtweise, geprägt von dem Hintergrund eines Musikkenners. Richtiger müßte es heißen: »Die Welt ist Schwingung«, und Schwingung jeder Art läßt sich entsprechend umsetzen in Töne. Töne sind nur eine Erscheinungsform des viel umfassenderen Phänomens von Schwingungen.

Gemeinsames Funktionsprinzip der Resonanztherapien

Paul Schmidt hat in seinen Forschungen ebenfalls mit Tönen gearbeitet und sie in Beziehung zu seinen Bioenergiesendern gesetzt. So hat er eine bestimmte Stimmgabel angeschlagen und in Schwingung versetzt, und aus einiger Entfernung hat er seinen Biofrequenzsender auf die Stimmgabel ausgerichtet. Dazwischen wurde wiederum die Einhandrute gehalten. Dann hat er langsam die Schwingungsraten des Senders entlang der Skala zwischen 0 und 100 verändert, und nur bei einer einzigen Schwingungsrate entstand ein Pendelausschlag der Rute *(Abb.84)*.

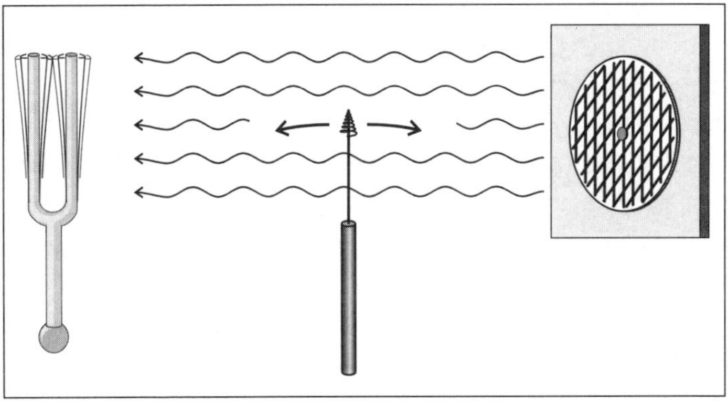

Abb. 84

Bei anderen Stimmgabeln mit anderen Tönen ergaben sich entsprechend andere zugeordnete Schwingungsraten des Senders. Jedem einzelnen Ton entsprach eine ganz bestimmte bioenergetische Schwingungsrate. Und jeder Schwingungsrate entsprach andererseits ein ganz bestimmtes Organ oder eine ganz bestimmte Funktion im menschlichen Organismus. Daraus wurde unmittelbar verständlich, warum bestimmte Töne auf ganz bestimmte kranke Organe heilend wirken können, und andere Töne auf andere Organe. Die Wirkungen der Klangtherapie, der

Therapie mit Tönen, fanden auf diese Weise eine bioenergetische Erklärung.
Es deutete sich an, daß schwingende Gebilde gleich welcher Art miteinander in Resonanz treten können, wenn die ihnen entsprechenden bioenergetischen Schwingungen gleich sind. Also testete Paul Schmidt auch die verschiedenen reinen Spektralfarben durch (wie sie im Regenbogen vorkommen), bei denen jede einzelne Farbe eine wohldefinierte Frequenz elektromagnetischer Schwingungen besitzt. Auch hier fand er für jede Farbe eine und nur eine entsprechende bioenergetische Schwingung, bei der die Rute ausschlug. Mischfarben ergaben folglich Ausschläge bei mehreren Schwingungsraten. Hierdurch wurde verständlich, warum bestimmte Farben heilend auf jeweils bestimmte Organe einwirken können. Die Wirkungen der Farbtherapie wurden auf diese Weise auf der Grundlage bioenergetischer Schwingung und Resonanz erklärlich.
Das gleiche trifft zu für Edelsteine, die sich von anderen Steinen dadurch unterscheiden, daß sie eine reine Schwingungsfrequenz und eine eindeutige entsprechende bioenergetische Schwingungsrate besitzen. Auf diese Weise löst sich das Rätsel der Edelsteintherapie, daß wiederum ganz bestimmte Steine heilend auf ganz bestimmte Organe und Körperfunktionen einwirken können.
Auch Edelmetalle haben bestimmte Schwingungsraten, so daß auch deren Wirkung verständlich wurde. Die Erkenntnisse über die Schwingungsraten von Edelsteinen und Edelmetallen zusammengenommen lassen wiederum die bioenergetische Wirkung von Schmuck verständlich werden, wobei anzunehmen ist, daß diese Kenntnisse in früheren lebensenergetischen Kulturen viel bewußter und auch gezielter für Heilzwecke eingesetzt wurden als heute.
Auch Düfte wurden auf ihre besonderen Schwingungsraten

hin untersucht, wobei zu unterscheiden ist zwischen den reinen Schwingungen bestimmter Essenzen ätherischer Öle und bestimmten Duftmischungen oder unreinen Schwingungen. Also fanden auch die Erfahrungen der Aromatherapie eine bioenergetische Erklärung.

Und schließlich hat Paul Schmidt auch noch homöopathische Mittel mit seinen Methoden getestet und konnte ihnen jeweils bestimmte Schwingungsraten zuordnen, so daß auch deren ganz spezifische Wirkungen bioenergetisch auf der Grundlage von Schwingung und Resonanz interpretiert werden konnten. Das Austesten von anderen Medikamenten ergab meist nicht nur eine einzige entsprechende Schwingungsrate, sondern eine ganze Mischung unterschiedlicher Raten, woraus erhellte, warum deren Einnahme neben der angestrebten Hauptwirkung alle möglichen unerwünschten Nebenwirkungen erzeugen kann.

Betrachten wir noch einmal alle genannten schwingende Gebilde im Zusammenhang, so läßt sich feststellen, daß sie alle – wenn auch auf unterschiedliche Art – auf die gleiche gemeinsame tiefere Ebene, nämlich auf das sie verbindende gemeinsame Funktionsprinzip bioenergetischer Schwingungen einwirken *(Abb. 85)*. Indem jede beliebige Schwingung, sei es als Ton oder Farbe, als Kristall oder Duft usw., eine ihr entsprechende bioenergetische Schwingung anregt, ist sie in der Lage, lebende Zellen oder Organe in Resonanz zu versetzen und ihre vorher gestörte Resonanzfähigkeit auf diese Weise wiederherzustellen. Darin liegt letztlich die heilende Wirkung all dieser Schwingungen und der sie nutzenden Therapien begründet. Richtig angewendet, können sie alle das gleiche bewirken: den in seiner natürlichen Schwingungsmöglichkeit gestörten und daran krank gewordenen Organismus wieder in seine natürliche Harmonie und in die darauf beruhende natürliche Selbstregulierung zurückbringen. Akupunktur und Orgontherapie scheinen

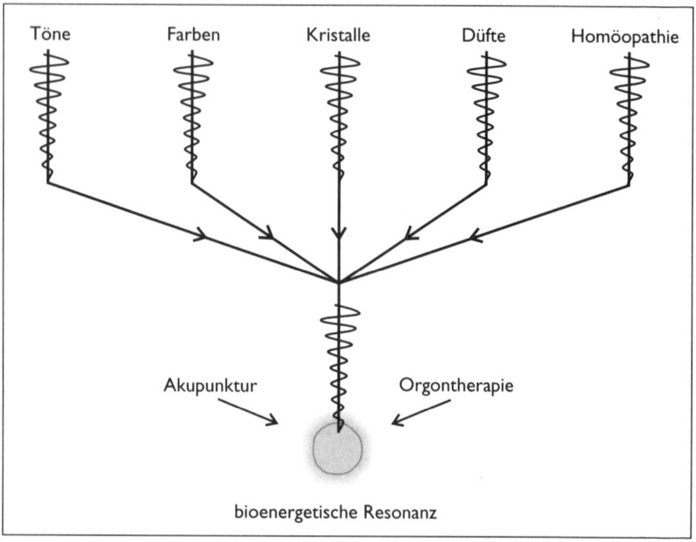

Abb. 85

demgegenüber direkt auf das Energiesystem eines Organismus einzuwirken.

Aus diesen Forschungen wird übrigens deutlich, daß die stofflichen Substanzen der Medikamente letztendlich auf einer bioenergetischen Schwingungsebene wirken, das heißt ihr jeweils spezifisches Schwingungsmuster mit sich tragen und aussenden. Anstatt – wie heute noch üblich – von der energetisch wirkenden Medizin den Nachweis von Wirkstoffen für die Zulassung als Medikament zu fordern, müßte die Beweislast umgekehrt werden: Die Pharmaindustrie müßte nachweisen und angeben, welche bioenergetischen Schwingungsraten von ihren Präparaten ausgehen. An die Stelle des Nachweises von Wirkstoffen müßte demnach der Nachweis von Wirkenergien und ihrer spezifischen Schwingungen im Verhältnis zu den Eigenschwingungen des Organismus und seiner Teile treten.

Zur Abstrahlung bestimmter Schwingungsfrequenzen hat Paul Schmidt auch kleine Doppelscheiben (etwas größer als ein Fünfmarkstück) entwickelt, deren Metallstäbe auf einen bestimmten Winkel hin ausgerichtet und damit auf eine bestimmte Frequenz eingestellt sind. Sie lassen sich an einer Halskette oder an einem Armband tragen und geben der betreffenden Person die auf sie abgestimmte Schwingungsrate ein. Sie wirken auf diese Weise wie die entsprechenden Töne, Farben, Kristalle, Edelmetalle, Düfte oder homöopathischen Mittel mit der gleichen Schwingungsrate.

Darüber hinaus hat er herausgefunden, daß das individuelle Schwingungsmuster einer Person (bzw. ihrer bioenergetischen Störungen) von einer Aluminiumfolie als Information aufgenommen und gespeichert werden kann, wenn die Schwingungen längere Zeit auf die Folie einwirken (indem z. B. die Hand auf die Folie gelegt wird). Dieser Zusammenhang scheint in gewisser Weise vergleichbar zu sein mit dem Einwirken von Lichtstrahlen auf eine Fotoplatte oder einen Film. Bei ganz schwachem Licht und unempfindlichem Film braucht es auch eine längere Belichtungszeit, bis der Film die Informationen aufnimmt. Mit der beschriebenen Methode konnte Schmidt auch eine Diagnose der gestörten Schwingungen einer Person durchführen, ohne die Person selbst durchzutesten, allein indem er die ihm zugesandte Aluminiumfolie und die darauf gespeicherten Schwingungsmuster und Störungen austestete.

Vieles in diesem Zusammenhang erinnert an die Eingabe von Informationen in einen Computer und deren Speicherung auf einer Diskette. Die auf der Diskette gespeicherten Daten können jederzeit und an jedem Ort mit einem kompatiblen Computer abgerufen werden. Der Unterschied zur Übertragung und Speicherung bioenergetischer Schwingungen liegt darin, daß hierzu keine elektrische Stromquelle erforderlich ist und die Informationen nicht auf der Grundlage von Elektronen, sondern auf der Ebene reiner, nicht-materieller Schwingungen übertragen und gespeichert werden. Sie scheinen ihren »Stempelabdruck« nicht in der materiellen Struktur des Informationsträgers, sondern in der Schwingungsstruktur seines Energiefeldes zu hinterlassen. Bestimmte Stoffe, beispielsweise Aluminiumfolie und kleinste Quarzkristalle (Quarzmehl), scheinen als Informationsträger besser geeignet zu sein als andere.

4.5 Roland Plocher: Bioenergetische Heilung kranker Gewässer und Böden

4.5.1 Wunderheilungen kranker Seen

Auf den bisher entwickelten Grundlagen wird auch die Wirksamkeit einer Methode verständlich, die seit 1993 in kurzer Zeit viel Aufsehen erregt und großes öffentliches Interesse gefunden hat: das sogenannte »Plocher-Energiesystem« zur Heilung kranker Gewässer und Böden. Eine Fernsehdokumentation über seine Arbeit mit dem Titel »Wenn der Wassermann kommt«, gesendet zur besten Sendezeit im ZDF, hat Millionen von Zuschauern erreicht und das Interesse an seinen Methoden rasant anwachsen lassen. Am 16. Mai 1995 gab es einen zweiten ZDF-Dokumentarfilm des Filmemachers Niko Remus über Plocher mit dem Titel »Wassermann – und was dann?«.

Einerseits scheint die Anwendung des Plocher-Energiesystems immer wieder unbestreitbare spektakuläre Erfolge zu erzielen, andererseits steht die etablierte Wissenschaft völlig ratlos da, was die Erklärung der zugrundeliegenden Zusammenhänge anlangt.

Dadurch, daß Plocher seine Methoden auf kranke Gewässer und Böden anwendet und nicht auf Menschen, entfällt auch der sonst immer wieder gebrachte Einwand, die Erfolge seien nur Resultate von Einbildung, Suggestion oder Placebo-Effekt. Daß sich das Wasser oder der Boden etwas einbilden können, wird allen Ernstes doch von niemandem behauptet. Wenn aber dennoch unglaubliche Heilungen eintreten, die von den bekannten Technologien nicht annähernd bewirkt werden können, macht sich unter den etablierten Wissenschaftlern und den sich daran orientierenden Leuten Verunsicherung breit. Eine in solchen Fällen immer wieder zu beobachtende Reaktion ist das Ignorieren derartiger Phänomene, die das eigene Weltbild erschüttern; eine andere ist die Ausgrenzung des Forschers, der mit seinen Entdeckungen die Verunsicherung bewirkt. Beides hat Plocher am eigenen Leibe erfahren.

Jahrelang hat man seine Forschungen überhaupt nicht beachtet. Während er als Deutscher in der Schweiz wohnte, hatte er die Behörden offiziell um Genehmigung gefragt, ob er einzelne der biologisch umgekippten und absterbenden Seen mit seinen Methoden der Wiederbelebung von Gewässern behandeln dürfe. Er bekam dazu eine offizielle Genehmigung. Nach einigen Wochen oder Monaten der Anwendung seiner Methoden begannen die bis dahin toten Seen aufzuklaren, die Veralgung ging zurück und verschwand schließlich vollständig, und das vielfältige Leben kehrte wieder in die Seen zurück. Wo vorher keine Fische mehr lebten und neu eingebrachte Fische nach kurzer Zeit jämmerlich verendeten, entwickelte sich wieder ein großer Fischreichtum.

Auch die vorher vorhandene Übersäuerung des Wassers bildete sich zurück. Die Veränderungen erschienen vielen wie ein Wunder.

Als die örtlichen Medien über diese »Wunder« zu berichten begannen und ein wachsendes Interesse an den Plocherschen Methoden entstand, wurde ihm nicht etwa die Ehrenbürgerschaft verliehen, sondern er wurde samt seiner Familie kurzerhand von der Polizei abgeführt und über die Grenze nach Deutsch-

land abgeschoben: »Ausgrenzung« im wahren Sinne des Wortes! Ihm wurde unbefristet die Wiedereinreise in die Schweiz untersagt, und außerdem nahm man ihm das Geld für seine Abschiebung gleich aus seinem Portemonnaie, ohne ihm dafür eine Quittung auszustellen.
Plocher hat daraufhin seine Arbeit in Deutschland wiederaufgenommen und erfolgreich fortgesetzt. Mittlerweile wissen so viele Menschen um die unglaubliche Wirksamkeit seiner Methoden, daß es wohl nicht mehr so leicht sein wird, ihm das nutzbringende Handwerk zu legen und die entsprechenden Möglichkeiten der Heilung kranker Umwelt wieder kaputtzumachen. Das Wissen um die Plochersche Methode breitet sich wie ein Lauffeuer aus, und es sieht so aus, als könnten die etablierte Wissenschaft, Technologie und Politik dies nicht mehr aufhalten. Inzwischen arbeiten bereits weltweit rund 40000 Anwender mit diesen Verfahren.
Vor allem eine wachsende Zahl von Bauern hat ein in erster Linie ökonomisches Interesse an diesen Methoden, weil von einer Wiedergesundung ihrer Böden, der darauf wachsenden Pflanzen und der darauf lebenden Tiere ganz entscheidend ihre wirtschaftliche Existenzgrundlage abhängt. Weniger begeistert von der Ausbreitung dieser Methoden dürfte hingegen die chemische Industrie sein, wenn ihr Absatz von Kunstdünger und Pflanzenschutzmitteln entsprechend zurückgeht, und ebenso die pharmazeutische Industrie, wenn die auf gesunden Böden lebenden Tiere weniger Medikamente verbrauchen.

Das Plocher-Energiesystem[101]

Woraus besteht nun das »Plocher-Energiesystem«? Plocher läßt aus patentrechtlichen Gründen – bis zur eventuellen Genehmigung eines Patentes – die Details seiner Erfindung geheim, aber er macht öffentlich Andeutungen darüber, auf welchen Grundlagen er seine Erfindung aufgebaut hat. Er selbst betrachtet sich übrigens nicht als Erfinder, sondern als »Finder«. Dabei verweist er auf Reich, Schauberger und Nikola Tesla.

Energieverdichtung und Informationsübertragung

Plocher verwendet eine Apparatur, die kosmische Energie verdichtet und sie in konzentrierter Form durch Sauerstoff hindurchstrahlt. Dabei soll sich die Energie mit Informationen des Sauerstoffs aufladen und diese weiterstrahlen auf eine Informationsträgersubstanz, zum Beispiel auf Aluminiumfolie oder auf Quarzmehl *(Abb. 86)*.

Einzelheiten seiner Konstruktion bzw. seines Verfahrens sind bis heute Betriebsgeheimnis.

Das Kernstück des Systems scheint ein sehr starker, nach einer Seite hin offener Orgonakkumulator zu sein, aus dem die konzentrierte Orgonenergie von oben nach unten in Richtung zweier waagerechter Glasplatten gestrahlt wird. Zwischen diese Glasplatten wird Sauerstoff aus einer Sauerstoffflasche gebracht, und unter den Glasplatten befindet sich ebenfalls waagerecht ein Quadrat von Aluminiumfolie (oder eine mit Quarzmehl bedeckte Fläche). Sind erstmal die Informationen des Sauerstoffs (oder anderer Stoffe) auf der Aluminiumfolie gespeichert, so kann diese Folie anstelle der (mit Sauerstoff gefüllten) Glasplatten verwendet werden. Auf diese Weise läßt sich die einmal erstellte »informierte« Folie offenbar beliebig oft kopieren, oder ihre Informationen werden auf eine andere Trägersubstanz (Quarzmehl) übertragen.

Vieles erinnert rein äußerlich an das Prinzip eines Dia-Projektors oder eher an das eines Vergrößerungsapparats im Fotolabor.

Da ist zunächst eine Energiequelle (beim Vergrößerungsapparat die Lampe), und die davon ausgesendete und gerichtete Energie (das Licht) wird durch ein Filmnegativ gestrahlt, wodurch die

Abb. 86

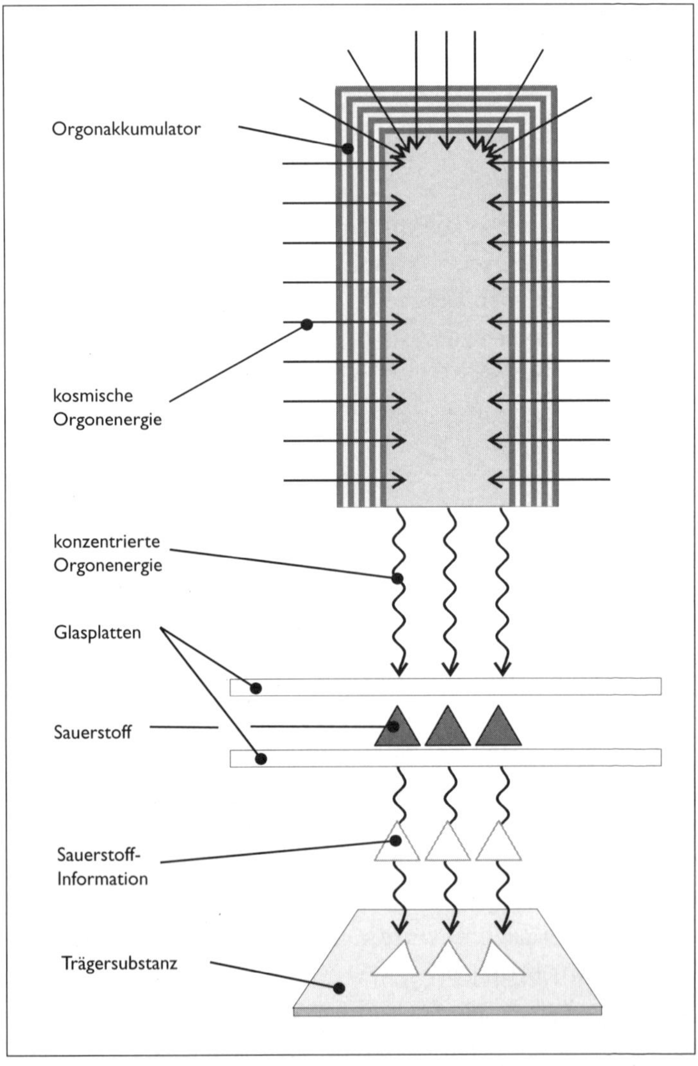

Informationen des Negativs aufgenommen und auf das Fotopapier projiziert werden. Vom Fotopapier wiederum wird die Information gespeichert. Nach Entwicklung des Fotopapiers ist der Originalfilm kopiert und vergrößert.
Der Unterschied zwischen Projektor und Plocher-System liegt darin, daß es sich bei letzterem nicht um Licht, sondern um konzentrierte kosmische Lebensenergie handelt, und bei den Informationen des Sauerstoffs nicht um ein bestimmtes Muster von Lichtwellen, sondern von Energieschwingungen, die den Sauerstoff (bzw. andere Stoffe) umgeben und von ihm ausgehen. Und schließlich handelt es sich bei dem Informationsträger nicht um Fotopapier und nicht um chemische Umwandlungsprozesse in der Fotoschicht, sondern um Aluminium bzw. Quarzmehl. Sie scheinen in der Lage zu sein, die durch konzentrierte Orgonenergie verstärkt eingestrahlte Sauerstoffinformation zu speichern, das heißt in ihr eigenes Schwingungsmuster einprägen zu lassen. Plocher spricht in diesem Zusammenhang auch davon, daß die Sauerstoffinformation der Schwingung des Informationsträgers »aufmoduliert« würde, was wiederum sehr an die oben (S. 217 f.) erwähnte Schmidtsche Methode der Speicherung bioenergetischer Schwingungsmuster auf Aluminiumfolie erinnert.

Gespeicherte Information und energetische Abstrahlung

Was hat nun dies alles mit der Heilung von Gewässern und Böden zu tun? Plocher hat die mit der Sauerstoffinformation aufgeladene Alufolie zusammen mit Glaswolle in ein Plastikrohr von etwa einem halben Meter Länge eingerollt, das Rohr mit Deckel und Boden verschweißt und in einen biologisch umgekippten See versenkt.

Allein dadurch begann ein allmählicher Prozeß der Heilung des kranken Gewässers, mit den Auswirkungen, die ich weiter oben schon kurz beschrieben habe. Die Frage ist natürlich: Wie kann man sich diese unglaublichen Wirkungen der Wiederbelebung, der Wiederaufklarung und Selbstreinigung kranker Seen erklären? Plocher erklärt es damit, daß von dem Informationsträger die ihm aufmodulierte Information ständig in Form bestimmter Schwingungen an die Umgebung abgegeben würde.
Handelt es sich um das Schwingungsmuster des Sauerstoffs, so ist die Wirkung die gleiche, als wenn der See ständig mit Sauerstoff beatmet würde – eine Methode, die ungleich viel kostspieliger und auf Dauer gar nicht finanzierbar wäre. Darüber hinaus hätten die ausgesendeten Informationen die Eigenschaft, sich dem Schwingungsmuster des Wassers aufzuprägen, sich von dort aus wie in einer positiven Kettenreaktion immer weiter auszubreiten und schließlich das Wasser des ganzen Sees zu erfassen. Zur Wiederbelebung größerer Seen sind allerdings mehrere solcher Röhren erforderlich.

Plocher und Reich

Die allmähliche weiträumige Ausbreitung der energetischen Wiederbelebung erinnert in vielem an die Wirkung des Reichschen Cloudbusters in der Atmosphäre. Hier wie da sind es jeweils nur geringe energetische Stimulierungen, die offensichtlich das Energiefeld zu Schwingungen anregen, die sich von selbst bis zu einem gewissen Grad immer weiter ausbreiten – mit den jeweils unglaublichen Wirkungen der Aufklarung und Wiederbelebung, das heißt der Rückgewinnung natürlicher Selbstregulierung.
Die Unterschiede liegen darin, daß der Cloudbuster mit einer allgemeinen energetischen Stimulierung und mit einer An-

regung der energetischen Fließbewegungen der Atmosphäre arbeitet, während das Plocher-System spezifische energetische Schwingungsmuster einbringt und aussendet. Eine spezifische Anwendung des Reichschen Cloudbusters, auf die ich an anderer Stelle näher eingegangen bin,[102] kommt der Anwendung der Plocher-Methode allerdings sehr nahe. Ich meine seine sogenannte ORUR-Methode, die er bei seinen Wetterexperimenten in der Wüste in Arizona eingesetzt hatte.

Hierbei handelte es sich darum, daß er das eine Milligramm Radium, das er vorher über Monate immer wieder der hochkonzentrierten Orgonenergie ausgesetzt hatte (wodurch der ORANUR-Effekt entstanden war), jeweils nur für wenige Sekunden mit dem Cloudbuster in Berührung brachte. Allein dadurch wurden in einer vorher trüben Atmosphäre unmittelbar heftige Reaktionen der Aufklarung und der spontanen Bildung weißer, gut strukturierter Wolken hervorgerufen. Vermutlich hatte sich das Schwingungsmuster des ORUR-Materials auf diese Weise auf den Cloudbuster übertragen und war von ihm verstärkt an die Atmosphäre weitergegeben worden, mit einer ähnlich positiven, nur noch viel schneller wirkenden Kettenreaktion der energetischen Wiederbelebung bei der Plocher-Methode in den behandelten Gewässern.

Wenn sich übrigens infolge des ORANUR-Experiments die radioaktive Substanz Radium in ihrer Abstrahlung qualitativ so verändert hat, daß aus einer lebensbedrohlichen eine lebenspositive, heilende Qualität wurde, so läßt dies prinzipiell hoffen, daß auch radioaktiver Abfall mit lebensenergetischen Methoden unschädlich gemacht oder gar in lebenspositive Qualität verändert werden kann. Vielleicht bedarf es nur der Aussendung entsprechend neutralisierender Schwingungen durch Bioenergiesender bzw. Informationsträger nach Schmidt oder Plocher, um der radioaktiven Verseuchung der Erde zu begegnen. Die bisher schon möglich gewordenen Heilungen kranker Atmosphäre, kranker Gewässer und kranker Böden lassen jedenfalls auch in dieser Hinsicht hoffen.

4.5.2 Die Lösung des Gülleproblems

Auch von der Heilung kranker Böden war schon die Rede, aber ich bin noch nicht darauf eingegangen, worum es sich dabei im einzelnen handelt. Plocher hat sich in diesem Zusammenhang vor allem mit einem Problem beschäftigt, das insbesondere der Landwirtschaft in den letzten Jahrzehnten zunehmend Sorge bereitet, dessen Auswirkungen aber weit über den Bereich der Landwirtschaft hinausgehen: das sogenannte Gülleproblem, also die Frage, wie die Fäkalien von Tieren entsorgt werden können, ohne die Umwelt weiter zu belasten.

Gülle als Belastung von Boden und Grundwasser

Die Böden, auf denen die Gülle versprüht wird, drohen regelrecht an ihr zu ersticken, werden immer mehr übersäuert, und ihre zurückgehende Fruchtbarkeit kann nur mühsam und auch nur bis zu einem gewissen Grad mit Kunstdünger aufgepäppelt werden, wobei langfristig unerwünschte »Nebenwirkungen« entstehen. Denn der Boden als lebender Organismus wird auf diese Weise zunehmend belastet und abgetötet – ganz ähnlich einem Menschen, der von Medikamenten und Drogen abhängig geworden ist.

Darüber hinaus gehen die Belastungen des Bodens nach einiger Zeit auch in die Gewässer und in das Grundwasser über und gefährden so in wachsendem Maße die Gesundheit der Bevölkerung, wenn aus diesem Wasserreservoir Trinkwasser gewonnen

wird. Neuere Forschungen verweisen sogar auf einen dramatischen Zusammenhang zwischen Gülleausbringung, Ammoniakbelastung der Atmosphäre und Waldsterben.[103]
Kurzum: Das Gülleproblem ist mittlerweile eines der drängenden Umweltprobleme, auch wenn es von einem Großteil der Bevölkerung, die in den Städten wohnt, in seiner Tragweite noch nicht hinreichend erkannt wird. Aber die Menschen auf dem Land, insbesondere die Bauern, sind sich der damit zusammenhängenden Problematik sehr wohl bewußt.

Bioenergetische Gülleaufbereitung und Heilung kranker Böden

Die Plocher-Methode bietet auch für diese Probleme eine unkonventionelle Lösung. Sie besteht in der energetischen Gülleaufbereitung und in der dadurch möglichen bioenergetischen Wiederbelebung des Bodens, auf dem die aufbereitete Gülle ausgebracht wird. Das Prinzip der Gülleaufbereitung ist das gleiche wie dasjenige der Wiederbelebung von Gewässern: Es werden lediglich Informationsträger mit der aufmodulierten Sauerstoffinformation in die Gülle eingebracht (in diesem Fall entsprechend aufbereitetes Quarzmehl). Sie senden dann die Schwingungen des Sauerstoffs, die sich zunächst in der Gülle und später auch in dem mit ihr gedüngten Boden immer weiter ausbreiten und so wirken, als würden Gülle bzw. Boden permanent mit Sauerstoff beatmet (vermutlich gehen die belebenden Wirkungen noch weit darüber hinaus).
Gülle, die normalerweise in den Güllegruben stark verklumpt und eine harte Kruste bildet, wird unter der Einwirkung des Plocher-Systems homogen und weich und verliert ihren sonst ätzenden, stinkenden Geruch. Die Wirkung besteht in einer Entgiftung der Gülle und des Bodens sowie in einer Wiederbelebung

des Bodens als lebendiges System – mit dem ihm eigenen Zusammenspiel vieler Mikroorganismen. Gülle, die bislang noch den Boden belastet hat, wird zu einem fruchtbaren natürlichen Dünger, ohne die schädlichen Nebenwirkungen des Kunstdüngers hervorzurufen. Pflanzen, die auf diesem Boden wachsen, werden weniger oder gar nicht mehr von Schädlingen befallen und brauchen entsprechend nicht mehr mit Gift (Pflanzenschutzmitteln) gespritzt zu werden, so daß auch die Agrarprodukte wieder gesundheitsverträglicher werden.

Entsprechendes gilt für Tiere, die auf der Weide eines wieder gesunden Bodens grasen und deren Gesundheit dadurch weniger belastet wird als bisher. Nicht nur sie selbst scheinen gesünder zu werden, sondern auch die aus ihnen gewonnenen tierischen Produkte (Milch, Fleisch) sind weniger mit Schadstoffen belastet. Die Bauern, die diese relativ kostengünstige Methode angewendet haben, sind von ihrer positiven Wirkung begeistert, und Plocher bekommt inzwischen Anfragen und Aufträge aus der ganzen Welt, denen er mit einer Ausweitung seiner Produktionsanlagen und einer wachsenden Zahl von Mitarbeitern nachzukommen versucht.

Mittlerweile ist Plocher dazu übergegangen, vor allem solche Projekte zu unterstützen, für die sich in der Umgebung eines kranken und umgekippten Sees viele Bauern zusammenfinden, um bei ihrer Gülleaufbereitung und Bodenbehandlung gleichzeitig seine Methoden anzuwenden. Auf diese Weise soll der See von den sonst immer wieder zufließenden Schadstoffbelastungen entlastet werden. Parallel dazu wird der See energetisch behandelt und wiederbelebt.

Im Zusammenwirken von beidem, der Entlastung des Sees einerseits und seiner Wiederbelebung andererseits, kann sich ein stabiler Prozeß der Gesundung entwickeln, der nicht immer wieder durch weitere Zuführung von Schadstoffen gefährdet wird. Aufgrund der Vorteile, die die Bauern auf ihren Äckern mit diesen Methoden erfahren, werden sie zu den besten Verbündeten bei der Heilung einer krank gewordenen Umwelt.

4.6 Arno Herbert: Übertragen und Kopieren von Schwingungen

Eine andere bioenergetisch wirkende Methode hat in den letzten Jahren im deutschen Sprachraum einiges Aufsehen erregt und viele überzeugte Anhänger gefunden, insbesondere unter Heilpraktikern und Laien: nämlich die Übertragung bestimmter Schwingungsmuster mit dem von Arno Herbert entwickelten sogenannten Orgon-Strahler. Die Bezeichnung für dieses Gerät ist wohl etwas irreführend, weil sich die Bauweise und das Funktionsprinzip in vieler Hinsicht vom Reichschen Orgonakkumulator unterscheiden. Ich werde deswegen dieses Gerät im folgenden »Herbert-Strahler« nennen.[104] Unabhängig davon scheint es aber ganz erstaunliche Wirkungen hervorzubringen und eine Fülle zusätzlicher Anwendungsmöglichkeiten für Behandlung und Heilung zu eröffnen.[105]

Bau und Anwendung des Herbert-Strahlers

Kernstück dieses Gerätes ist ein 23,5 cm langer, an einem Ende zugespitzter und innen überwiegend hohler Stab aus Aluminiumlegierung mit einem äußeren Durchmesser von 2,2 cm. Der Stab ist an einem Stativ drehbar befestigt. Von seinem stumpfen Ende geht ein 1 m langes Kabel aus, das an seinem anderen Ende verbunden ist mit einer Art offener Dose, ebenfalls aus Aluminiumlegierung. Ferner befinden sich im vorderen Teil des Stabes drei kleine Bergkristalle. Im hinteren Teil soll sich eine

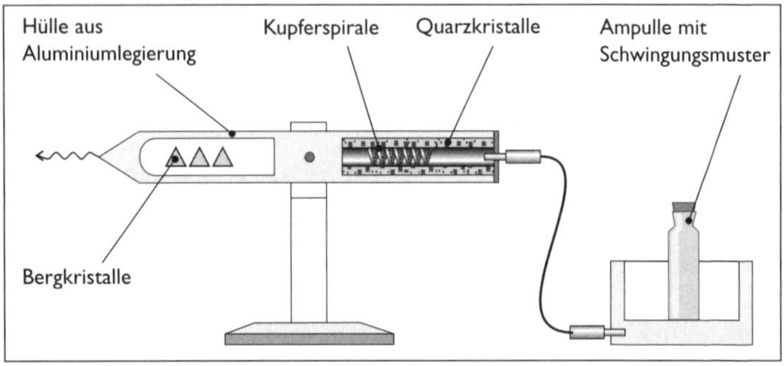

Abb. 87

Längsachse aus Messing befinden, umwickelt von einer Kupferspirale, die wohl die Funktion eines Lakhovskyschen Schwingkreises hat. Außerdem ist der hintere Innenraum angefüllt mit feinen Quarzkristallen, die wohl mit bestimmten Informationen angereichert sind *(Abb. 87)*. (Ähnlich wie Plocher hat auch Arno Herbert das Betriebsgeheimnis seiner Konstruktion bzw. seines Verfahrens nicht preisgegeben.)

Dieses in seiner Bauweise sehr einfache Gerät, das an keine elektrische Stromquelle angeschlossen wird, ermöglicht – wenn man die Erfahrungsberichte von Arno Herbert und einer großen Zahl von Benutzern dieses Gerätes ernst nimmt – die vielfältigsten Anwendungsmöglichkeiten bioenergetisch wirkender Behandlungen und Heilungen. Bringt man in den dosenartigen

Abb. 88

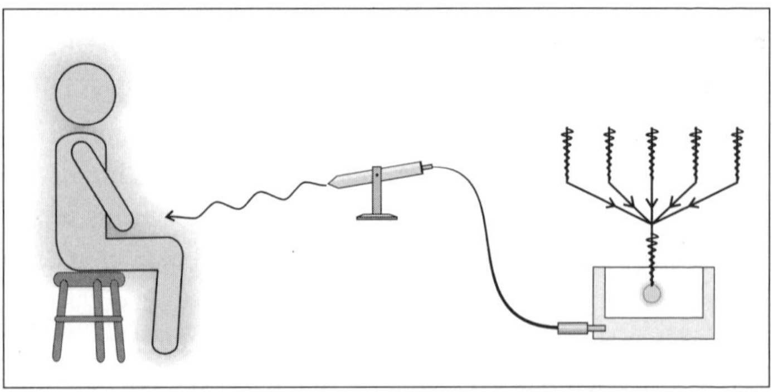

Behälter ein schwingendes Medium (homöopathisches Mittel, Kristall, Ton, Farbe, ätherisches Öl usw.) ein, so überträgt sich die jeweilige Schwingungsinformation auf den Strahler und wird von ihm aus der Spitze des Stabes gerichtet in den Raum abgestrahlt *(Abb. 88)*.

Einstrahlen von Schwingungen in den Organismus

Eine Anwendungsmöglichkeit besteht darin, daß man den Strahler auf eine Person im Abstand von etwa 75 cm ausrichtet, und zwar in Richtung des Solarplexus im oberen Bauchraum (und damit auch auf das entsprechende Chakra[106]). In das Gefäß kommt ein schwingendes Medium mit einer bestimmten Schwingungsfrequenz oder einem Schwingungsmuster, das auf die betreffende Person abgestimmt ist (nach zuvor erfolgter energetischer Diagnose). Der Strahler überträgt nun diese Information durch den Raum hindurch auf das bioenergetische System des Organismus der betreffenden Person und gibt ihm die entsprechende Schwingung ein. Wenn es sich um die Schwingungsrate eines Organs handelt, das in seiner Eigenschwingung und Resonanzfähigkeit gestört war und Krankheitssymptome entwickelt hatte, wird auf diese Weise die Resonanzfähigkeit wiederhergestellt und die Person von dem Symptom geheilt.

Kopieren von Schwingungsmustern

Zur wirksamen Behandlung sind oft – je nach Grad und Tiefe der Störung – mehrere Sitzungen von längerer Dauer erforderlich. Herbert entwickelte deshalb eine Methode, die der behandelten Person längere Sitzungen ersparen und dennoch die gleiche Wirkung erzielen sollte. Er übertrug die entsprechende

Schwingungsinformation mit dem Strahler auf einen Informationsträger, zum Beispiel auf kleine Ampullen von isotoner Kochsalzlösung, wie man sie in jeder Apotheke für wenig Geld zu kaufen bekommt. Das geschah dadurch, daß die Ampullen für einige Minuten in etwa 10 cm Abstand vor die Spitze des Strahlers gestellt wurden, in dessen Gefäß die zu übertragende Schwingung eingebracht wurde. Auf diese Weise war sozusagen vom Originalschwingungsmuster eine Kopie angefertigt. Die Behandlung bestand dann darin, daß von dieser Kopie, von diesem selbstgefertigten Präparat, täglich einige Tropfen eingenommen wurden.

Die Wirksamkeit seiner Methode, die Arno Herbert noch in Schweden entwickelt hatte, brachte ihm einen solchen Zulauf behandlungsbedürftiger Menschen, daß er mehr und mehr dazu überging, die so gefertigten Präparate den betreffenden Personen mitzugeben oder sie ihnen zuzuschicken. So geriet er in Konflikt mit den gesetzlichen Bestimmungen über die Zulassung von Medikamenten, weil von den Behörden der Nachweis der entsprechenden Wirkstoffe gefordert wird. Von der stofflichen Seite her handelte es sich aber um nichts anderes als um Kochsalzlösung, und wer dies als Medikament weitergibt, setzt sich dem Verdacht des Betruges aus. Hinzu kam, daß Arno Herbert weder Arzt noch Heilpraktiker war und auch aus diesem Grund mit dem Gesetz in Konflikt kam, wenn er Menschen behandelte – und sei es auch noch so wirksam und überzeugend. Ihm wurde folglich von den schwedischen Behörden das Praktizieren untersagt, und er verließ daraufhin Schweden und kam nach Deutschland zurück.

Während auch in Deutschland die Weitergabe von Medikamenten, die eingenommen werden, dem Arzneimittelgesetz unterliegt, ist der Vertrieb von Geräten zu Forschungszwecken prinzipiell erlaubt. Das brachte Herbert auf die Idee, statt der angefertigten energetischen Präparate den Strahler selbst zu vertreiben, zusammen mit einigen verschlossenen Ampullen, in die bestimmte Schwingungsmuster eingestrahlt sind. Mit Hilfe dieser Ampullen und des Strahlers kann sich nun jeder selbst (bzw. in Selbsthilfegruppen) sein Medikament anfertigen und in Tropfen einnehmen oder sich die Informationen direkt mit dem Strahler einstrahlen.

Im Grunde handelt es sich bei dem Herbert-Strahler um eine Art »Heimkopierer« für bioenergetische Schwingungen. Die schwingenden Originale sind manchmal recht teuer und verbrauchen sich mehr oder weniger schnell, während mit dem Strahler von einem Original beliebig viele Kopien angefertigt werden können. Daß diese Möglichkeit zum Beispiel bei den Medikamentenherstellern auf wenig Begeisterung stoßen wird, ist anzunehmen. Aber wie soll man jemandem die Anwendung einer Methode an sich selbst verbieten, wenn von der Anwendung dieser Methode nach offizieller Version gar keine Wirkungen ausgehen können? Und würde man sie verbieten, dann würde man ja offiziell einräumen, daß an den Wirkungen doch etwas dran ist, auch wenn sie von der etablierten Wissenschaft nicht interpretiert werden können. Das freilich wäre ein offizielles Armutszeugnis der etablierten Wissenschaft. Man darf gespannt darauf sein, wie sich die Dinge im Zusammenhang mit dem Herbertschen Strahler in dieser Hinsicht weiterentwickeln.

Informationsübertragung nach dem Radionikprinzip

Die Anwendungsmöglichkeiten des Strahlers gehen aber noch erheblich über das bisher Gesagte hinaus. Mit seiner Hilfe soll es sogar möglich sein, bestimmte Schwingungsinformationen an eine weit entfernte Person zu senden, aber nicht per Post, per

Telefon oder Telefax, sondern auf eine Weise, die sich »Radionikprinzip«[107] nennt. Um die betreffende Person bei der Übermittlung der Information »anzuwählen«, bedarf es keiner Telefon- oder Telefaxnummer, sondern einer anderen Codierung ihrer spezifischen Merkmale, die diese Person von allen anderen Personen unterscheidet. So wie jeder Mensch einen unverwechselbaren, einzigartigen Fingerabdruck besitzt, über den er identifiziert werden kann, so ist auch das individuelle energetische Schwingungsmuster jedes einzelnen Menschen unterschiedlich, einzigartig und unverwechselbar.

Das holografische Prinzip: Jeder Teil enthält Informationen über das Ganze

Dieses Schwingungsmuster des gesamten Organismus ist im übrigen als Schwingung in jedem seiner noch so kleinen Teile enthalten – so wie in einem Hologramm in jedem Teil die Information über das Ganze enthalten ist. Eine solche Vorstellung fällt uns, die wir vom mechanistischen Weltbild geprägt sind, oft außerordentlich schwer. Und dennoch gibt es eine Fülle von Erfahrungswissen, das dieses holografische Prinzip im menschlichen Organismus bestätigt: So gibt es zum Beispiel zwischen der Iris des menschlichen Auges und dem Gesamtorganismus klare Entsprechungen und Zuordnungen. Sind bestimmte Teile im Organismus gestört, so findet dies auch seinen Ausdruck in Veränderungen entsprechender Teile der Iris. Dies ist die Grundlage der sogenannten Iris-Diagnose. Gleiches gilt für die Fußreflexzonen-Diagnose und -Behandlung. Auch zwischen einzelnen Zähnen und bestimmten Körperfunktionen gibt es klare Entsprechungen, wonach Entzündungsherde in den Zahnwurzeln zu jeweils bestimmten Krankheitssymptomen führen können.[108]

Ganz offensichtlich wird die Entsprechung bei der Ohr-Akupunktur: Die Form des Ohres erinnert bei den meisten Menschen deutlich an die Form eines Embryos im Mutterleib *(Abb. 89)*. Das Ohrläppchen z.B. entspricht dem Kopf, andere Bereiche entsprechen den inneren Organen, wieder andere den Händen und Füßen oder der Wirbelsäule – jeweils gerade so, wie es sich bei der Projektion der Embryoform auf die Form des Ohres ergeben würde.
Ist nun ein Organ des Organismus gestört, so leuchtet im Ohr an der entsprechenden Stelle sozusagen eine Warnlampe auf. Der betreffende Punkt verändert seine elektrischen Eigenschaften und wird mit entsprechenden Meßgeräten meßbar. Dies allein ist schon verblüffend genug. Noch verblüffender ist die Tatsache, daß durch Einstechen einer Akupunkturnadel in eben diesen Punkt die entsprechende Störung im Körper behandelt

Abb. 89

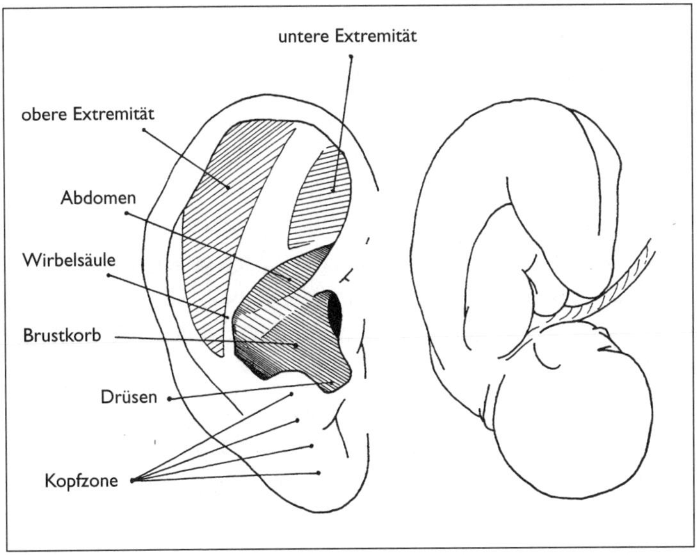

Entsprechung zwischen der Ohrform und der Form des Embryos: Die Ohrakupunkturpunkte beziehen sich auf die jeweils entsprechenden Körperteile.

und vielfach behoben werden kann. (Ähnliches trifft auch für die Fußreflexzonen-Massage zu.)
Warum bringe ich diese Hinweise an dieser Stelle? Um das Vorhandensein des holografischen Prinzips auch am menschlichen Organismus zu veranschaulichen: Jeder einzelne Teil eines größeren Ganzen beinhaltet alle Informationen über das Ganze. Wenn sich dieses Prinzip, bezogen auf den menschlichen Organismus, schon deutlich in den genannten Beispielen wiederfindet, warum soll es nicht auch in noch viel kleineren Teilen Geltung haben, zum Beispiel in einem Blutstropfen oder in einem Haar, vermutlich sogar in jeder einzelnen Zelle? Und wenn dem so ist, ist auch vorstellbar, daß sich in einem einzigen Blutstropfen einer Person deren individuelles, unverwechselbares Schwingungsmuster wiederfindet. Wird nun dieser Blutstropfen mit dem Herbertschen Strahler bestrahlt, sozusagen angewählt, so erreicht die eingestrahlte Information nicht nur den Blutstropfen selbst, sondern auch den dazugehörigen Gesamtorganismus – und sei er auch noch so weit entfernt.
Ähnlich wie die Eingabe einer Telefonnummer in das weltweit verzweigte Telefonnetz genau die gewählte Adresse erreicht und die eingegebenen Informationen genau nur dort ankommen, ganz ähnlich erreichen die eingegebenen bioenergetischen Schwingungen genau nur die Person, deren Blutstropfen bzw. deren in ihm enthaltener individueller Code angeregt wird.
Auf dieser Grundlage funktioniert wohl die radionische Anwendung des Herbertschen Strahlers: Indem der Blutstropfen einer zu behandelnden Person vor die Spitze des Strahlers gebracht wird, können die eingegebenen Schwingungen auch über große Entfernungen an die betreffende Person übertragen werden. Wenn es sich dabei um individuell abgestimmte Heilschwingungen

handelt, kann die Person auf diese Weise geheilt werden: Fernheilung! Voraussetzung für die Wirksamkeit einer solchen Fernheilung ist allerdings eine entsprechende innere Bereitschaft des Empfängers, der erstens von der Informationsübertragung wissen und sich zweitens ihr gegenüber innerlich öffnen muß. (Beim Telefon ist es diesbezüglich nicht viel anders: Es kann zwar jede Nummer angewählt werden, aber ob der angewählte Teilnehmer auch abhebt und ob er gegebenenfalls am Apparat bleibt oder gleich wieder auflegt, liegt in seiner Entscheidung.) Entsprechend scheint bei der Fernbehandlung nach dem radionischen Prinzip die Verbindung zwischen Sender und Empfänger auch nur bei wechselseitigem Einverständnis zustande zu kommen.

Perspektiven bioenergetischer Selbstbehandlung

Eine weitere Anwendungsmöglichkeit des Herbertschen Strahlers, die noch einmal zusätzliche Dimensionen eröffnet, deutet sich bereits an. Aber mit ihr müssen wohl erst noch hinreichende Erfahrungen gesammelt werden, um daraus allgemeine Schlüsse ziehen zu können. Es handelt sich um eine Art »Eigenblutbehandlung« auf der Grundlage energetischer Schwingungsmuster. Aus der alternativen Medizin ist ja die Eigenblutbehandlung, das heißt das Wiedereinspritzen entnommenen eigenen Blutes in den eigenen Körper, als wirksame Behandlungsmethode bekannt. Das Eingeben der individuellen Krankheitsinformationen in kleinen Dosierungen in den eigenen Körper regt diesen zu Gegenreaktionen an – ganz ähnlich wie ja auch beim Impfen der Krankheitserreger in kleinen Dosierungen eingespritzt wird, um Abwehrkräfte zu mobilisieren. Also erscheint es auch nicht undenkbar, daß allein das Eingeben des individuellen Schwingungsmusters eines Blutstropfens bei der betreffenden Person einen energetischen Heilungsprozeß in Gang setzt.

Entsprechend arbeitet Arno Herbert inzwischen auch damit, den Blutstropfen einer Person in das Gefäß des Strahlers einzubringen und auf diese Weise das Schwingungsmuster, das auch die Informationen über die individuellen Störungen enthält, über den Strahler abzustrahlen – sei es direkt in den Organismus der Person, sei es in eine Kochsalzlösung, die als Medikament eingenommen werden kann, oder sei es gar als Fernbehandlung nach dem radionischen Prinzip.

Sollte sich diese Methode als wirksam erweisen, würde es sich um eine unglaubliche Umwälzung im Gesundheitsbereich handeln: Ohne eine komplizierte Diagnose würde das aus einem Blutstropfen abgestrahlte Schwingungsmuster zur Grundlage einer individuell abgestimmten energetischen Behandlung werden. Jeder könnte auf diese Weise bis zu einem gewissen Grad sein eigener Heiler werden und sich so mindestens teilweise aus der Abhängigkeit von den herrschenden Strukturen im Gesundheitswesen lösen.

Daß die etablierte Ärzteschaft davon nicht begeistert wäre, ist wiederum einleuchtend. Aber vielleicht eröffnet die Notwendigkeit der Kostendämpfung im Gesundheitswesen immer mehr Tore für die Durchsetzung und Ausbreitung von wirksamen und billigen Methoden der Behandlung und Vorbeugung. Die Schulmedizin bzw. die Gesundheitspolitik kommen insofern langfristig gar nicht daran vorbei, anderen Methoden einen gewissen Raum zu lassen und sie mindestens zu dulden, auch wenn ihnen die Grundlagen und Wirkungsweisen dieser Methoden zutiefst suspekt und für das Fundament ihres eigenen Weltbilds bedrohlich erscheinen.

4.7 Dieter Knapp: Lebensenergie sichtbar gemacht

Dem nunmehr schon sehr vielfältigen Bild von den Funktionen der Lebensenergie und den Möglichkeiten ihrer Nutzung wird ein weiterer Aspekt durch die bioenergetischen Forschungen von Dieter Knapp hinzugefügt, dem Begründer des »Instituts für Biophysik und Radiästhesie« in Fürth/Odenwald.[109]

Strahlungsfelder homöopathischer Mittel

Knapp hat eine fotografische Methode entwickelt, mit der es möglich ist, die bioenergetischen Strahlungsfelder von homöopathischen Mitteln und von Blutstropfen, aber auch von Wassertropfen sichtbar zu machen. Die entsprechenden Bilder erinnern an die Kirlian-Fotografie, mit der zum Beispiel Felder um eine Hand oder um die Fingerkuppen einer Hand abgebildet werden können, oder auch Felder von Blättern lebender Pflanzen. Ich habe hier kurz darüber berichtet (S. 77 f.). Die Methode von Knapp, die er »Colorplate-Verfahren«[110] nennt, unterscheidet sich aber von der Kirlian-Fotografie und ermöglicht es, Felder von viel kleineren Gebilden sichtbar werden zu lassen.

Unter Anwendung seiner Methode läßt sich zeigen, daß jedes homöopathische Mittel sein eigenes spezifisches Strahlungsfeld besitzt, das sich von dem Strahlungsfeld jedes anderen Mittels deutlich unterscheidet. Schon allein aufgrund der Ästhetik kann man tief beeindruckt sein von der unglaublichen Vielfalt der schönen Farben und Formen oder Muster dieser Felder. Beeindruckend ist ferner die Beobachtung, daß – bezogen auf ein gleiches homöopathisches Mittel – die Strahlungsfelder um so intensiver leuchten, je höher der Grad der Verdünnung bzw. Potenzierung dieser Mittel ist *(Farbtafeln 5 und 6)*.

Mit wachsendem Grad der Verdünnung bzw. Potenzierung

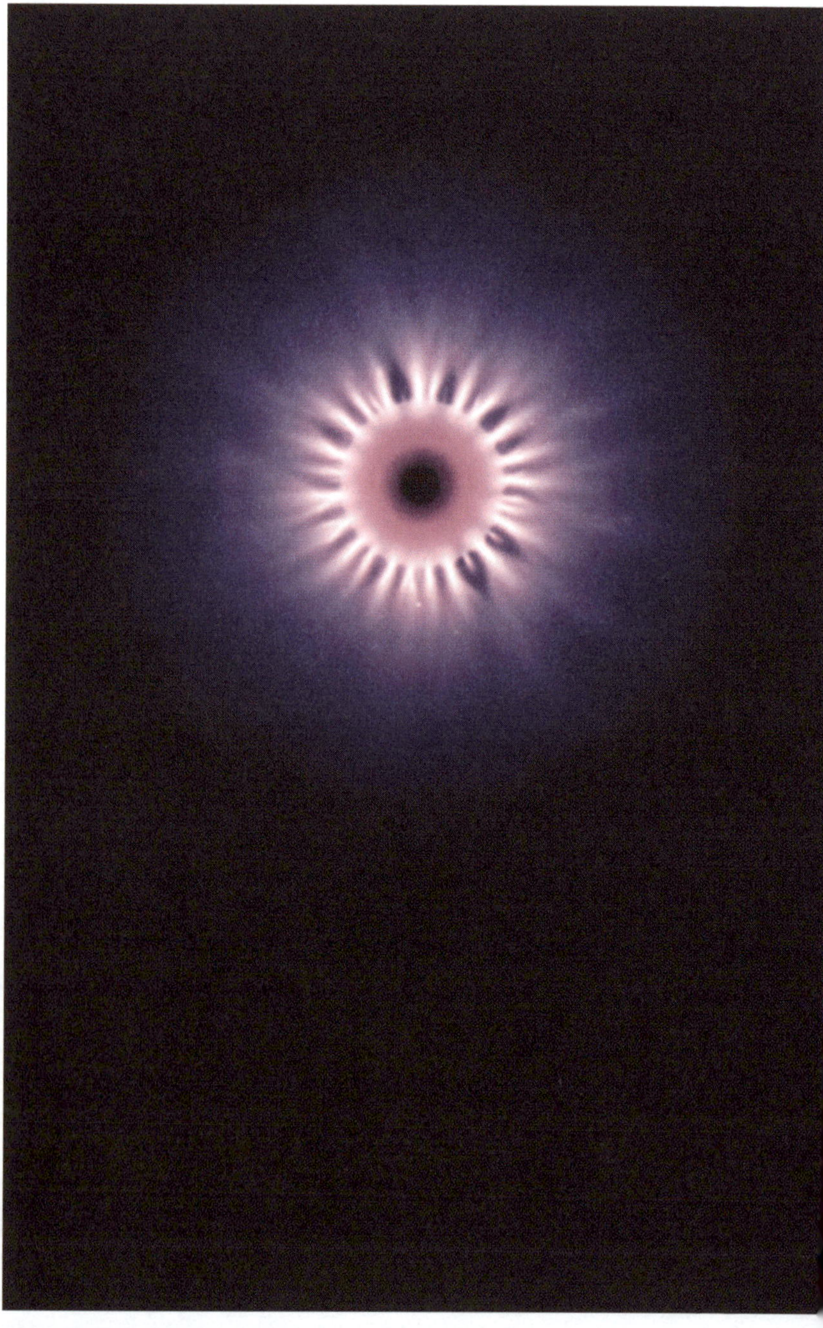

Tafel 5: Strahlenbild. Belladonna ∅

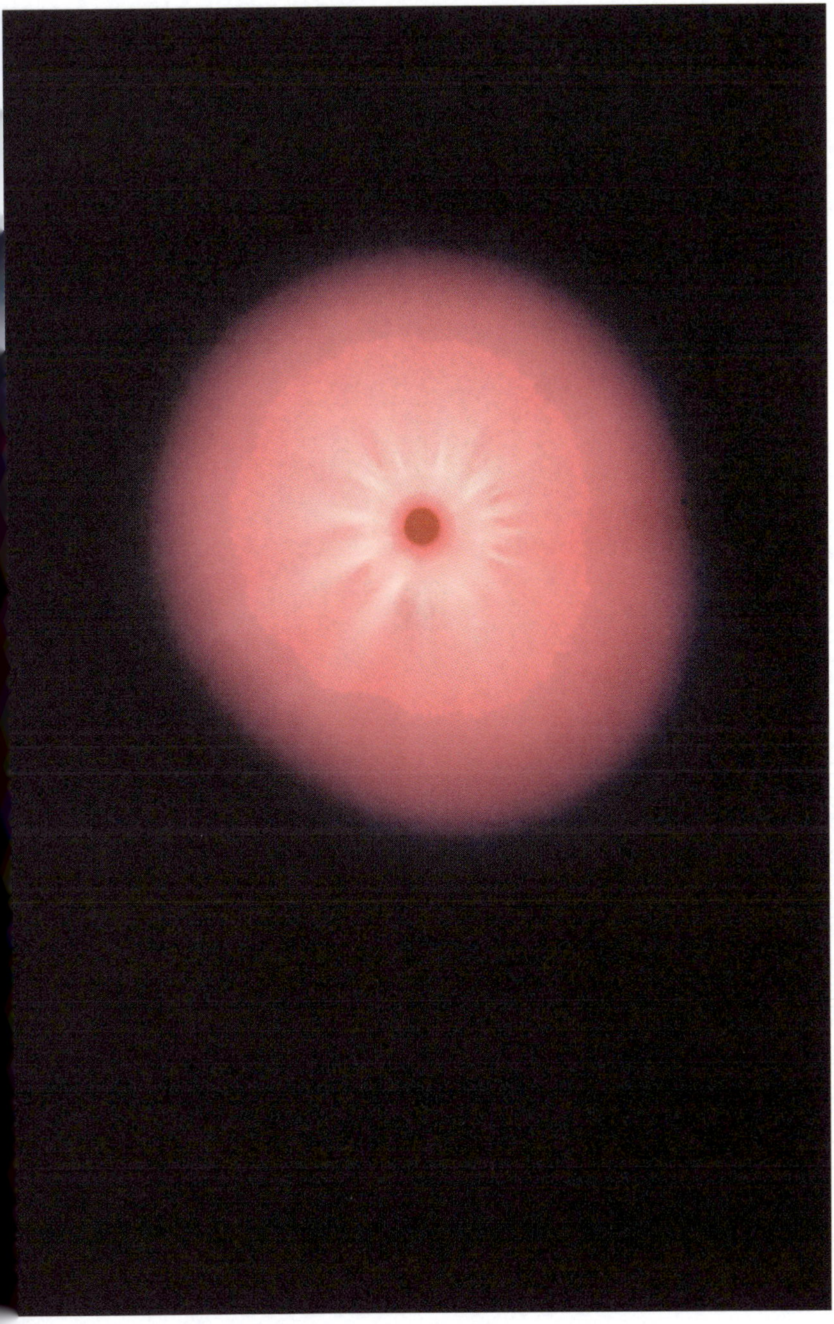

Tafel 6: Strahlenbild. Belladonna D 200

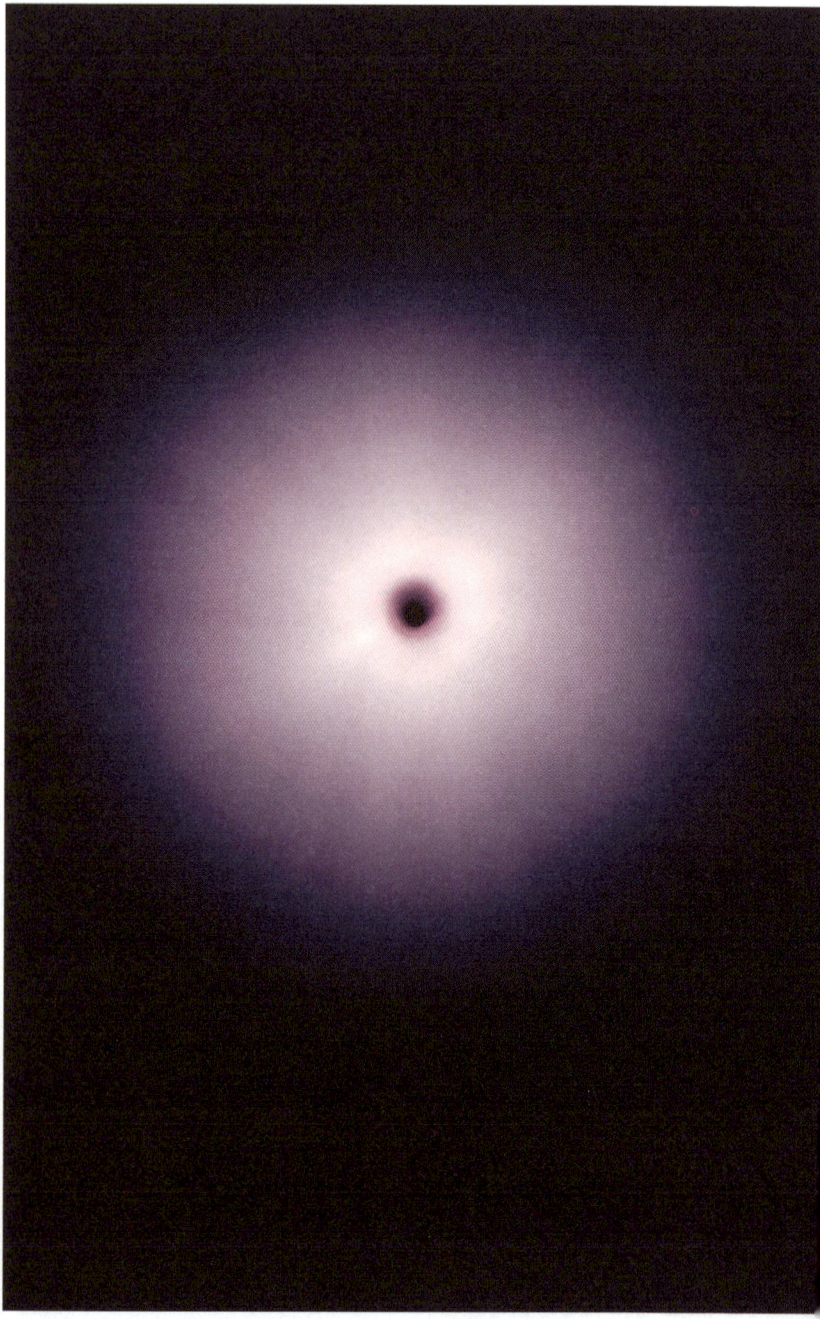

Tafel 7: Strahlenbild. Wasser, physikalisch behandelt mit original Schauberger-System

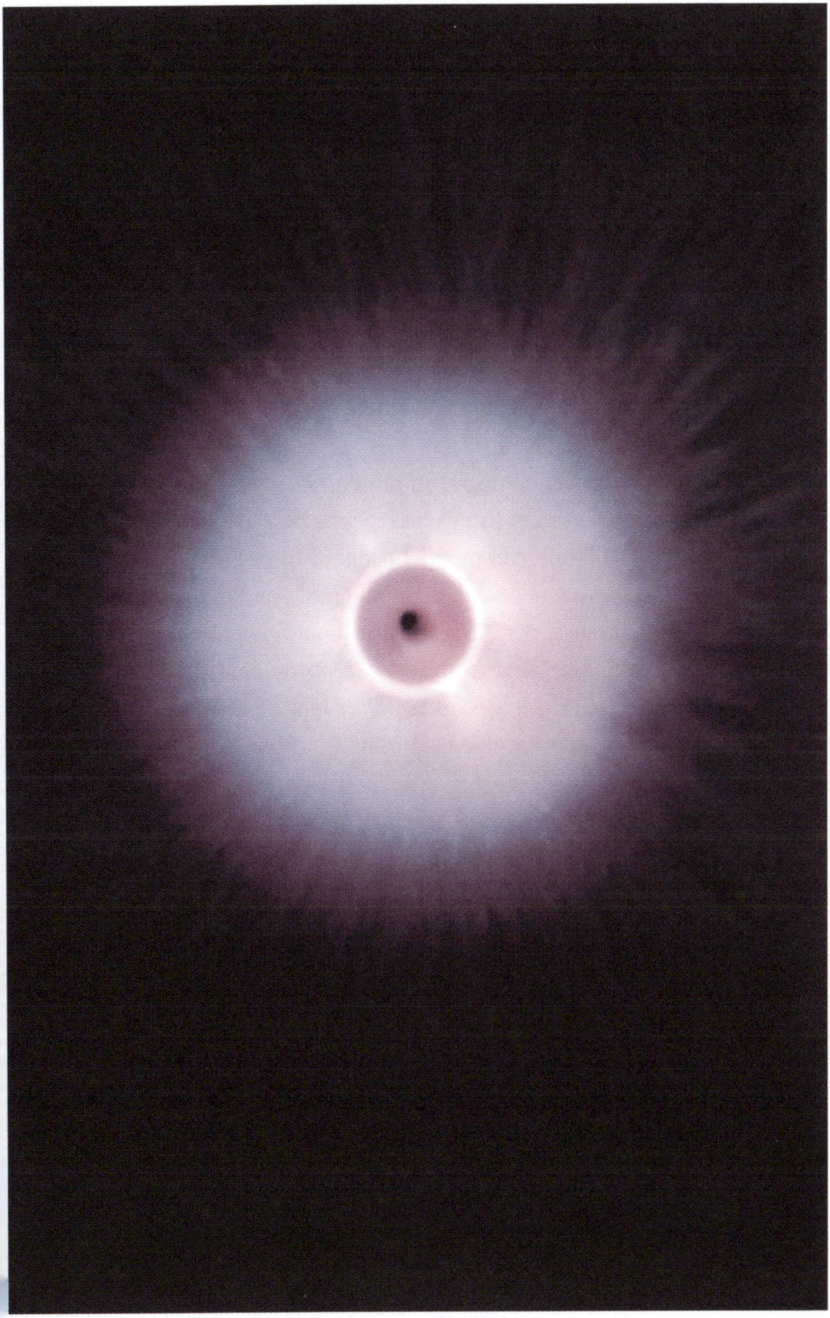

Tafel 8: Strahlenbild. Blut, behandelt mit Sulfur D30

wird ja die Wahrscheinlichkeit immer geringer, daß sich in einem Tropfen dieses Mittels auch nur ein einziges Molekül der Ausgangssubstanz befindet. Irgendein spezifischer Wirkstoff ist bei hohen Potenzierungen nicht mehr nachweisbar; und dennoch zeigt die Erfahrung der Homöopathie, daß das Präparat Wirkungen entfaltet. Von der Schulmedizin wurden derartige Wirkungen immer wieder als Einbildung, als Placebo-Effekt oder als Wirkung von Suggestion oder Selbstsuggestion wegerklärt, weil doch nicht sein kann, was nach stofflich-mechanistischem Weltbild nicht sein darf.

Um so größere Bedeutung kommt dem Knappschen Colorplate-Verfahren zu, mit dem (im wahren Sinne des Wortes) offensichtlich wird, daß Tropfen homöopathischer Mittel spezifische Strahlungsfelder besitzen, auch bei einem Grad von Potenzierung, wo gar kein Wirkstoff der Ausgangssubstanz mehr vorhanden sein kann. Es muß also noch eine von der stofflichen Struktur unabhängige – oder besser gesagt: darüber hinausgehende – Dimension existieren, die ihrerseits Wirkung auf lebende Organismen entfalten kann.

Bioenergetische Qualitätskontrolle

Angesichts der Fülle der allein schon in diesem Buch zusammengetragenen Entdeckungen und Erfahrungen über die Funktionen von Lebensenergie sollten der Schulmedizin und der mechanistischen Wissenschaft eigentlich immer mehr die Einwände ausgehen, die sie gegenüber lebensenergetisch wirkenden Methoden der Behandlung und Heilung ins Feld führen könnten. Dabei habe ich nur sehr wenig von dem aufgeführt, was auf diesem Gebiet schon alles wiederentdeckt, neuentdeckt und an Erfahrungen gewonnen wurde.[111]

Ein häufiger Einwand in diesem Zusammenhang ist der Hinweis, die Diagnosemethoden seien nicht objektiv, weil sie von der subjektiven Wahrnehmung und Wahrnehmungsfähigkeit der diagnostizierenden Person abhingen. An diesem Einwand ist zwar etwas dran, denn in der Tat kann eine verzerrte, gestörte oder nicht hinreichend entwickelte Wahrnehmungsfähigkeit die Diagnose verfälschen. Andererseits ist unbestreitbar, daß es Heiler gegeben hat, bei denen die Treffsicherheit energetisch gewonnener Diagnosen diejenige der Schulmedizin bei weitem übertraf – und der Erfolg ihrer Behandlungen ebenfalls.

Aus dem unzuverlässigen oder mangelnden energetischen Gespür einzelner Personen zu folgern, daß die ganze Richtung nicht stimmt, und damit auch die fähigen Heiler zu diskreditieren und ihnen das Heilen zu verbieten, ist falsch. Richtiger wäre es, eine Art Qualitätsüberprüfung auf dem Gebiet der Energieheilung zu entwickeln, die mit bioenergetischen Maßstäben mißt und nicht mit stofflich-materiellen, die hierfür ähnlich ungeeignet sind wie ein Schwarzweißfernseher für die Wiedergabe von Farbbildern.

Auch in dieser Hinsicht scheint mir der Knappschen Methode eine große Bedeutung zuzukommen, macht sie es doch möglich, die bioenergetische Qualität beispielsweise eines homöopathischen Mittels objektiv sichtbar zu machen. Mit dem gleichen Verfahren kann auch sichtbar gemacht werden, ob es sich um energetisch lebendes oder totes Wasser handelt *(Farbtafel 7)*. Es können auf diese Weise auch energetische Einflüsse (im wahren Sinne des Wortes), die von bestimmten Personen oder Geräten ausgehen, objektiv getestet werden, zum Beispiel dadurch, daß die abgestrahlte Energie in Wasser eingestrahlt wird, das vorher energetisch tot war. Wenn sich danach ein Strahlungsfeld des Wassertropfens nachweisen läßt, können Rückschlüsse auf die Quelle der Ausstrahlung bzw. Energieaufladung gezogen werden.

Bioenergetische Blutdiagnose

Mit der Methode von Knapp lassen sich auch die bioenergetischen Strahlungsfelder von Blutstropfen sichtbar machen. Daß der bioenergetischen Ladung des Blutes große Bedeutung zukommt, habe ich schon ausführlich erläutert (S. 89ff.). Dieter Knapp kann darüber hinaus aus der Struktur des Strahlungsfeldes Rückschlüsse auf die Art der Erkrankung der betreffenden Person ziehen. Blutstropfen von gesunden Personen weisen ein klar strukturiertes, kohärentes Strahlungsfeld auf. Störungen im Organismus finden ihre Entsprechung in bestimmten Einbrüchen und Strukturveränderungen, das heißt in einer Art Strukturzerfall des Strahlungsfeldes und in bestimmten Veränderungen der Färbung. Vieles davon erinnert an die Diagnosemöglichkeiten mit Hilfe der Kirlian-Fotografie, zum Beispiel der entsprechenden Bilder von Fingerkuppen bzw. Zehen, wie sie insbesondere Peter Mandel mit seiner »energetischen Terminalpunktdiagnose« (ETD) entwickelt hat.[112]

Individueller Gesundheitsverträglichkeitstest

Die energetische Blutdiagnose von Knapp geht in ihren Möglichkeiten aber noch weiter: Knapp hat zum Beispiel Blutstropfen einer kranken Person mit Tropfen bestimmter homöopathischer Mittel zusammengebracht, die für die Behandlung in Frage kommen. Allein durch den energetischen Kontakt der beiden Strahlungsfelder ergaben sich bestimmte Veränderungen im Feld des Blutstropfens. Bei manchen Mitteln brach das Feld noch weiter zusammen, als es vorher schon war, und bei einem anderen Mittel baute sich das Feld wieder zu einem kohärenten, leuchtenden Strahlungsfeld auf *(Farbtafel 8)*. Parallellaufende Tests zeigten, daß die betreffende Person auf die Verabreichung der erstgenannten Mittel nicht positiv ansprach, wohl aber auf das letztgenannte Mittel, das das Strahlungsfeld des Blutes wieder aufgebaut hatte. Von diesem allein gingen heilende Wirkungen aus.[113]

Sollten sich diese Beobachtungen in einer hinreichend großen Zahl von Versuchen bestätigen, so wäre damit ein Test entwickelt, der die individuelle Verträglichkeit oder Unverträglichkeit bestimmter Medikamente objektiv im vorhinein bestimmen könnte – und nicht erst durch Verabreichung des Medikaments und durch Abwarten der entsprechenden Reaktion der behandelten Person. Anstatt den Organismus sozusagen zum Versuchsgelände für die Wirkung bestimmter Medikamente zu machen, könnte die individuelle Verträglichkeit oder Unverträglichkeit schon anhand von Blutstropfen ermittelt und auf diese Weise die Treffsicherheit der Medikamente erhöht werden. Es ist auch denkbar, die Wirkungsweise von Medikamenten allgemein nach dieser Methode – anstatt in breit angelegten Tierversuchen – zu testen.

5 Die historische Verschüttung des Lebendigen

5.1 Lebensenergetisches Wissen und liebevolle »Kulturen«

Die in diesem Buch dargestellten lebensenergetischen Methoden der Behandlung und Heilung von Menschen und Umwelt bilden nur eine kleine Auswahl aus einer schon fast unübersehbaren Vielzahl ähnlicher Methoden, Sichtweisen und Wege. Viele dieser Wege gleichen sich auf verblüffende Art und Weise mit uraltem und in unserer Kultur lange Zeit verschüttetem Wissen oder mit Weisheiten aus nicht-patriarchalischen Lebensweisen.

Teilweise wurden diese Weisheiten in langen Traditionen überliefert oder haben im Untergrund patriarchalischer Kulturen überdauert, teilweise wurden sie in einer Art ethnologischer Spurensuche oder auch angeregt durch Inspiration wiederentdeckt und wissenschaftlich bzw. erfahrungsmäßig erforscht. Vieles deutet mittlerweile darauf hin, daß das Wissen um die Funktion der Lebensenergie bis vor einigen tausend Jahren über den ganzen Erdball verbreitet war und daß die menschlichen Gemeinschaften, die im Einklang mit diesen Funktionen lebten, friedliche und liebevolle Gesellschaften waren – liebevoll zwischen den Geschlechtern, zwischen den verschiedenen Generationen und im Verhältnis zur übrigen Natur.

Wie kommt es dann, daß der Rückblick in die Menschheitsgeschichte ein so düsteres Bild vom Menschen zeichnet, wo es immer wieder Gewalt, Kriege, Unterdrückung, Ausbeutung, Herrschaft, Folter, Mord und Totschlag gegeben hat – bis in die jüngste Geschichte, bis in unsere Gegenwart, wo die friedlichen Phasen eher wie ein Intermezzo erscheinen in einem großen Drama, in dem ein Akt der Gewalt dem anderen folgt?

Das liegt ganz einfach daran, daß sich die Geschichtsschreibung und das, was wir »Geschichte« nennen, ziemlich genau auf die letzten 6000 Jahre bezieht, zu deren Beginn die Gewalt in die menschliche Gesellschaft eingebrochen ist und sich von da an immer weiter ausgebreitet hat. Aus der Zeit vorher, der »Vorgeschichte«, gibt es keine schriftlichen Überlieferungen, also offenbar auch keine Schriftsprache. Der Zeitraum, seit dem es so etwas wie Menschen auf dem Planeten gibt, wird im allgemeinen mit zwei Millionen Jahren angesetzt. »Geschichte« ist also nur ein lächerlich kleiner Teil der bisherigen Menschheitsentwicklung: von zwei Millionen Jahren ganze 6000 Jahre!

1994000 Jahre wären demnach Vorgeschichte gewesen. Aber wie haben Menschen in dieser »vorgeschichtlichen Zeit« gelebt? Gab es in dieser Zeit schon Gewalt im Zusammenleben der Menschen?

Legt man die Freudsche Todestriebthese zugrunde, so scheint eine gewaltfreie menschliche Gesellschaft gar nicht denkbar. Zur Sicherung menschlichen Zusammenlebens scheint es oft unvermeidlich, daß der einzelne Mensch in seiner Entwicklung bestimmten gesellschaftlichen Normen unterworfen und angepaßt wird und seine Sexualität – anstatt sie auszuleben – auf höhere gesellschaftliche und kulturelle Ziele hin umgelenkt, »sublimiert«, wird.

5.2 Die ethnologische Wiederentdeckung des Lebendigen: Die Trobriander

Wilhelm Reich hatte diese These von Freud in den dreißiger Jahren grundlegend in Frage gestellt. Die Wiederentdeckung und Freilegung des lebendigen, liebevollen Kerns im einzelnen Menschen im Zuge der Auflockerung charakterlicher und körperlicher Panzerungen hatte in ihm immer drängender die Frage aufkommen lassen, ob es nicht irgendwo und irgendwann auf der Welt Gesellschaften gibt oder gegeben hat, die eine freie Entfaltung der Sexualität, einschließlich der kindlichen sexuellen Erregung, ermöglichte, anstatt sie in die Verdrängung zu zwingen und in Destruktivität umzulenken.

Bei dieser Suche stieß Reich seinerzeit auf die ethnologischen Forschungen von Bronislaw Malinowski über eine auf den Trobriand-Inseln lebende Gesellschaft, in der noch in den zwanziger Jahren Kinder und Jugendliche ihre Sexualität voller Lust und Lebensfreude und ohne Schuldgefühle ausleben konnten. Die Sexualität der Erwachsenen war allerdings sehr deutlichen Einschränkungen einer monogamen Ehe unterworfen. Bei den Trobriandern soll es keine Gewalt, keine Neurosen und Psychosen gegeben haben. Auf der benachbarten Amphlett-Insel hingegen, wo die christliche Missionierung bereits deutliche Spuren in Form sexualfeindlicher Moral hinterlassen hatte, waren derlei Erscheinungsformen menschlicher Destruktivität verbreitet.

Reich, der diese Forschungen in seinem Buch »Der Einbruch der Sexualmoral« (1932) verarbeitete und sexualökonomisch interpretierte, sah darin eine deutliche Untermauerung seiner Hypothese, daß Gewalt nicht unabänderlich in der menschlichen Triebnatur verankert ist, sondern daß sie erst durch Unterdrückung und Verdrängung der Sexualität entsteht bzw.

entstanden ist. Die Trobriander-Gesellschaft interpretierte er entsprechend als eine Gesellschaft im Übergang, in der noch deutliche Elemente einer Sexualbejahung (in bezug auf die kindliche und jugendliche Sexualität), aber auch schon Ansätze einer Sexualeinschränkung (bei den Erwachsenen und wegen bestimmter materieller Interessen auch bei den Kindern des Häuptlings) vorhanden waren. Seine Vermutung war die, daß die Trobriander-Gesellschaft in früheren Phasen keine Einschränkung der Sexualität kannte und daß es vielleicht ganz allgemein sexualbejahende Gesellschaften auf der Erde gegeben habe, in die aus bestimmten Gründen die sexuelle Zwangsmoral eingebrochen sei und sich von da an immer weiter durchgesetzt habe. Während in der Trobriander-Gesellschaft die Durchsetzung sexueller Zwangsmoral noch relativ am Anfang stehe und nur Teilbereiche der Gesellschaft erfaßt habe, sei dieser Prozeß in unserer Gesellschaft schon viel weiter fortgeschritten, viel umfassender und viel tiefer verankert. (Bis heute hat sich die Trobriander-Gesellschaft übrigens ein ungewöhnliches Maß an freier Entfaltung der Kinder und sexueller Freizügigkeit der Jugendlichen bewahrt.)[114]

5.3 Patriarchat, Sexualunterdrückung und Gewalt

Damit warf Reich am Vorabend der Gewaltexzesse des Faschismus, die er in seiner »Massenpsychologie des Faschismus« (1933) klar hat kommen sehen, die Frage nach den historischen Wurzeln von Gewalt, Patriarchat und Sexualunterdrückung auf. Alle drei Komplexe sah Reich in einem untrennbaren Zusammenhang:

Das Patriarchat beinhaltet die Vererbung materiellen Reichtums (und auch des Namens) entlang der männlichen Linie, vom Vater auf die »eigenen« Söhne. Um aber sicherzugehen, daß es sich um die eigenen leiblichen Kinder handelt, müssen sexuelle Kontakte der »eigenen« Frau mit anderen Männern unterbunden werden – unter Androhung schwerster Strafe und Gewalt für den Fall der Tabuverletzung. Solche Einschränkungen der sexuellen Freiheit wären in einer matrilinearen (entlang der weiblichen Linie organisierten) Gesellschaft und Erbfolge nicht erforderlich, weil die Mutter mit Sicherheit weiß, welches ihre leiblichen Kinder sind, seien diese auch von verschiedenen Vätern. Darin liegt einer der Gründe (nicht der einzige) für die Verquickung von Patriarchat und Sexualeinschränkung.

Indem die Sexualunterdrückung schließlich auch auf Jugendliche und Kinder übergegriffen hat, wurde sie viel tiefer und unbewußt und also auch viel wirksamer in der Charakterstruktur der Menschen verankert. Unter dem Druck frühkindlicher, kindlicher und jugendlicher Sexualverdrängung großgeworden, funktionieren die Menschen als Erwachsene, beherrscht von unbewußten Ängsten und Schuldgefühlen, als wären sie ihre eigene Sittenpolizei. An die Stelle offener Gewalt bei Tabuverletzung ist auf diese Weise mehr und mehr die strukturelle Gewalt getreten, die verinnerlichte Gewalt der starr gewordenen Charakterstruktur, des Charakter- und Körperpanzers, der die Erwachsenen weitgehend davon abhält, unbeschwert und voller Lust und Lebensfreude ihre Sexualität zu leben.

Reich hatte also das Fenster mit dem Ausblick auf eine gewaltfreie menschliche Gesellschaft einen Spaltbreit geöffnet, mit entsprechend entsetzten Reaktionen seiner Zeitgenossen. Aber er hatte nur einen flüchtigen Blick auf die historische Landschaft werfen können, die der Durchsetzung von Gewalt vorausgegangen war. Bei der Frage nach den historischen Wurzeln des

Einbruchs der sexuellen Zwangsmoral und Gewalt in eine vorher sexualbejahende, liebevoll zusammenlebende Gesellschaft blieb er schließlich in Spekulationen stecken, ohne konkretes historisches Material zu ihrer Untermauerung anführen zu können.
Nichtsdestoweniger hat Reich mit seinem sexualökonomischen Ansatz, mit der Herausarbeitung des Zusammenhangs von Sexualunterdrückung und Gewalt, die entscheidenden Grundlagen geschaffen und eine Perspektive eröffnet, um in Richtung seiner Fragestellung weiter zu forschen und mehr über die historischen Wurzeln der Entstehung und Ausbreitung von Gewalt zu erfahren, als er selbst damals in Erfahrung bringen konnte.

5.4 James DeMeo: Die Saharasia-These

In diesem Zusammenhang kommt den neueren Forschungen des Amerikaners James DeMeo eine umwälzende Bedeutung zu. In einer sieben Jahre währenden und auf 600 Seiten dokumentierten Forschungsarbeit (»On the Origins and Diffusion of Patrism: The Saharasian Connection«) hat DeMeo unter Auswertung einer Fülle von historischen, archäologischen, ethnologischen, klimatologischen und geografischen Forschungsergebnissen herausgefunden, daß die Spuren der Entstehung und Ausbreitung von Gewalt auf einen Zeitraum und einen geografischen Raum zurückführen, in denen der Umschlag von einer friedlichen in eine gewaltsame menschliche Gesellschaft begann. Es handelte sich um den »Ursprung der Gewalt«, – wie ich es nennen möchte –, dem eine zeitlich und räumlich sich ausbreitende Kettenreaktion von Gewalt folgte, die bis heute nachwirkt.

Die Verwüstung der Erde vor sechstausend Jahren

Dieser Ursprung der Gewalt fand vor ungefähr sechstausend Jahren in den Gebieten der Erde statt, die heute große Wüsten sind: Sahara, Arabische Wüste und Asiatische Wüste, klimatologisch zusammengefaßt zu einem großen Wüstengürtel, den DeMeo abgekürzt »Saharasia« nennt. Um diese Zeit herum muß es in diesen Regionen eine verheerende Umweltkatastrophe gegeben haben; denn bis dahin fruchtbares, mit üppiger Vegetation überzogenes und an Tierbestand, Flußläufen und Seen reiches Land ist in relativ kurzer Zeit ausgedörrt und hat sich in Wüste verwandelt. Aus Höhlenmalereien und aus archäologischen Funden geht hervor, daß in diesen Regionen bis zu dieser Zeit Tiere gelebt haben, die nur in üppiger Vegetation leben und überleben können. Wodurch diese Umweltkatastrophe seinerzeit verursacht gewesen sein könnte, bleibt einstweilen im dunkeln, und auch DeMeos Arbeit gibt darauf keine Antwort. Aber daß dieser dramatische Umbruch, dieses Umkippen von fruchtbarem Land in Wüste, um diese Zeit stattgefunden hat, daran bestehen wohl kaum mehr Zweifel.
Die archäologischen Funde aus der Zeit vor dem Umbruch geben keinerlei Hinweis auf irgendwelche Formen von Gewalt im Zusammenleben der Menschen: keine Kriegswaffen, keine Spuren von Gewalteinwirkung bei den ausgegrabenen Skeletten, keine Höhlenmalereien oder Kunstgegenstände, auf denen Szenen oder Symbole der Gewalt dargestellt sind. Statt dessen die ästhetisch hochentwickelte, mit fließenden Linien gestaltete Darstellung friedvollen, liebevollen Zusammenlebens *(Abb. 90)*, wie etwa das Baby an der Mutterbrust, mit einem unverkennbaren Ausdruck von Lebendigkeit und Schönheit, oder auch die offensichtliche Verehrung des weiblichen Körpers als

Ausdruck und Symbol der Fruchtbarkeit. Aus dieser Zeit gibt es auch keinerlei Hinweise auf eine Herrschaft der Männer über die Frauen oder der Erwachsenen über die Kinder. Das Verhältnis der Geschlechter und der Generationen zueinander scheint partnerschaftlich und liebevoll gewesen zu sein – das »Paradies auf Erden«.

Abb. 90

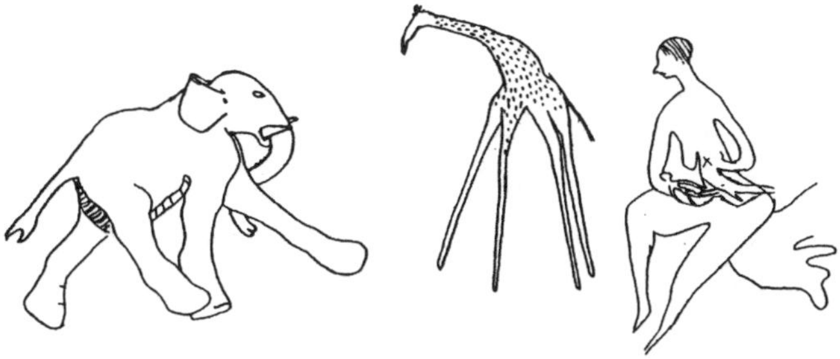

Feuchtere neolithische Jäger- und Sammlerperiode, ca. 7000 v. Chr.

Feuchtere neolithische Hirtenperiode, ca. 5000 v. Chr.

Trockene Bronzezeit: Krieger, Pferde, Streitwagen, Kamele, ca. 2000–500 v. Chr.

Nordafrikanische Höhlenmalerei: Friedliche und liebevolle Szenen (7000 und 5000 v. Chr.; oben, Mitte) bzw. kriegerische Szenen (2000–500 v. Chr.; unten)

Vielleicht handelt es sich bei dem Mythos vom Paradies um eine Kollektiverinnerung an diese Zeit vor dem dramatischen Umbruch, vor der »Vertreibung aus dem Paradies«, eine Erinnerung an den größten Teil der Menschheitsentwicklung, bevor es zum Einbruch von Gewalt kam, nur daß die Form des Mythos – ebenso wie die des Märchens – den Eindruck erweckt, als habe es sich dabei niemals um eine Realität gehandelt und als könne es auch nie Realität werden. Das, was vielleicht einmal Realität war, wird auf diese Weise zu einer von der Realität abgespaltenen Welt und bindet dadurch die unbewußten Sehnsüchte nach einer besseren Welt, anstatt sie in reales Handeln, in konkretes Leben, in eine Wiederentdeckung und Wiedergewinnung des Lebendigen umzusetzen.

Wüstenbildung und Umschlag in Gewalt

Erst seit der Zeit um 4000 v.Chr. finden sich deutliche Zeichen eines Umkippens in Gewalt: Gewalt der Männer gegen die Frauen, Gewalt der Erwachsenen gegen die Kinder, Gewalt zwischen Stämmen bzw. Völkern, Gewalt der Menschen gegenüber der Natur. Der Beginn solcher Spuren fällt zeitlich und räumlich mit der Entstehung der großen Wüsten (Saharasia) zusammen. Die archäologischen Funde aus diesen Gebieten zeigen von dieser Zeit an Darstellungen von kriegerischen Szenen; Gewalt und Spuren der Einwirkung von Waffen in menschlichen Skeletten; Gräber, in denen durch Ritualmord getötete junge Frauen an der Seite ihrer gestorbenen alten Männer begraben worden sind. Die ursprüngliche künstlerische Darstellung fließender Linien und spiraliger Formen *(Abb. 91)* – vermutlich die symbolische Darstellung fließender Lebensenergie – wich der Darstellung eckiger, zersplitterter Linien und Formen, die offensichtlich mehr Starrheit und Zerrissenheit ausdrückten. All dies kann hier nur kurz angedeutet werden; ausführlich dokumentiert ist es in den Arbeiten von James DeMeo und Hanspeter Seiler.[115] Auch die Spuren ausgegrabener Bauwerke zeigen, daß Festungen (im buchstäblichen Sinne des Wortes), Burgen und andere monumentale Bauwerke erst nach der Zeit des Umbruchs, nach

Abb. 91

Knochengravierungen mit den wahrscheinlich ältesten Spiraldarstellungen aus den südfranzösischen Pyrenäen-Höhlen von Arudy, Lourdes und Isturitz

dem Ursprung der Gewalt vor 6000 Jahren, entstanden sind. Wenn vorher keine Gewalt zwischen Menschen, Stämmen und Völkern existiert hat, waren logischerweise auch keine Befestigungen gegen das drohende Eindringen äußerer Gewalt »notwendig« (auch wieder im wahren Sinne des Wortes: Die Not hat die Verhältnisse gewendet, von einer friedlichen, liebevollen Lebensweise hin zur Gewalt).

Hungerkatastrophe und emotionale Panzerung

Aber was war es, was dieses Umkippen in Gewalt in den Gebieten von Saharasia verursacht haben könnte – und die sich anschließende Kettenreaktion und Ausbreitung von Gewalt über den ganzen Erdball? Was hat die Entstehung von Wüsten mit der Entstehung von Gewalt zu tun?
DeMeo erklärt sich diesen Zusammenhang unter Bezug auf die Reichschen Erkenntnisse über Charakter- und Körperpanzer sowie auf Erkenntnisse der Hungerforschung wie folgt: Das Ausdörren von vormals fruchtbaren Gebieten und die Entstehung von Wüsten in relativ kurzer Zeit muß einhergegangen sein mit dramatischen Hungersnöten für die dort lebenden Menschen. Ein Teil dieser Menschen wird verhungert sein, ein anderer wird knapp dem Hungertod entronnen und mehr oder weniger dahinvegetiert sein.
Menschen, die von chronischem Hunger geplagt sind, magern nicht nur körperlich ab, sondern geraten auch emotional in einen Zustand chronischer Kontraktion, in das, was Reich emotionale Panzerung nannte. Dies entspricht einer Art bioenergetischem Rückzug von der Welt, als Schutz gegen die sonst unerträglichen Schmerzen und Leiden des Hungers. (Für Reich hatten sich die tieferliegenden Wurzeln der Panzerung seinerzeit

offenbart in einer Art chronischem, emotionalem Hunger, in einem Mangel an liebevoller Zuwendung und einem Defizit an körperlichem Kontakt und Lustempfinden in der frühen Kindheit.)
Die Hungerforschung andererseits zeigt, daß lange hungernde Menschen ganz ähnliche emotionale Symptome entwickeln wie emotional hungernde Menschen. Für beide gilt, daß die emotionalen Schädigungen sich verselbständigen und nachwirken, selbst wenn die ursprüngliche Mangelsituation längst überwunden ist. Menschen, die aus schlimmen Erfahrungen heraus in chronische bioenergetische Kontraktionen geraten sind, bleiben später in ihren starren Strukturen, in ihrem Charakter- und Körperpanzer gefangen.

Vom Ursprung zur Ausbreitung der Gewalt

So erklärt DeMeo den Zusammenhang zwischen Hungersnöten und der Entstehung emotionaler Panzerungen erstmalig im Gebiet von Saharasia vor 6000 Jahren. Es handelte sich demnach um eine Art Initialzündung einer sich daran anschließenden Kettenreaktion von Gewalt in menschlichen Gesellschaften, die bis dahin emotionale Panzerungen mit all ihren destruktiven Folgen nicht kannten. Für den davon betroffenen Teil der Menschheit begann auf diese Weise die Abtrennung von der gemeinsamen Wurzel alles Lebendigen: Mit der Spaltung ihres biologischen Kerns, ihrer inneren lebendigen Energiequelle, mit dem Begraben und Verschütten ihrer Lebendigkeit unter den starren Strukturen von Charakter- und Körperpanzer, haben sie den ursprünglichen natürlichen Kontakt zu dieser Quelle verloren – und damit das tief empfundene Gefühl von liebevoller Verbundenheit zu allem anderen Lebendigen, zur Natur insgesamt, zum Kosmos als einem ganzheitlichen lebendigen Organismus. Darin also liegt der historische Ursprung der Gewalt – und zwar in dem Sinne des Wortes: Es ist etwas zersprungen, was bis dahin heil war. Lag darin der reale Hintergrund für den Mythos vom Verlust des Paradieses?

Aber wie kam es nach dieser Initialzündung zu der Kettenreaktion, zu den Wellen der Ausbreitung von Gewalt? Auch zur Erklärung dieses Zusammenhangs greift DeMeo auf Erkenntnisse von Reich zurück, die dieser in erster Linie in seinem letzten Buch, »Christusmord«, formuliert hat und die er aus seinen jahrzehntelangen therapeutischen Erfahrungen gewonnen hatte: Menschen, die in der chronischen Kontraktion ihres bioenergetischen Systems, in ihrem Charakter- und Körperpanzer gefangen sind, reagieren unbewußt auf spontane Äußerungen des Lebendigen mit Angst und Panik, dies um so mehr, je größer der Grad ihrer Erstarrung ist. Durch die energetische Ausstrahlung lebendiger Organismen oder lebendiger Prozesse wird ihr eigenes Energiesystem in wachsende Erregung versetzt, aber diese Erregung kann sich nicht – wie im ungepanzerten Organismus – strömend ausbreiten und als Lust und Liebe empfunden werden. Sie ist in den Mauern der Panzerung eingesperrt, erhöht den Stauungsdruck und läßt den Organismus als Reaktion darauf noch starrer werden – bis hin zu einem Punkt, wo sich die angewachsene Stauung explosionsartig in Gewalt entlädt. Die Gewalt richtet sich dann vor allem gegen den Auslöser wachsender Angst und Erstarrung: gegen das Spontane, Lebendige, Liebevolle, Fließende in anderen Menschen und in der Natur.

Auf diese Weise tendiert der chronisch gepanzerte Mensch dahin, alles Lebendige nicht nur in sich, sondern auch um sich herum niederzuringen, in seiner Lebendigkeit zu dämpfen, zu zerstören oder ihm auszuweichen. Ob er ihm eher ausweicht oder es eher zerstören wird, ist eine Frage des Kräfteverhältnisses, eine Frage der Macht: Verfügt er über hinreichende Macht, so wird er das Lebendige tendenziell zerstören; und dies nicht primär aus rationalen Überlegungen heraus, sondern aus der unbewußten Tiefe seiner emotionalen Struktur.

Die scheinbar rationalen Begründungen und Legitimationen für sein Handeln sind lediglich eine Folge der emotionalen Struktur. Der gepanzerte Mensch wird sich entsprechend eine Fülle von Ritualen, Institutionen, Gesetzen und von sozialen Strukturen schaffen, wird Ideologien, Glaubenssysteme und Religionen hervorbringen oder übernehmen, die die Zerstörung des Lebendigen bewirken und legitimieren, und er wird an all das mit fester Überzeugung glauben und es gegenüber Andersgläubigen mit Gewalt durchzusetzen versuchen.

So stellt sich die (geschriebene) Geschichte – seit dem Ursprung der Gewalt – als eine unendliche Kette von Gewalt dar, zunächst gegen friedliche und liebevolle Menschen, Stämme oder Völker, die dann entweder der Gewalt zum Opfer fielen oder sich ihrerseits verhärteten, panzerten, Gegengewalt entwickelten und schließlich selbst gewaltsam wurden; später mehr und mehr zwischen den gewaltsam gewordenen Individuen, Gruppen, Stämmen, Völkern, die sich mit Verbissenheit und Fanatismus einer der gewaltsamen Ideologien oder Religionen oder sozialen Bewegungen oder Staaten verschrieben hatten und dafür gegen die anderen zu Felde zogen, wobei die Kanalisierung der Gewaltimpulse gegen einen vermeintlichen gemeinsamen äußeren Feind die inneren Gegensätze zeitweilig überdeckte und in den Hintergrund treten ließ, bis sie mit dem Wegfall des »äußeren Feindes« oder Feindbildes um so jäher aufbrachen bzw. ausbrachen. Dies ist ein sich in den 6000 Jahren Geschichte ständig wiederholendes Muster, in Tausenden von Facetten, im Großen wie im Kleinen, bis heute.

Kommen wir auf den Ursprung der Gewalt zurück. Die von den Hungersnöten gequälten und überlebenden Menschen in Saharasia begannen, ihre Babys und Kinder zu vernachlässigen und zunehmend brutalen Ritualen und Erziehungsmethoden zu unterwerfen. Auf der Flucht aus den ausgedörrten Gebieten wurde zum Beispiel der ganze Körper der Babys fest umwickelt, so daß sie sich nicht bewegen und – »pflegeleicht« – wie ein Bündel Gepäck transportiert, abgelegt oder irgendwo hingehängt werden konnten. Ihre Schädel wurden zwischen Brettern oder Riemen eingebunden, so daß sie nur noch in die Höhe wachsen konnten und dabei deformiert wurden. Die Genitalien der Babys oder Kinder wurden durch qualvolle Rituale der Beschneidung verstümmelt.
DeMeo hat die verschiedenen Formen gewaltsamer Rituale und Erziehungspraktiken sowie ihre zeitliche und räumliche Ausbreitung ausführlich dokumentiert. Er sieht sie im Zusammenhang mit mehr oder weniger ausgeprägtem Patriarchat (patrism). Sie nehmen ihren Anfang in Saharasia nach dem Ausbruch der Hungersnöte, breiten sich durch die Fluchtbewegungen und Völkerwanderungen von dort immer weiter über den Erdball aus und schwächen sich im Grad ihrer Brutalität mit wachsender Entfernung von ihrem Ursprung ab. Ganz ähnlich wie Wasserwellen sich ausbreiten, wenn man einen Stein ins Wasser wirft: Vom Zentrum zur Peripherie werden sie schwächer *(Abb. 92)*:

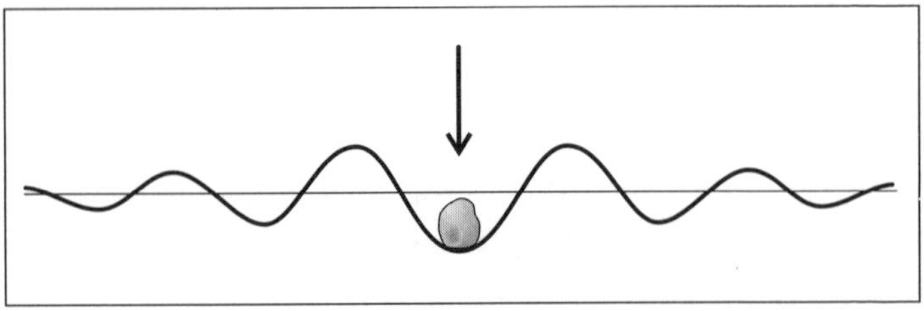

Abb. 92

Geografisch stellt DeMeo den Ausbreitungsprozeß wie folgt dar *(Abb. 93 und 94)*:

Abb. 93

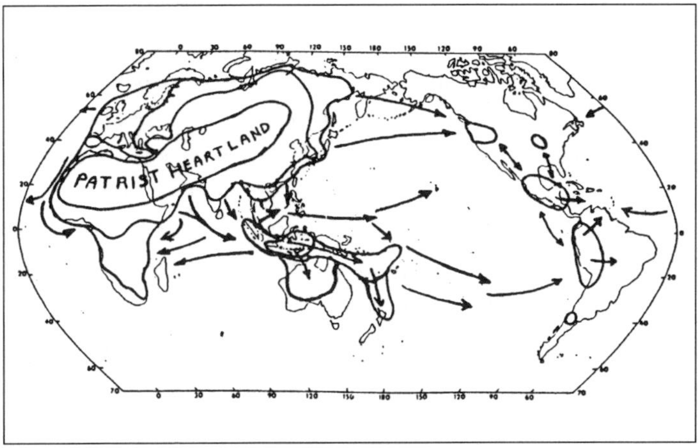

DeMeos vermutetes Muster der globalen Ausbreitung von Patrismus und Gewalt seit 4000–3500 v. Chr. bis in die Gegenwart

Abb. 94

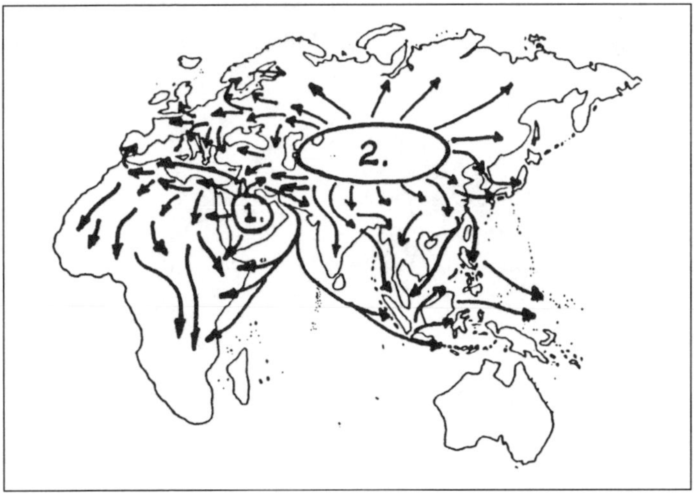

DeMeos Karte der Ausbreitung von Gewalt, ausgehend von patristischen Kulturen des arabischen Kerns (1) und des zentralasiatischen Kerns (2) seit 4000–3500 v. Chr. bis in die Gegenwart

Die sich daraus ergebenden unterschiedlichen Grade an »Patrismus« in ihrer geografischen Verteilung zeigt *Abb. 95*.
Immer dann, wenn gewaltsam gewordene Stämme oder Völker auf der Flucht vor der Dürre und bei der Suche nach neuem Lebensraum auf friedliche Stämme stießen, haben sie diese unterjocht, umgebracht oder in die Gegengewalt getrieben. Auf diese Weise konnten in Gebieten, die von der Ausbreitungswelle der Gewalt überschwemmt wurden, friedliche Lebensweisen nicht überleben. Sie wurden sozusagen in die Welle der Gewalt mit hineingerissen, wurden von der Ausbreitung der Gewalt angesteckt. Nur wenige Flecken auf dieser Erde blieben im Laufe der 6000 Jahre Geschichte von der Ausbreitung der Gewaltwellen verschont, bis in dieses Jahrhundert, weil sie geografisch unzugänglich lagen (z.B. Stämme tief im Urwald, irgendwo im Hochland oder auf einer der unzähligen Inseln einer Inselgruppe). Einer dieser Stämme, die weitgehend von Gewalt und Lustfeindlichkeit verschont geblieben sind, sind die Trobriander, ein anderer Stamm sind die Muria, die im Hochland von

Abb. 95

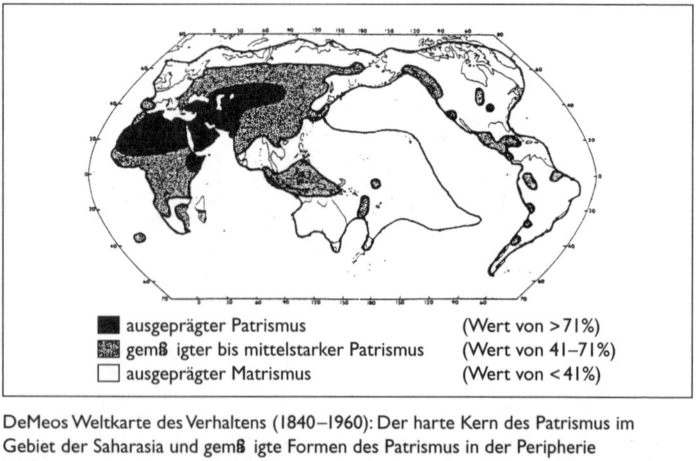

DeMeos Weltkarte des Verhaltens (1840–1960): Der harte Kern des Patrismus im Gebiet der Saharasia und gemß igte Formen des Patrismus in der Peripherie (Quelle: rekonstruiert aus Daten über Ureinwohner aus G. P. Murdock (1967): Ethnographic Atlas, U. Pittsburgh Press)

Indien leben. Über die Muria gibt es eindrucksvolle Berichte von Verrier Elwin,[116] der ursprünglich als christlicher Missionar mit der Aufgabe betraut war, die Muria zum christlichen Glauben und zur christlichen Sexualmoral zu bekehren. Er war jedoch von der Lebendigkeit, der Ausstrahlung und vom friedlichen Zusammenleben dieser Menschen so tief beeindruckt, daß er seine Missionarstätigkeit aufkündigte und von da an seine Lebensaufgabe darin sah, das Wissen über dieses sexuelle Paradies auf Erden zu verbreiten.

5.5 Kapitalismus und Kolonialismus – Gewaltwellen aus Europa

Es ist im Rahmen dieses Buches nicht möglich, den historischen Prozeß der Entstehung und Ausbreitung von Patriarchat und Gewalt auch nur annähernd zusammenhängend darzustellen. Ich verweise deshalb noch einmal auf die Forschungsarbeit von DeMeo. Seine Forschungen beziehen sich allerdings nur auf den über mehrere Jahrtausende sich vollziehenden Prozeß der Entstehung und Ausbreitung von Gewalt, bevor sich durch Kapitalismus und Kolonialismus neue Wellen von Gewalt über die Welt ausbreiteten (auch die Gewalteskalation des Faschismus ist nicht mehr Gegenstand seiner Forschungen). Während die von DeMeo beschriebenen Prozesse von Saharasia ausgingen, lag der Ursprung dieser historisch jüngeren Gewaltwellen in Europa. Auch hiervon gingen wieder Kettenreaktionen von Gewalt aus, die sich in zwei Jahrhunderten nahezu über die ganze Welt ausbreiteten. Was waren die wesentlichen Faktoren, die diese Expansion bewirkten? Wo lagen die tieferen Wurzeln für diesen unbändigen Expansionsdrang von Kapitalismus und Kolonialismus, der alles niederwalzte, was sich ihm in den Weg stellte?

Struktur und Dynamik des Kapitalismus

Über die ökonomischen Triebkräfte des Kapitalismus, über seine historische Entstehung und seine innere Dynamik finden sich grundlegende Erkenntnisse bei Marx, am systematischsten entwickelt in seinem Hauptwerk »Das Kapital«. Diese Erkenntnisse ermöglichen nach wie vor einen tiefen Einblick in die Grundstruktur und Dynamik des kapitalistischen Systems und in die Wurzeln der von ihm hervorgetriebenen ökonomischen und sozialen Krisensymptome. Marx hat für diese Zusammenhänge den Blick weit geöffnet, auch wenn er in bezug auf ökologische, feministische und sexualökonomische Aspekte von Herrschaft und Gewalt weitgehend blind geblieben ist. Auch die Problematik des Geldsystems und der von ihm ausgehenden Störungen[117] hat er seinerzeit unterschätzt. An anderer Stelle habe ich eine ausführliche Einführung in die Marxsche Theorie des Kapitalismus gegeben.[118] Hier will ich deshalb nur ganz grobe Andeutungen machen, die mir im Zusammenhang mit der Verschüttung des Lebendigen und der Ausbreitung von Gewalt von wesentlicher Bedeutung zu sein scheinen.

Die ursprüngliche Akkumulation: Offene Gewalt nach innen und aussen

Der Kapitalismus bedurfte zu seiner historischen Entstehung zweier Grundvoraussetzungen, zweier historischer Entwicklungslinien, die sich schon vorher herausgebildet hatten und zeitgleich zusammenfließen konnten. Marx nannte diese Phase die »ursprüngliche Akkumulation des Kapitals«. Die eine Entwicklungslinie bestand in der Umwandlung von Arbeitskraft in Lohnarbeit (A → LA), die andere in einer Anhäufung von Geld-

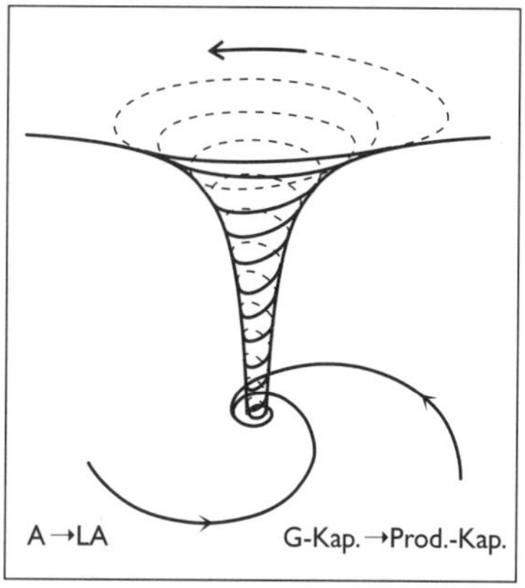

Abb. 96

kapital (G-Kap.) beispielsweise aus Handelgeschäften oder Kreditgeschäften, das dann als Produktivkapital (Prod.-Kap.) in die kapitalistische Produktion einfließen konnte, indem es deren Vorfinanzierung ermöglichte. *Abb. 96* stellt schematisch das Zusammenfließen beider Entwicklungslinien dar, aus dem heraus sich das damals neue System des Kapitalismus mit seiner inneren Dynamik exponentiellen Wachstums entwickeln konnte, dargestellt durch die nach oben sich ausweitende Spirale.

Beide Entwicklungslinien waren mit ungeheurer Gewalt verbunden; bezogen auf die sich daraus entwickelnde kapitalistische Gesellschaft war es einerseits Gewalt nach innen und andererseits Gewalt nach außen.

Die Umwandlung von Arbeitskraft in Lohnarbeit brachte seinerzeit zunächst im Inneren von England eine massenhafte Entwurzelung von Menschen aus ihren vorherigen Existenzgrundlagen:[119] Mit Aufkommen der Textilmanufakturen stellte sich die Landwirtschaft auf den begehrten Rohstoff Schafwolle, das heißt auf Schafzucht um, wofür nur relativ wenige Arbeitskräfte benötigt wurden. Die dadurch brotlos gewordenen Landarbeiter wurden mit Gewalt vom Land vertrieben, ein Teil wurde ermordet, ein anderer Teil konnte fliehen und strömte in die Städte, in der Hoffnung auf eine neue Existenzgrundlage als Lohnarbeiter in den aufkommenden Manufakturen oder kapitalistisch betriebenen Bergwerken.

Aber die Manufakturen und Bergwerke konnten unmöglich so

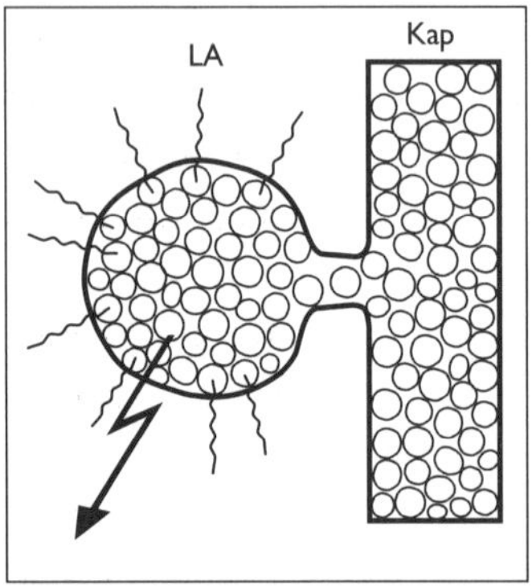

Abb. 97

viele Menschen beschäftigen, und so kam es zu Massenarbeitslosigkeit und Verelendung, während die Löhne für die Arbeiter und Bergleute durch den Überschuß an Arbeitskräften ins Bodenlose fielen. Außerdem entstanden extrem unmenschliche Arbeitsbedingungen, und die Arbeiter wurden mit offener Gewalt in die neue kapitalistische Arbeitsdisziplin regelrecht hineingepeitscht. *Abb. 97* stellt diesen Zustrom entwurzelter Lohnabhängiger zum Arbeitsmarkt und ihre nur teilweise Aufnahme in kapitalistischen Betrieben dar. Der Ballon bedeutet Massenarbeitslosigkeit, der Blitz symbolisiert die Entladung sozialer Spannungen in Krisen.

Die Massenarbeitslosigkeit wuchs weiter an, die Städte waren überfüllt mit Obdachlosen, mit Bettlern, Dieben und Vagabunden, und die Kriminalität nahm immer mehr zu. In England gab es unter den verschiedenen Königen die unterschiedlichsten Gesetze und Methoden, um mit diesen sozialen Problemen fertig zu werden. Der gemeinsame Nenner lag in der unglaublichen Brutalität, mit der man den davon betroffenen Menschen, die ja nur Opfer der ökonomischen und sozialen Umwälzungen waren, begegnete.

Wer zum Beispiel das erste Mal beim Betteln oder Vagabundieren erwischt wurde, wurde gebrandmarkt – im ursprünglichen Sinne des Wortes: Ihm wurde mit glühendem Eisen eine Brandmarke ins Gesicht gedrückt, und damit war er für alle erkennbar vorbestraft. Wurde er noch einmal erwischt, dann wurde ihm ein Ohr abgehauen. Beim dritten Mal wurde er hinter einen Karren gebunden und solange durch die Straßen geschleift, bis er tot war. Unter anderen Regimen wurden die Menschen wegen geringer Delikte massenweise geköpft oder gehenkt. Auf diese Art und Weise wurde das soziale Problem der Massenarbeitslosigkeit und des wachsenden sozialen Elends »gelöst«.

Das Geldkapital andererseits war vor allem durch Fernhandel akkumuliert worden, wobei »Fernhandel« ein verharmlosender Ausdruck ist für Ausbeutung, Plünderungen und Gewalt gegen andere Völker in fernen Ländern. Deren Waren wurden vielfach mit brutaler Gewalt weit unter ihrem Wert »eingekauft« und zu Hause von monopolistisch organisierten Handelskompanien weit über ihrem Wert verkauft. Die sich auf diese Weise anhäufenden Reichtümer in Form von Geldkapital strömten später in die kapitalistische Produktion.

Die Resultate der inneren wie der äußeren Gewalt, Lohnarbeit und Handelskapital, waren die historischen Grundlagen, auf denen sich der Kapitalismus entwickelte.

Der Umwandlungsprozeß von Arbeitskraft in Lohnarbeit (A → LA) in den Anfängen des Kapitalismus in Europa hing untrennbar zusammen mit der Auflösung des Feudalismus. Im Feudalismus gab es einerseits die herrschende Klasse der Großgrundbesitzer oder des Adels, andererseits die leibeigenen Bauern, die einen Teil des Bodens bewirtschafteten. Von der Ernte mußten sie einen Teil an den Großgrundbesitzer abliefern (*Abb. 98* stellt diese Struktur symbolisch dar für den Fall eines Großgrundbesitzers und dreier leibeigener und abgabepflichtiger Bauern).

Abb. 98

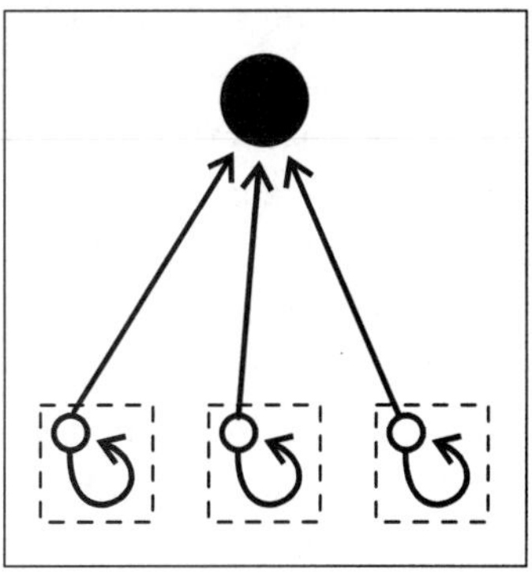

Der Adel lebte also davon, daß

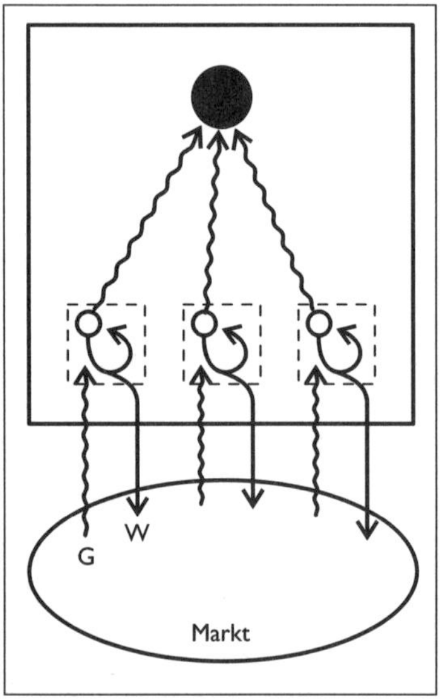

Abb. 99

er sich das »Mehrprodukt«, das von den Bauern erwirtschaftet wurde und über deren eigenen Lebensunterhalt (Reproduktionskosten) hinausging, aneignete; er lebte von der Ausbeutung der Arbeitskraft anderer, ohne selbst produktiv arbeiten zu müssen.

Die Abgaben der Bauern erfolgten lange Zeit in Naturalform, was bedeutete, daß der Adel die Agrarprodukte entweder selbst verbrauchte oder aber gegen andere Waren tauschen oder gegen Geld verkaufen mußte. Mit aufkommendem Fernhandel wurde es für den Adel immer attraktiver, exotische Waren gegen Geld zu kaufen; also ließ er sich von den Bauern die Abgaben gleich in Geld abliefern (in *Abb. 99* dargestellt durch die geschlängelten Pfeile). Dadurch waren die Bauern gezwungen, ihrerseits an Geld heranzukommen, indem sie ihre Agrarprodukte als Waren auf dem Markt in den Städten verkauften.

Während die Großgrundbesitzer zu ihrer eigenen Bereicherung die Abgaben immer mehr in die Höhe trieben und die Bauern immer mehr ausbeuteten, widersetzten sich die Bauern und kämpften in Aufständen und Kriegen für ihre Befreiung aus der feudalen Abhängigkeit und der Leibeigenschaft. Ein Resultat dieses Kampfes war schließlich, daß sich die Bauern vom Großgrundbesitzer freikauften und ein Stück Land als Eigentum erwerben konnten. Der Adel verlor damit nicht nur einen Teil seines Bodens, sondern auch seine ursprüngliche Ausbeutungsquelle und damit auch mehr und mehr seine gesellschaftliche Macht *(Abb. 100)*.

Die Bauern hatten sich zwar aus der feudalen Abhängigkeit befreit, gerieten aber in eine neue Abhängigkeit von den Kreditgebern. Denn sie benötigten Kredite, um sich freizukaufen und um ihre Produktionsmittel vorzufinanzieren, und mußten dafür Wucherzinsen an die Geldkapitalbesitzer bzw. Geldverleiher bezahlen. Außerdem mußten sie nun auf eigene Rechnung und Verantwortung wirtschaften und gerieten am Markt unter immer stärkeren Konkurrenzdruck, mit der Folge, daß viele von ihnen die Kredite nicht mehr zurückzahlen konnten und den erworbenen Boden bald wieder an die Kreditgeber verloren. Auf diese Weise wurden sie von ihren Produktionsmitteln getrennt, aus ihren Existenzgrundlagen herausgeschleudert und in die Lohnabhängigkeit getrieben *(Abb. 101)*.

Auf der anderen Seite konnten die verpfändeten Grundstücke von den Geldkapital-

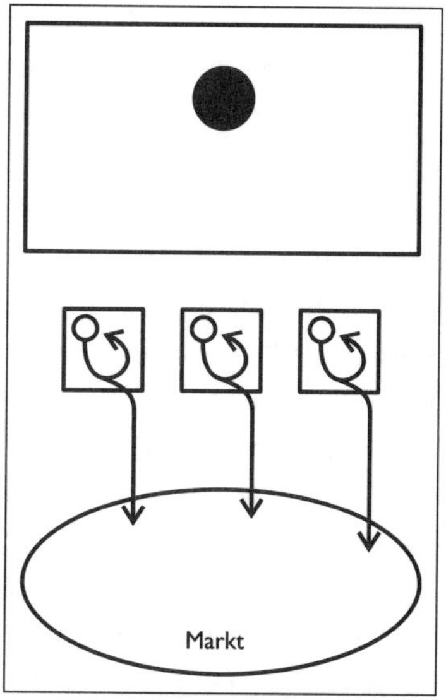

Abb. 100

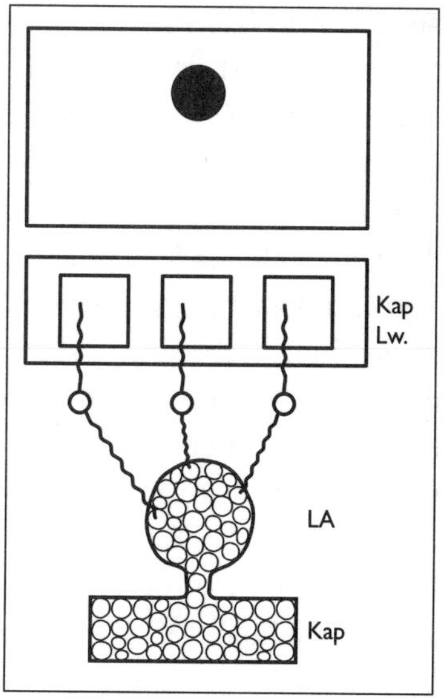

Abb. 101

besitzern zu neuem Großgrundbesitz zusammengefaßt und nunmehr kapitalistisch bewirtschaftet werden, das heißt unter Beschäftigung landwirtschaftlicher Lohnarbeiter und in Form von Großplantagen, ausgerichtet am Profitprinzip. Diese Form von kapitalistisch betriebener Landwirtschaft (KapLw.), von Agrarkapitalismus, hatte sich in England bereits herausgebildet, als es zur Umstellung von Gemüse- und Getreideanbau auf Schafzucht kam, weil sich damit mehr Profite erzielen ließen. Von der gewaltsamen Vertreibung der überschüssigen Landbevölkerung und dem sozialen Elend, das sich in den Städten entwickelte, war ja schon die Rede.
Eine weitere Quelle des Zustroms von Lohnabhängigen auf dem Arbeitsmarkt war die Auflösung der feudalen Strukturen des Handwerks, also der Zünfte, durch die erkämpfte Gewerbefreiheit. Auch hier handelte es sich nur um eine vorübergehende Freiheit und Selbständigkeit, denn die selbständigen Handwerker gerieten nicht nur in Konkurrenz zueinander, sondern vor allem in Konkurrenz gegen die Manufakturen und später gegen die Industriebetriebe, die mit ihrer Massenproduktion die Waren ungleich billiger auf den Markt bringen und damit das Handwerk vernichten konnten. Die Aufstände der Weber gegen die mechanischen Webstühle sind nur ein Beispiel für den verzweifelten Kampf der Handwerker, sich der drohenden Vernichtung ihrer Existenzgrundlagen entgegenzustellen. Aber die kapitalistische Entwicklung hat sich dennoch ungebrochen durchgesetzt und weitere Menschenmassen in die Lohnabhängigkeit getrieben, nicht aus freier Entscheidung oder aus irgend einem Anreiz heraus, sondern aus dem Zwang der ökonomischen und sozialen Umwälzungen, die über die einzelnen Menschen hinwegrollten und sie mitrissen.
Der Entwicklung des Kapitalismus gingen somit verschiedene Wellen von Enteignung, Wellen der Vernichtung von Exi-

stenzgrundlagen und Wellen der Lostrennung der arbeitenden Menschen von ihren Produktionsmitteln voraus. Die vorher vorhandene Einheit von Produzierenden und Produktionsmitteln wurde durch diese Entwicklung gespalten, zertrümmert. Daraus erst entstand die Abhängigkeit der vielen, die ihrer Produktionsmittel beraubt worden waren, von den wenigen, die die neuen Eigentümer der Produktionsmittel wurden, das heißt die Abhängigkeit der Lohnarbeiter von den Kapitalisten, die Lohnabhängigkeit.

»Gewalt war der Geburtshelfer des Kapitalismus«, hat Marx einmal geschrieben. Die eine Entwicklungslinie, die Entstehung der Lohnarbeit, war – gesellschaftlich betrachtet – begleitet von Gewalt nach innen; die andere Entwicklungslinie, die Entstehung des Geldkapitals aus dem Fernhandel, war begleitet von Gewalt nach außen, von Raub und Plünderungen der Waren und Edelmetalle anderer Völker oder anderer Handelsflotten. Und die Vermehrung des Geldkapitals durch Kreditwucher brachte ebenfalls Gewalt nach innen mit sich.

Die innere Dynamik des Kapitalismus: Die eigentliche Kapitalakkumulation

Indem sich die verschiedenen historischen Entwicklungslinien miteinander vereinigten, indem das Geldkapital nunmehr in die Produktion floß und die Arbeitskraft als Lohnarbeit in den Produktionsprozeß hineinzog, war die kapitalistische Produktionsweise entstanden, die nun mehr und mehr ihre innere Dynamik entfalten konnte: Nach der »ursprünglichen Akkumulation des Kapitals« entwickelte sich nun die »eigentliche Kapitalakkumulation«, deren Gesetzmäßigkeiten Marx eingehend in seinem »Kapital« herausgearbeitet und beschrieben hat.

Treibender Motor der kapitalistischen Produktionsweise ist die Jagd der einzelnen kapitalistischen Unternehmen nach Mehrwert, nach Profit. Geld wird in die Produktion eingesetzt, um daraus mehr Geld werden zu lassen: G – G'. Dieses Mehrgeld wird wiederum eingesetzt, um zu noch mehr Geld (G") zu werden: G – G' – G". »Der rastlose Trieb des Kapitals nach Mehrwert«, so hat es Marx genannt. Wenn jährlich eine bestimmte Profitrate, eine bestimmte Rendite auf eine vorgeschossene Kapitalsumme erwirtschaftet wird und in die nächste Runde der Kapitalverwertung miteinfließt, also wieder in die Produktion gesteckt wird, kommt dabei nicht nur ein lineares Wachstum, sondern ein exponentielles Wachstum des Kapitals zustande.

Die Suche nach der Quelle der Mehrwertbildung und Kapitalakkumulation führte Marx zu der These, die Arbeitskraft sei letztlich die einzige Quelle des Mehrwerts (wenn man vom ungleichen Tausch von Waren absieht, wo der eine nur das hinzugewinnt, was der andere verliert). Das Kapital sei insofern kein eigenständiger Produktionsfaktor, sondern sei entstanden und vermehre sich ständig durch den von der Arbeitskraft hervorgebrachten, aber von den Kapitalisten angeeigneten Mehrwert. Während die übrigen Einsatzfaktoren der Produktion, wie Material und Maschinen, den in ihnen enthaltenen Wert lediglich auf die neu entstehenden Produkte übertragen, sei die Arbeitskraft der einzige Faktor, der im Produktionsprozeß mehr Werte hervorbringe, als er selbst an Wert – und das heißt auch an Reproduktionskosten – verkörpere.

Die Lohnabhängigen einer kapitalistischen Gesellschaft produzieren insgesamt nicht nur Konsumgüter, die sie mehr oder weniger mit ihrem Lohn kaufen können, um ihren Lebensunterhalt zu bestreiten und ihre Reproduktion zu sichern; sie produzieren darüber hinaus auch noch Produktionsmittel, die aber von anderen, von den Kapitalisten, gekauft werden mit dem von ihnen angeeigneten Mehrwert. Und der Einsatz der Produktionsmittel als Kapital löst sich von den Interessen derjenigen, die das Kapital erst hervorgebracht haben und es tagtäglich vergrößern, von den Interessen der Lohnabhängigen. Er verselbständigt sich und unterliegt dem Zwang zur Kapitalverwertung und zur exponentiell anwachsenden Kapitalakkumulation. *Abb. 102* zeigt die Abspaltung des Mehrwerts, seine Umwandlung in Kapital und dessen Druck auf die Lohnarbeit. (Dieses Schema erinnert an *Abb. 3*, in der die Spaltung des emotionalen Kerns eines Menschen unter dem Einfluß repressiver äußerer Bedingungen dargestellt ist; siehe S. 17).

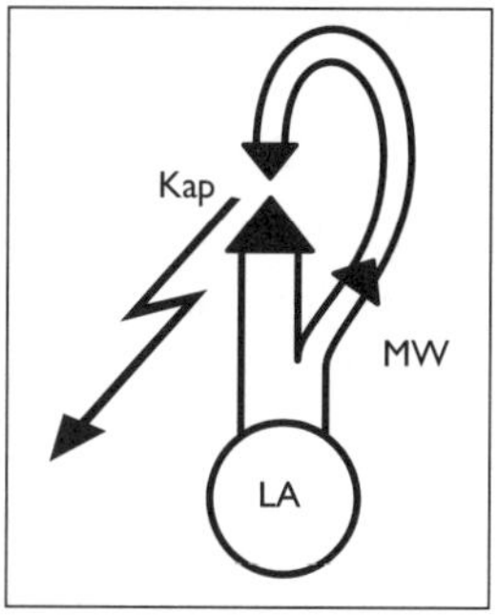

Abb. 102

Einzelne kapitalistische Unternehmen, die sich diesem Zwang nicht beugen, unterliegen in der Konkurrenz. Um mithalten zu können, müssen sie ständig Mehrwert aus der Produktion herausziehen, ihn in Form von Gewinn realisieren, das heißt durch den Absatz der Waren in Geld umwandeln, und dieses Geld zum großen Teil wieder in die Produktion und in die nächste Runde der Kapitalverwertung stecken usw. Durch die kapitalistische Konkurrenz werden sie ständig zu neuen Investitionen getrieben, werden angetrieben wie Figuren auf einer abwärtslaufenden Rolltreppe, die in den Abgrund stürzen, wenn sie für einige Zeit stehenbleiben *(Abb. 103)*.

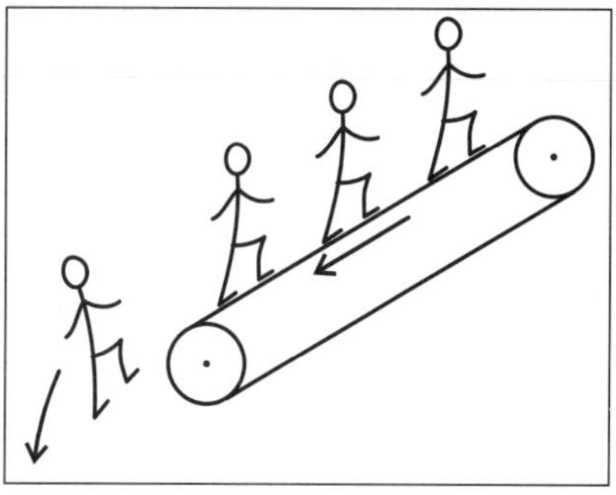
Abb. 103

Einerseits sind sie selbst die Treibenden, andererseits aber auch die Getriebenen.

Die kapitalistische Produktion erfolgt insofern unter äußerem Druck, unter dem Druck der Konkurrenz, dem die einzelnen kapitalistischen Unternehmen unterliegen und der im inneren der Unternehmen an die Lohnabhängigen nach unten weitergegeben wird. Das Kapital drückt auf die Lohnarbeit, unterdrückt die Lohnabhängigen und ist doch selbst erst aus ihrer Arbeitskraft hervorgegangen. So beschreibt Marx die Grundstruktur des Kapitalismus. Sie ist geprägt von einem grundlegenden Konflikt, von einem »Grundwiderspruch« zwischen Lohnarbeit und Kapital, den er als Wurzel für das Hervortreiben ökonomischer, sozialer und politischer Umwälzungen und ökonomischen Krisen betrachtet (in *Abb. 102* dargestellt durch den Blitz).

Die Arbeit entspringt unter solchen Bedingungen nicht einem inneren Bedürfnis, sondern einem äußeren Zwang, einem Leistungsdruck. Die Produktion orientiert sich nicht an den Gebrauchswerten, an dem, was eine Gesellschaft braucht, sondern am davon losgelösten, abstrakten Mehrwert. Zugespitzt formuliert: Wenn die Produktion von Lebensmitteln (von lebensnotwendigen Mitteln) weniger Mehrwert bzw. Profit abwirft als die Produktion von Todesmitteln, dann strömt das Kapital in die Produktion von Todesmitteln.

Der Kapitalismus mit seinem Zwang zum exponentiellen Wachstum hat eine solche Dynamik ökonomischer, sozialer und technologischer Umwälzungen entfesselt und das Gesicht der Erde in wenigen Jahrhunderten derart verändert, wie das bis dahin keine Produktionsweise auch nur annähernd vermocht hatte.

Weltweite Zersetzung vorkapitalistischer Produktionsweisen

In seinem Expansionszwang stieß der Kapitalismus aber auch immer wieder mit vorkapitalistischen Produktionsweisen zusammen, die seiner Dynamik im Wege standen und die er deshalb zersetzte und für seine Zwecke gefügig machte.
Diesen Prozeß des Zusammenpralls zwischen expandierendem Kapitalismus und vorkapitalistischem Umfeld – sowohl innerhalb der europäischen Länder als auch im Verhältnis zur übrigen Welt – wurde von Rosa Luxemburg in ihrem Buch »Die Akkumulation des Kapitals« eingehend analysiert. Sie entwickelt darin die These, daß die Expansion des Kapitalismus auf die Zersetzung vorkapitalistischer Produktionsweisen angewiesen ist und sich gewissermaßen aus deren Zerfallsprodukten speist. Dieser Prozeß erinnert an einen Tumor, der zu seinem eigenen Wachstum der Zersetzung ursprünglich gesunder Zellen bedarf. Rosa Luxemburg sah insofern einen notwendigen Zusammenhang zwischen Kapitalismus und Kolonialismus. *Abb. 104* stellt die innere Dynamik der Kapitalakkumulation, umgeben von nichtkapitalistischen Produktionsweisen (z.B. in Form von Subsistenzwirtschaft und einfacher Warenproduktion durch Handwerker und Kleinbauern dar.)

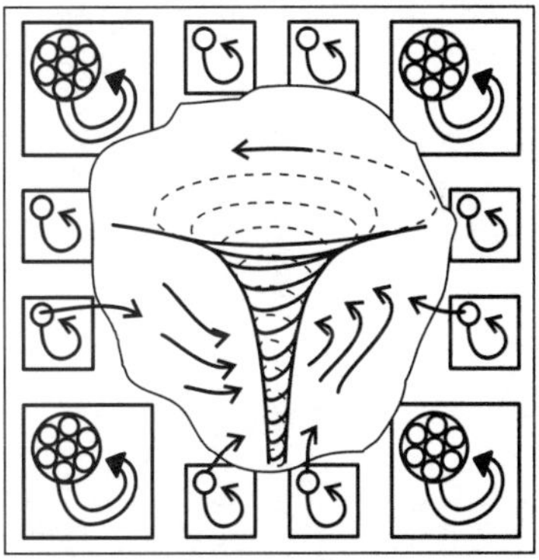

Abb. 104

Die Kolonien waren in mehrfacher Hinsicht das Opfer eines Drucks bzw. Überdrucks, der dem Kapitalismus immanent ist und von ihm ausgeht: Der Druck der Konkurrenz und der

Zwang zur Kapitalverwertung treiben die Warenproduktion immer mehr in die Höhe und erfordern einerseits wachsende Absatzmärkte, die über die Schranken der nationalen Märkte hinausdrängen, andererseits möglichst billige Rohstoffe (R), Arbeitskräfte (A), Löhne (L) und Materialkosten (M). Und der durch Bevölkerungswachstum und Massenarbeitslosigkeit entstehende Überdruck an arbeitsloser Bevölkerung drängt in Richtung Eroberung neuen Lebensraums für Auswanderer *(Abb. 105)*.

Für alle diese Zwecke waren die fernen Länder mit ihren vorgefundenen traditionellen Sozialstrukturen völlig ungeeignet. Also mußten sie zersetzt und zerstört werden, notfalls mit brutaler Gewalt, und durch andere Strukturen ersetzt werden, die den Bedürfnissen des Kapitalismus entsprachen und diese Länder in Abhängigkeit brachten.

Abb. 105

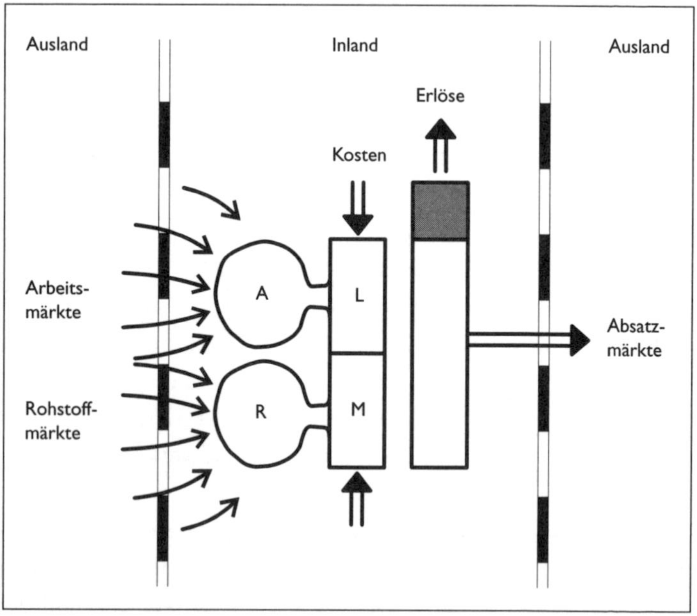

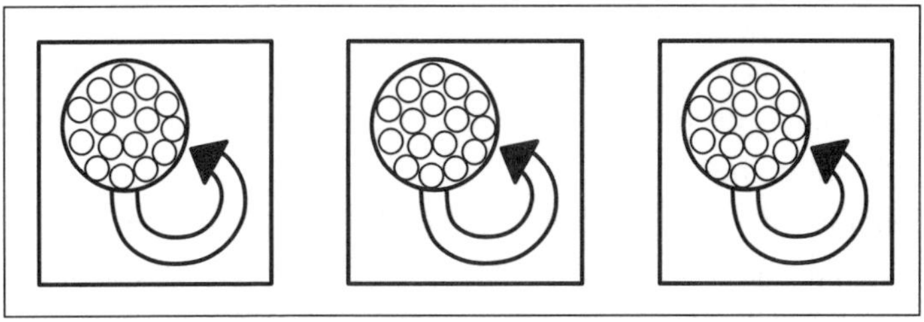

Abb. 106

In vielen dieser Länder gab es ein Nebeneinander von Stämmen oder Dorfgemeinschaften, die den Boden und andere Produktionsmittel gemeinsam nutzten und sich mit den Produkten ihrer Arbeit und der Natur selbst versorgten. Die Produktion war keine Warenproduktion, war nicht am Austausch orientiert, sondern an dem, was die Gemeinschaft brauchte und was mit den an Ort und Stelle vorhandenen Ressourcen hergestellt werden konnte. *Abb. 106* stellt dieses Nebeneinander von Subsistenzwirtschaften symbolisch dar: Die kleinen Kreise innerhalb des großen Kreises bedeuten eine Gemeinschaft von Menschen, der Pfeilstrom meint die Produkte, die sie gemeinschaftlich für sich herstellen, und die Quadrate den Boden und andere Produktionsmittel, die sie gemeinschaftlich nutzen.

Solche sich selbst versorgenden Gemeinschaften oder Subsistenzwirtschaften waren in jeder Hinsicht dem Expansionsdrang des Kapitalismus im Weg:

- Die in ihren Gemeinschaften verwurzelten und mit den Produktionsmitteln verbundenen Menschen hatten keinen Grund, ihre Arbeitskraft als Lohnarbeit an Kapitalisten zu verkaufen.
- Die in Selbstversorgung und Genügsamkeit lebenden Gemeinschaften hatten keinen Grund, ihre Bodenschätze zu verkaufen oder gar durch Fremde ausbeuten zu lassen. Darüber hinaus hatten manche dieser Kulturen noch ein spirituelles Verhältnis zur Natur, empfanden die Erde als lebendigen

Organismus, als »Mutter Erde«, zu der sie ein liebevolles Verhältnis pflegten. Jede gewaltsame Ausbeutung an Rohstoffen, jeder Raubbau an Ressourcen wäre ihnen zutiefst fremd gewesen.

- In ihrer Selbstversorgung und Genügsamkeit waren sie auch als Absatzmärkte für die kapitalistische Warenproduktion völlig ungeeignet.
- Solange das Land von ihnen bewohnt und gemeinschaftlich genutzt wurde, bot es auch keinen hinreichenden Lebensraum für Auswanderer aus Europa.

Die Abrichtung der Kolonien auf die Interessen der Metropole

Wie hat es nun der Kolonialismus geschafft, diese für den Kapitalismus völlig ungeeigneten Strukturen zu zersetzen? Rosa Luxemburg beschreibt diesen Prozeß ausführlich am Beispiel von Indien; er hat sich in ähnlicher Weise auch in anderen Kolonien vollzogen: Am Anfang stand die offene Gewalt, die jeden Widerstand der einheimischen Bevölkerung zu brechen versuchte. Zunächst einmal wurde ihr das gemeinschaftlich genutzte Land entzogen und als Privateigentum einer Klasse von Großgrundbesitzern übertragen, manchmal bestehend aus einer einheimischen, von den Kolonisatoren eingesetzten und korrumpierten Oberschicht, meist aber aus eingewanderten Europäern. Die einheimische Bevölkerung wurde zu Abgaben an die Oberschicht gezwungen, und die Oberschicht ihrerseits mußte Teile davon an die Krone im Mutterland abführen. Anstatt die traditionellen sozialen Verbände und Lebensformen bestehen zu lassen, wurden die Gemeinschaften zersplittert. Das Land wurde künstlich in einzelne Parzellen aufgeteilt, die einzelnen Familien zur Nutzung gegen Pacht zugeteilt wurden, und jede Familie wurde individuell für die Aufbringung der Pachtzinsen haftbar gemacht. Die Abgaben wurden außerdem in Geld eingefordert *(Abb.107)*.

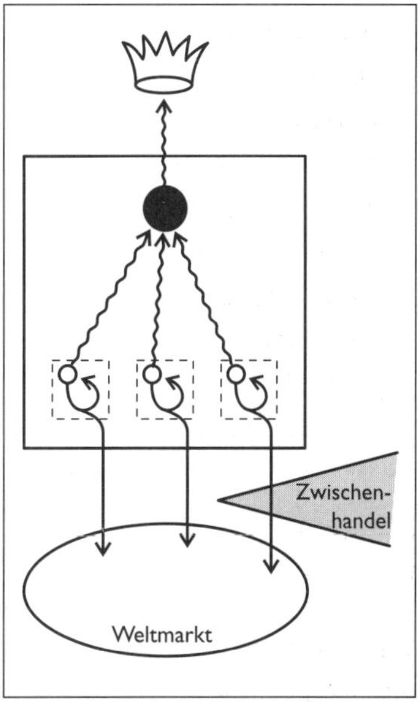

Abb. 107

Auf diese Weise wurde erstens die gemeinschaftliche Produktions- und Lebensweise zerstört, zweitens wurden die Menschen gezwungen, ihre Produktion nicht mehr auf Selbstversorgung auszurichten, sondern am Markt zu orientieren, um durch den Verkauf der Produkte an Geld zu kommen. Drittens wurden sie vielfach aus einem solidarischen Miteinander in die Konkurrenz gegeneinander getrieben, denn am Markt begannen sie sich gegenseitig zu unterbieten, um ihre Waren überhaupt loszuwerden. Dadurch wurde sozusagen ein Keil in die Gemeinschaft hineingetrieben, der sie innerlich immer mehr spaltete *(Abb. 108)*.

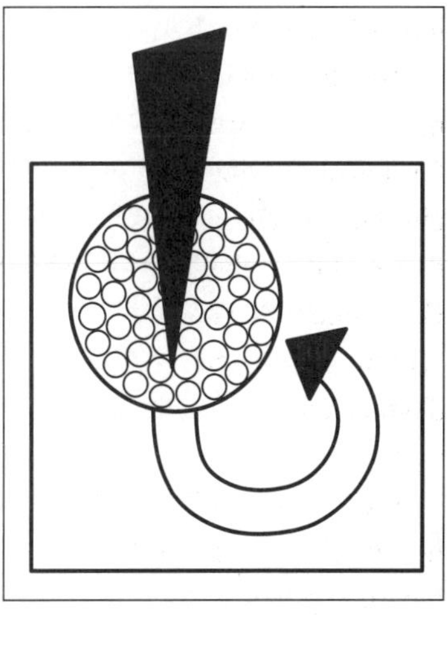

Abb. 108

Viertens schließlich schob sich zwischen die Kleinbauern und den Weltmarkt ein monopolisierter Zwischenhandel in Form der europäischen Handelskompanien (vgl. *Abb. 107*), der es mög-

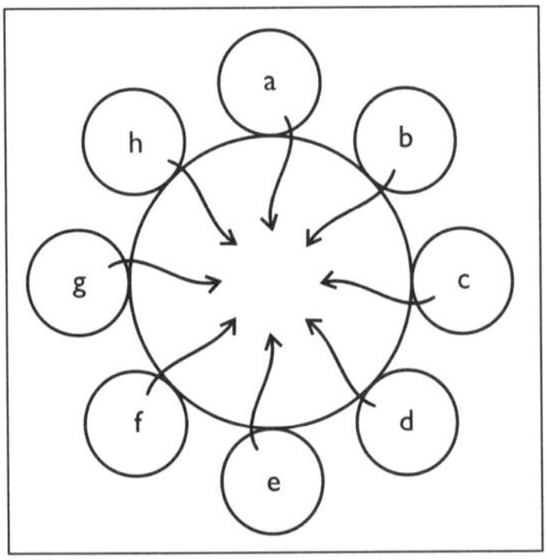

Abb. 109

lich machte, die Verkaufspreise der Bauern und damit deren Einnahmen zu drücken und ihnen außerdem vorzuschreiben, was sie anzubauen hätten. So konnte – vermittelt über die Handelskompanien – den einzelnen Ländern eine Monokultur aufgezwungen werden, die ausschließlich auf die Interessen des kapitalistischen Mutterlandes, auf die Interessen der »Metropole«, ausgerichtet war. Die Kolonien wurden zur »Peripherie« degradiert, wurden an den Rand der Weltwirtschaft gedrängt. *Abb. 109* zeigt diese Struktur, wobei a, b, c usw. die jeweiligen Monokulturen in den Peripherieländern bedeuten.

Die ursprünglich vielfältige Produktionsstruktur und die Selbstversorgung wurden zerstört, und an deren Stelle trat die zwangsweise Ausrichtung auf ein einziges oder ganz wenige Produkte: Das eine Land baute fast nur noch Baumwolle an, das andere überwiegend Kaffee, das dritte vor allem Tee usw. Darüber hinaus wurden nach Inbesitznahme des Landes vielfach die Bodenschätze ausgeplündert, Wälder abgeholzt und ökologischer Raubbau betrieben.

Die Summe aller dieser Monokulturen ergab für das Mutterland ein breites Sortiment an Waren, und die Transportwege und Infrastrukturen in den Kolonien (Häfen, Eisenbahnen, Straßen) dienten vor allem dem Zweck, die Waren ins Mutterland zu transportieren. Verkehrswege zwischen den Kolonien wurden gar nicht entwickelt, und vorher bestehende Verbindungen und Bindungen, zum Beispiel auch ethnische Zusammenhänge, wurden durch künstlich und willkürlich festgelegte Staatsgrenzen, die manchmal einfach nur mit dem Lineal auf der Landkarte gezogen wurden, brutal zerschnitten. Während auf diese Weise ethnisch gewachsene Gemeinschaften, Stämme oder Völker zertrennt wurden, wurden andererseits unterschiedliche und einander fremde oder gar feindliche Stämme, Völker, Rassen oder Religionsgemeinschaften in den künstlich geschaffenen Staaten zu einer Nationalität zusammengeschweißt und damit Konfliktpotentiale geschaffen, die sich später immer wieder explosiv entluden.

In Amerika, wohin als Folge der Bevölkerungsexplosion und des sozialen Elends in Europa Massen europäischer Auswanderer strömten und das Land für sich in Besitz nahmen, wurden die eingeborenen Indianer umgebracht oder in bestimmte Reservate vertrieben und abgedrängt. Lohnarbeit in kapitalistischen Bergwerken oder Plantagen wurde zur Pflicht, und wer keine Lohnarbeit nachweisen konnte, galt als kriminell und wurde bestraft. Die konsequente Weigerung vieler Indianer gegenüber dem Lohnarbeitszwang bildete einen Hintergrund für den Sklavenhandel, mit dem die Schwarzen aus Afrika nach Amerika geschleppt und als ausbeutbare Arbeitskräfte für die Weißen verfügbar gemacht wurden, mit der Folge eines Rassen- und Klassenkonflikts, der bis in die Gegenwart nachwirkt. Das historische Fundament, auf dem der amerikanische Kapitalismus aufgebaut wurde, ist Völkermord und Sklaverei.

Kapitalismus, Kolonialismus und »soziale Kernspaltung«

Die traditionellen sozialen Strukturen wurden durch den Kolonialismus nicht einfach nur durch eine von außen kommende herrschende Klasse überlagert und dominiert, sondern sie wurden in ihrem Kern getroffen und gespalten. Ich möchte deshalb in diesem Zusammenhang von »sozialer Kernspaltung« reden,

ganz bewußt in Analogie zur atomaren Kernspaltung und zu dem von mir schon erläuterten Begriff der »emotionalen Kernspaltung«.
Durch die Aufsplitterung der ursprünglichen sozialen Strukturen der Selbstversorgung, Genügsamkeit und gemeinschaftlichen Produktions- und Lebensformen, durch die Aufspaltung also ursprünglich ganzheitlicher sozialer Zusammenhänge, wurde eine Kettenreaktion von Gewalt in Gang gesetzt, und zwar auch dort, wo es sich bis dahin noch um friedliche, gewaltlose, liebevolle und im Einklang mit der übrigen Natur lebende Gesellschaften handelte. Der Kolonialismus ist nicht die historische Ursache von Gewalt, denn der Ursprung der Gewalt ist – wie ich schon ausführlich dargelegt habe – viel älter. Aber er hat der Ausbreitung von Gewalt noch einmal einen mächtigen Schub verliehen und weltweit so ungefähr alles niedergemäht, was er an Resten gewaltloser Lebensformen noch vorgefunden hat.
Die Waffen des Kolonialismus waren übrigens nicht nur das Militär, sondern auch die christliche Kirche mit ihren Heeren von Missionaren. Deren Gewalt war viel schwerer zu durchschauen, weil sie im Gewand der Nächstenliebe auftrat, aber nichtsdestoweniger unglaubliche Zerstörungsprozesse anrichtete. Indem die noch existierenden Naturreligionen mit ihrer spirituellen Einbettung des Menschen in die Natur und in das kosmische Geschehen als heidnisch verketzert wurden, richtete sich die Missionierung auf die Bekehrung anderer Völker zum patriarchalisch geprägten Christentum und zur Übernahme christlicher Moralvorstellungen, insbesondere auch im Bereich der Sexualität. Wo bis dahin noch ein partnerschaftliches Miteinander der Geschlechter und Generationen, ein natürliches Verhältnis zur Sexualität und ein ökologisches Verhältnis zur Natur vorhanden waren, brachte die Missionierung mit der

Sexualfeindlichkeit auch Gewalt und Herrschaft hervor und trug dazu bei, daß sich äußere Herrschaft in den Charakterstrukturen der Eingeborenen verinnerlichte, sie in die Selbstbeherrschung trieb und auf diese Weise ihren potentiellen Widerstand brach – ganz abgesehen von dem emotionalen und sexuellen Elend, das in bis dahin gesunde Kulturen hineingetragen wurde.

Von der offenen zur strukturellen Gewalt

Die ökonomischen, sozialen und emotionalen Strukturen, die der Kolonialismus mit offener Gewalt in die Kolonien hineingetragen hat, wirkten auch nach der Entkolonialisierung als strukturelle Gewalt fort und bilden unter anderem den Hintergrund für die sich immer weiter zuspitzende Schuldenkrise der Dritten Welt.

Die Weltmarktpreise für die meisten Agrarprodukte und Rohstoffe, auf die die Entwicklungsländer ausgerichtet wurden, sind langfristig gesunken, so daß ihre Exporterlöse zurückgegangen sind. Auf der anderen Seite sind die Weltmarktpreise für Industrieprodukte, auf deren Importe die Entwicklungsländer nach der Zerstörung ihrer Selbstversorgung angewiesen sind, immer weiter angestiegen. Auf diese Weise öffnete sich die Schere zwischen Exporterlösen und Importaufwendungen dieser Länder immer weiter, und ihr Handelsbilanzdefizit wurde immer größer *(Abb. 110)*.

Zur Deckung dieser Defizite waren die Entwicklungsländer auf Auslandskredite angewiesen, konnten aber die Mittel zu ihrer Rückzahlung nicht aufbringen und haben dafür neue Kredite aufgenommen, so daß ihre Schuldenlast immer weiter anwuchs. Die von den Industrieländern bzw. vom Internationalen Währungsfonds (IWF) in den letzten Jahren verordneten Struktur-

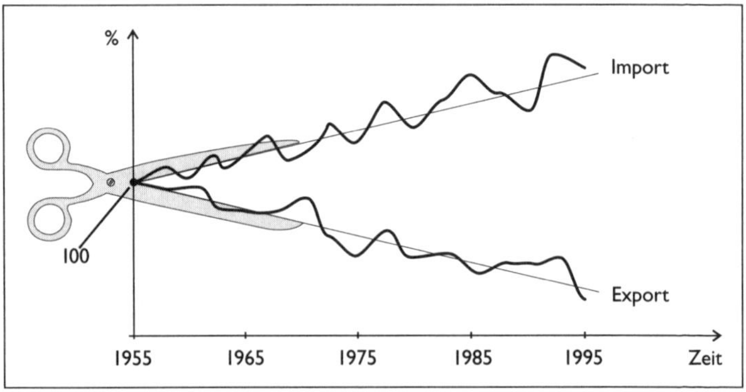

Abb. 110

anpassungsprogramme als Voraussetzung für die Gewährung neuer Kredite erzwingen oft ein rigoroses Sparprogramm, führen zu drastischen Kürzungen staatlicher Sozialausgaben und verschärfen die in diesen Ländern ohnehin schon zugespitzten sozialen Gegensätze immer mehr. Daß sich derartige Konflikte immer wieder gewaltsam entladen, liegt auf der Hand. Auch die Verschärfung der Repressionen zum Beispiel durch Militärdiktaturen kann auf Dauer nicht verhindern, daß es zu gewaltsamen Explosionen kommt und daß ganze Völker an Hunger und Krankheit zugrunde gehen. Wenn die Wurzeln der Gewalt nicht verstanden und verändert werden, nützt auf Dauer auch keine humanitär gemeinte »Friedensmission« der UNO.

Eine der Wurzeln liegt in der strukturellen Gewalt der Weltmarktabhängigkeit, wie sie vom Kolonialismus geschaffen und hinterlassen wurde und seither in ihrer Eigendynamik fortwirkt. Eine andere Wurzel liegt in der Sexualfeindlichkeit der patriarchalischen Religionen, die teilweise durch den Kolonialismus erst in diese Länder hineingetragen wurden, sich teilweise aber auch schon vorher dort durchgesetzt hatten.

5.6 Historische Wurzeln der Bevölkerungsexplosion

Ich möchte auf ein weiteres Problem im Zusammenhang mit Unterentwicklung, Elend, Hunger und Gewalt zu sprechen kommen, welches immer weiter eskaliert und wesentlich zur Verschüttung des Lebendigen beigetragen hat und beiträgt: die Bevölkerungsexplosion.

Wenn wir das beschleunigte Anwachsen der Weltbevölkerung vergleichen mit anderen Wachstumsprozessen, wie sie in der Natur vorkommen, so müssen wir feststellen, daß es sich um ein völlig unnatürliches Wachstum handelt. Überall in der Natur vollziehen sich Wachstumsprozesse organisch: Ein einzelner Organismus, uns Menschen eingeschlossen, wächst anfangs mit beschleunigtem, exponentiellem Wachstum: Aus einer befruchteten Eizelle werden durch Zellteilung zwei, daraus vier, acht, sechzehn, zweiunddreißig, vierundsechzig, hundertachtundzwanzig Zellen. Aber dieses exponentielle Wachstum geht nicht unendlich weiter und kann es auch gar nicht, sondern mündet in eine Phase abgeschwächten, sich verlangsamenden Wachstums ein, bis eine Sättigungsgrenze erreicht ist *(Abb. 111)*. Mit Erreichen dieser Grenze ist der Organismus »erwachsen«, und Veränderungen finden nur noch in qualitativer Hinsicht statt, der Organismus reift und altert.

Würde ein einzelner Organismus exponentiell immer weiter

Abb. 111

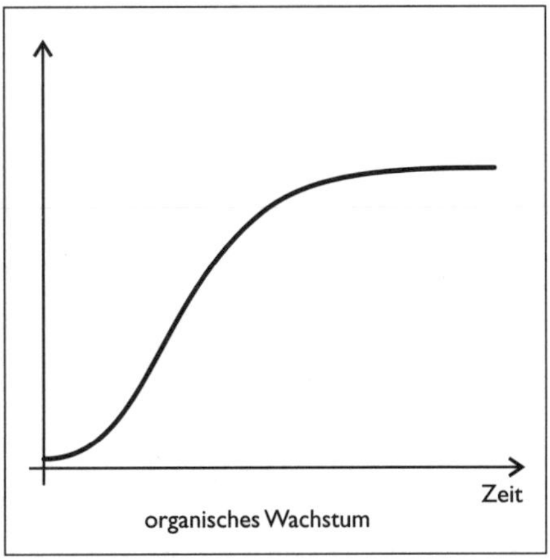

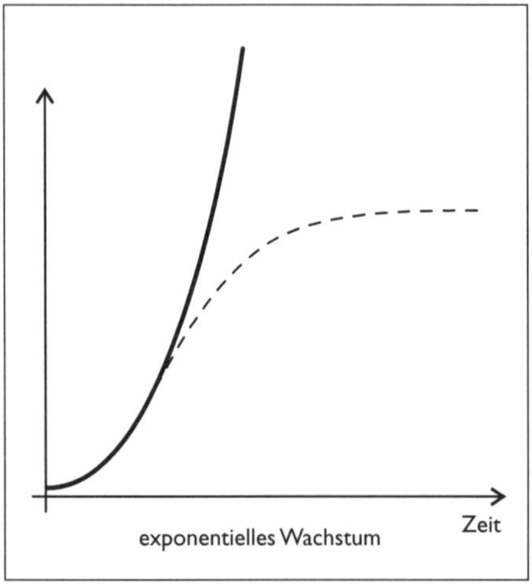

Abb. 112

wachsen *(Abb. 112)*, würde er das größere lebende System, von dem er selbst nur ein Teil ist, immer mehr erdrücken und schließlich zerstören. Diese Art von Wachstum kennen wir innerhalb des menschlichen Organismus als Krebs.

Nun verfügt allerdings eine ganze biologische Art, z. B. eine Tierart oder eine Pflanzenart, von Natur aus über die Möglichkeit zu exponentiellem Anwachsen ihrer Population (der Zahl ihrer Exemplare). Wenn bei geschlechtlicher Vermehrung aus zwei Eltern im Durchschnitt mehr als zwei Nachkommen (Kinder, Enkel usw.) hervorgehen und überleben, wächst die Population dieser biologischen Art an (wenn andere Einflußgrößen, z. B. die durchschnittliche Lebenserwartung, gleich bleiben). Eine Population, die immer weiter anwächst und dadurch in wachsendes Ungleichgewicht zu anderen Arten ihrer Umgebung und zur Umwelt insgesamt gerät, nennt man »Schädling«. Bei Pflanzen spricht man entsprechend von »Unkraut«. Diese Ausdrücke beziehen sich nicht auf das einzelne Exemplar. Es kann sich dabei um ein nützliches Tier handeln oder z. B. um eine Heilpflanze. Zum Schädling oder Unkraut wird die Art erst dann, wenn sie sich mit dem ökologischen System insgesamt nicht mehr im Gleichgewicht befindet.

Viele Arten sind übrigens erst dadurch zu Schädlingen oder Unkraut geworden, daß der Mensch mit seiner Lebensweise und Technologie unbedacht in die Natur eingegriffen und das vorgefundene ökologische Gleichgewicht zerstört hat, zum Beispiel durch Reduzieren oder Ausrotten einer Tierart, die sich ihrerseits von einer anderen Art ernährt und dadurch von Natur aus deren Wachstum unter Kontrolle hält. Überall also, wo exponentielles Wachstum auftritt, handelt es sich um etwas Unnatürliches, Krankhaftes, Zerstörerisches: Krebs, Schädling, Unkraut.

Nach genau diesen Maßstäben handelt es sich bei der Menschheit mit ihrem exponentiellen Bevölkerungswachstum, das mittlerweile in eine Bevölkerungsexplosion übergegangen ist, um einen Schädling – oder um einen Tumor am Organismus Erde. Hat es diese Art von Wachstum der Bevölkerung schon immer gegeben, und hat sie sich erst in den letzten Jahrzehnten derart zugespitzt? Oder gab es früher eine Bevölkerungsentwicklung im Einklang mit der Natur, also mit anderen Arten und mit der Umwelt insgesamt? Und wenn ja, hat es historisch so etwas wie eine Initialzündung gegeben, die die Bevölkerungsentwicklung zur Explosion brachte?

Die Antwort, die im folgenden begründet wird, lautet: Ja! Die Initialzündung der Bevölkerungsexplosion erfolgte dabei nicht in der heutigen Dritten Welt, sondern in Mitteleuropa, und breitete sich von dort im Zuge des Kolonialismus wie eine Kettenreaktion in die heutige Dritte Welt aus.

Die Rolle der Hexenverfolgung

Die wesentlichen historischen Wurzeln der Bevölkerungsexplosion waren nicht in erster Linie – wie so oft behauptet – Fortschritte der modernen Medizin und Hygiene, sondern die systematische Ausrottung des ursprünglich weitverbreiteten Wissens der Frauen um natürliche Empfängnisverhütung sowie die systematische Kanalisierung der Sexualität zum Zwecke der Fortpflanzung von Menschen – bei gleichzeitiger Verteufelung aller Formen lustbetonter Sexualität, die nicht in Zeugung einmünden. Urheber dieses systematischen »Zuchtprogramms« war die Kirche, und das wesentliche Mittel zu seiner Durchsetzung war die Hexenverfolgung, die »Vernichtung der weisen Frauen« (so der Titel eines Buches von Gunnar Heinsohn und Otto Steiger, auf das ich mich im folgenden wiederholt beziehen werde).[120]

Die Vernichtung des Wissens um Lebensenergie

Die Hexen früherer Jahrhunderte waren nicht etwa die bösen, buckligen, alten Frauen, mit einer Katze auf der Schulter und bösen Zauber praktizierend, als die sie uns in vielen Märchen vermittelt werden. Es handelte sich vielmehr um »weise Frauen« mit einem großen, durch Überlieferung weitergegebenen Erfahrungswissen über Gesundheit, Krankheit und Heilung sowie über Fragen der Sexualität, Empfängnisverhütung, Schwangerschaft und Geburt. Sie waren die Trägerinnen einer Volksmedizin auf der Grundlage von Naturheilverfahren einschließlich lebensenergetisch wirkender Methoden, und ihre Lebensbejahung und Lustbetonung drückte sich auch in ihren ekstatischen Ritualen und Festen (Hexensabbat) aus.
Die Hexen fühlten sich verbunden mit der fließenden Lebensenergie in sich, hatten vielfach eine starke sexuelle Ausstrahlung, konnten sich verbinden mit der kosmischen Energie, die sie »die große Göttin« nannten, konnten diese Energie durch sich strömen und auf andere heilend einwirken lassen. Sie lebten eine Form von Spiritualität, wie sie in den erstarrten und

männerdominierten Strukturen der Kirche seit Jahrhunderten nicht mehr möglich war.[121]

Die Weitergabe bzw. Anwendung all dieser Weisheiten ermöglichte es den Frauen, über ihren Körper, über Zeugung, über Schwangerschaft und Geburt selbst zu bestimmen und nur dann Kinder zu empfangen oder auszutragen, wenn sie es auch wollten. Und der Wille dazu hing auch davon ab, ob für das Kind eine hinreichende materielle Existenzgrundlage und ein menschenwürdiges Leben zu erwarten waren. Boten sich in dieser Hinsicht keinerlei Perspektiven, sondern nur Hunger, Armut, Ausbeutung, Unterdrückung, dann hatten die Frauen wenig Motivation, Kinder in die Welt zu setzen. Und die Hexen wußten, wie man das verhüten oder verhindern konnte, wenn es nicht erwünscht war.

So gab es – übrigens verbreitet über die ganze Welt – das Wissen um die Wirksamkeit bestimmter Pflanzen, die – zum Beispiel zu Tee verarbeitet und den Frauen verabreicht – für mehrere Jahre eine Empfängnis verhüteten. (DeMeo hat auch hierüber interessantes historisches und ethnologisches Material zusammengetragen.[122]) Auf diese Weise konnten die Frauen ihre Sexualität ohne die ständige Angst vor unerwünschter Schwangerschaft ausleben. In Europa war dieses Wissen bereits im Mittelalter unter dem Einfluß der Kirche tabuisiert und in den Untergrund abgedrängt worden, wo es von den Hexen gehütet und immer wieder an andere Frauen weitergegeben wurde.

Welches Interesse hatte die Kirche, dieses Wissen schließlich vollständig auszurotten? Es war sowohl ein ökonomisches wie ein sexualökonomisches Interesse, und mit der Verfolgung und Vernichtung der Hexen schlug die Kirche sozusagen gleich zwei Fliegen mit einer Klappe.

Die Vernichtung des Verhütungswissens als Mittel der Menschenproduktion

Der Beginn der systematischen Hexenverfolgung fällt nicht von ungefähr in eine Zeit, in der durch klimatisch bedingte Hungerkatastrophen, durch verheerende Wirtschaftskrisen[123] und die große Pest Mitte des 14. Jahrhunderts die Bevölkerung in Europa dramatisch schrumpfte. In manchen Gegenden hatte es 70 Prozent der Bevölkerung hinweggerafft, der Durchschnitt in Europa wird auf ungefähr 50 Prozent geschätzt. Damit war auch die Zahl der leibeigenen Bauern und das von ihnen erwirtschaftete Mehrprodukt, die Grundlage für die Abgabe an die Feudalherren, drastisch zurückgegangen – und damit auch die Reichtumsquelle für den Adel. Diese Quelle drohte mancherorts ganz zu versiegen, und dadurch geriet auch die Grundlage der gesellschaftlichen Macht und Herrschaft des Adels immer mehr ins Wanken.

Einerseits versuchte der Adel, durch erhöhte Abgaben und erhöhten Druck auf die leibeigenen Bauern seine Reichtumseinbuße zu mindern, andererseits provozierte er gerade dadurch immer mehr Widerstand von Seiten der Bauern, die sich in Bauernaufständen entluden. Unter solch verheerenden ökonomischen Umständen hatten die Frauen auf dem Land immer weniger Neigung, Kinder in die Welt zu setzen.

Nun war der größte Großgrundbesitzer in dieser Zeit die Kirche, die ihre ökonomische Machtposition immer mehr dahinschwinden sah. Großgrundbesitz ohne Landbevölkerung, die als Leibeigene das Land bearbeiten, wirft keinen Reichtum mehr ab. Also haben sich die Kirchenoberen eine Strategie ausgedacht, wie sie die Frauen dazu bringen oder zwingen könnten, möglichst viele Kinder in die Welt zu setzen, um auf diese Weise Bevölkerungswachstum zu produzieren und die

Ausbeutungsquelle menschlicher Arbeitskraft auf dem Land zu regenerieren.

Die Reduzierung der Sexualität auf Menschenzucht

Aus diesen Überlegungen heraus entstand 1484 die sogenannte Hexenbulle von Papst Innozenz VIII., die kirchenrechtliche Grundlage für die Verfolgung der Hexen. Ihr folgte 1487 der offizielle Gesetzeskommentar der Hexenbulle, der sogenannte Hexenhammer der beiden Dominikaner Sprenger und Institoris.[124] Aus beiden Dokumenten gehen die Stoßrichtung und der eigentliche Zweck der Hexenverfolgung unmißverständlich hervor. Sie richten sich direkt gegen alle Kenntnisse und Fähigkeiten der Hexen im Bereich von Empfängnisverhütung, Abtreibung und lustbetonter Sexualität. Die Anwendung und Weitergabe entsprechenden Wissens wurde kriminalisiert und mit dem Tode bestraft. Die Vernichtung des Verhütungswissens allein hätte noch nicht verstärkten Nachwuchs garantiert. Um dieses Ziel zu erreichen, wurde auch noch die Sexualität in ihren vielfältigen Ausdrucks- und Erlebnisformen auf den heterosexuellen Geschlechtsverkehr zwischen Ehepartnern reduziert. Alle anderen Formen von Sexualität, die nicht in die »Aufzucht« von Nachwuchs einmündeten, wurden zur »Unzucht« erklärt und ebenfalls mit dem Tode bestraft.

Die entsprechenden Gesetze wurden später auch vom Staat, das heißt vom Kaiser übernommen, und mit der Ausdehnung seines Herrschaftsbereiches breitete sich die Hexenverfolgung dann über ganz Europa aus. Daß der Feudalstaat insoweit das gleiche Interesse hatte wie die Kirche, ergibt sich aus dem oben Gesagten. Aber auch mit Auflösung des Feudalismus und mit Herausbildung des Kapitalismus hatte die neue herrschende Klasse, das Bürgertum, zunächst großes Interesse an einer wachsenden Bevölkerung, um eine wachsende Zahl von Lohnabhängigen mit entsprechend sinkenden Löhnen sowie eine wachsende Zahl billiger Soldaten für ihre kolonialen Eroberungen zu schaffen. Selbst die kirchliche Reformation, die auf eine stärkere Verweltlichung des Glaubens hinwirkte und manchen Machtmißbrauch der katholischen Kirche kritisierte und bekämpfte, war sich in Sachen Hexenverfolgung mit dem Papst einig und hat sich unter Luther nicht von diesem Massenmord an Frauen distanziert, sondern ihn mitgetragen.

Insofern ist nicht nur der Weg der katholischen, sondern auch der evangelischen Kirche – was die Hexenverfolgung anlangt – mit Blutspuren gezeichnet. Beide Kirchen haben bis heute dieses finstere Kapitel ihrer Geschichte nicht aufgearbeitet oder offiziell eingestanden, geschweige denn sich auch nur für einen einzigen dieser Millionen Morde entschuldigt. Immerhin hat die katholische Kirche 350 Jahre gebraucht, um ihren Irrtum in Sachen Galilei offiziell einzugestehen, um zuzugeben, daß nicht die Inquisition, sondern Galilei mit seiner Behauptung recht hatte, daß die Erde sich um die Sonne drehe und nicht Mittelpunkt der Welt sei. Wie lange wird es wohl dauern, bis es zu einem Schuldeingeständnis der Kirchen in bezug auf den Holocaust an den Hexen und zu deren offizieller Rehabilitierung kommen wird?

Kirchliche Inquisition, Folter und Massenmord

Um die Hexen für ihre angeblichen Vergehen abzuurteilen, mußten sie erst einmal als Hexen identifiziert werden. Entsprechend schickte die Inquisition eine Heerschar von Männern über das Land, die die Bevölkerung zur Bespitzelung und Denunziation aufforderte und für jede Meldung einer Hexe Kopfgeld zahlte. Die Denunziation von Frauen als angebliche Hexen wurde so für viele zu einem blühenden Geschäft. Sofern die vermeintlichen Hexen selbst vermögend waren, wurde es auch zu einem Geschäft für die Kirche, weil das Vermögen dieser Frauen konfisziert wurde.

Um eine Frau als Hexe zu denunzieren, reichte der leiseste Verdacht oder auch nur eine Böswilligkeit der Denunzianten. Die Inquisition prüfte dann anhand von »Hexentests«, ob der Verdacht begründet war. Ein Hexentest bestand zum Beispiel darin, daß man die Frauen auf sogenannte Teufelsmale hin untersuchte. Denn man ging davon aus, daß Hexen ihr Handwerk nur im Bund mit dem Teufel ausüben könnten und mit dem Teufel eine sexuelle Beziehung hatten, die ihre Spuren in einem Teufelsmal hinterlassen haben mußte. War ein Teufelsmal – ähnlich einem Muttermal – nicht auf den ersten Blick zu sehen, mußte sich die Frau nach und nach vor den Augen des Inquisitors entblößen. War immer noch kein Mal zu finden, wurden nach und nach die Haare abrasiert, die Kopfhaare, die Haare in den Achselhöhlen und schließlich auch die Schamhaare. Fand sich immer noch kein Teufelsmal, wurde die Vagina abgetastet. Und falls auch das kein sicheres Ergebnis brachte, folgte die »Nagelprobe« oder der »Wassertest«:

Bei der Nagelprobe wurde der Körper der Frau hundertfach mit langen Nägeln durchstochen, und man ging davon aus, daß sich ein inneres Teufelsmal dadurch auszeichnet, daß es auf einen Einstich nicht mit Schmerz oder Bluten reagiert. War ein solcher Punkt gefunden (und es gibt ihn in jedem Körper), war die Frau als Hexe überführt und wurde öffentlich auf dem Scheiterhaufen verbrannt.

Der Wassertest bestand darin, daß die verdächtigte Frau an Armen und Beinen gefesselt und anschließend ins Wasser geworfen wurde. Von einer Hexe nahm man an, daß sie sich im Bund mit dem Teufel und durch übernatürliche Kräfte aus den Fesseln befreien könnte. Frauen also, die sich irgendwie aus den Fesseln lösen konnten, waren damit als Hexen überführt und wurden verbrannt. Die anderen, denen das nicht gelang, waren zwar nicht überführt – aber ertranken. Tod durch Verbrennen oder Ertrinken, das waren die Alternativen für Frauen, die aus Jagd nach dem Kopfgeld oder aus irgendwelchen anderen niederen Beweggründen von anderen denunziert und als Hexen verdächtigt worden waren. »Im Zweifel gegen die Angeklagte« lautete die Devise, und im übrigen wurde mit dem »todsicheren« Hexentest ohnehin jeder Zweifel ausgeräumt.

Für die Inquisitoren, die ihrerseits dem Zölibat unterlagen,waren die Hexenverfolgungen ein willkommenes Ventil zum Ausagieren ihrer aufgestauten und ins Sadistische pervertierten Sexualität. Eine ähnliche Funktion hatten die öffentlichen Hexenverbrennungen für die Menschenmassen: Denn je mehr mit den Hexenverfolgungen die lustbetonte Sexualität als »Unzucht« verdammt und mit dem Tode bestraft wurde, um so mehr hat sich ein Klima von Sexualfeindlichkeit und Sexualangst verbreitet, das die sexuellen Energien aufstaute und nur in destruktiver Entladung sein Ventil finden konnte. Die öffentlichen Hexenverbrennungen erfüllten insoweit auch eine wichtige massenpsychologische Funktion.

Ein anderer Aspekt der Hexenverfolgung waren die Folterungen der vermeintlichen Hexen, um ihnen ein Geständnis abzuringen und sie darüber hinaus zur Denunzierung anderer Frauen zu zwingen. In Folterkammern wurden ihnen die Glieder auseinandergezerrt und aus dem Leib gerissen und andere Grausamkeiten an ihnen verübt, bis sie zu Tode gequält waren. An den derart auseinandergerissenen und aufgeschnittenen Körpern konnte man nun studieren, wie der menschliche Körper von innen aufgebaut ist. Dies war der Beginn der Anatomie, eine der Grundlagen der modernen Medizin! Im Zuge des aufkommenden mechanistischen Weltbildes suchte man den Zugang zum Verständnis von Krankheit und Gesundheit im Zerstückeln und Zerteilen des Körpers. Irgendwo mußte doch die Krankheit ihren Sitz haben, irgendwo mußte doch ein Organ oder ein Gewebe verändert sein gegenüber dem gesunden Zustand eines Organismus.

Hexenverbrennung und die Zerstörung der Volksmedizin

Nachdem die Weisheit und das Wissen der Hexen um die Funktionen von Sexualität und Lebensenergie und die sich daraus ableitenden energetischen Vorbeugungs- und Heilungsmethoden ausgerottet waren, konnte man sich ein lebensenergetisches Verständnis von Krankheit, Gesundheit und Heilung gar nicht mehr vorstellen und suchte entsprechend dem mechanistischen Verständnis von Natur nach irgendwelchen Teilen, die nicht mehr intakt waren und – wie bei einer kaputten Maschine – repariert werden mußten; oder nach stofflichen Krankheitserregern als der angeblich einzigen Ursache der Krankheit, die es dann zu identifizieren, zu bekämpfen und abzutöten galt. Der katastrophale Gesundheitszustand der Bevölkerung, der sich unter anderem in hohen Zahlen von tödlichen Schwangerschaften und Totgeburten sowie einer erhöhten Säuglingssterblichkeit niederschlug, war zum großen Teil erst die Folge der vorangegangenen Zerstörung der Volksmedizin, deren Trägerinnen die Hexen und Hebammen gewesen waren.
Mit der Ausrottung der Hexen bzw. Hebammen ging die Schwangerschaftsbetreuung und Geburtshilfe immer mehr auf

Männer über und wurde schließlich deren Domäne. Frauen wurden aus dieser Tätigkeit ganz abgedrängt oder in untergeordnete Hilfsdienste verwiesen. Die Männer aber hatten von den natürlichen Funktionen weiblicher Sexualität, von Schwangerschaft und Geburt nicht die geringste Ahnung und versuchten nun, ihr Defizit durch das Sezieren weiblicher Körper abzubauen.
Es ist verständlich, daß sich infolge dieser Art von Medizin erst einmal die Krankheiten häuften (z. B. die Komplikationen am Wochenbett durch unsteriles Schneiden während der Geburt) und daß das Sterilisieren von medizinischen Instrumenten demgegenüber einen großen Fortschritt darstellte. Solange Schwangerschaft und Geburt allerdings von den Hexen/Hebammen mit ihrem ganz anderen Verständnis der weiblichen Funktionen, der Unterstützung natürlicher Selbstregulierung des weiblichen Körpers sowie der Anwendung lebensenergetischer Heilmethoden und anderer Naturheilverfahren betreut worden waren, hatte es zu solchen Komplikationen kaum kommen können. Ist aber erst einmal die natürliche Selbstregulierung zerstört, so kann sich sogar ihr Zerstörer noch als großer Retter und Helfer anbieten, denn das Opfer ist schließlich von seiner Hilfe abhängig und auch noch dafür dankbar.
Es scheint also ein falscher Mythos zu sein, daß die moderne Medizin eine der wesentlichen Ursachen der Bevölkerungsexplosion gewesen sei, indem sie die Säuglings- und Kindersterblichkeit reduziert und die durchschnittliche Lebenserwartung erhöht habe. Aber selbst wenn die Medizin in dieser Weise wirksam gewesen wäre, hätte dies nicht automatisch in Bevölkerungswachstum einmünden müssen, wenn die Frauen weiter über die Möglichkeiten natürlicher Empfängnisverhütung und bewußter Kinderplanung verfügt hätten. Nachdem ihnen aber

im Zuge der Hexenverfolgung dieses Wissen entrissen und eine sexualfeindliche Moral durchgesetzt worden war, waren sie dieser Möglichkeiten beraubt.

Hexenverfolgung und Bevölkerungsentwicklung

Das Resultat dieser gezielten Strategie von Kirche und Staat zur Steigerung der Menschenproduktion ließ nicht lange auf sich warten. Die Hexenverfolgung führte zwar zu Millionen Opfern unter den Frauen, trieb auf der anderen Seite aber die durchschnittliche Kinderzahl der überlebenden Frauen derart in die Höhe, daß ein exponentielles Bevölkerungswachstum eingeleitet wurde. Hier also liegen die historischen Wurzeln, liegt die Initialzündung der Bevölkerungsexplosion, und nicht – jedenfalls nicht in erster Linie – in den Errungenschaften der modernen Medizin.

Den herrschenden Klassen in Europa war diese Entwicklung zunächst nur recht, weil die Quellen der Ausbeutung wieder reichlich sprudelten und damit ihr Reichtum wieder erhöht wurde: für den Adel ein Anwachsen der Zahl leibeigener Bauern und ein Wiederanstieg des von ihnen erwirtschafteten und zwangsweise abgeführten Mehrprodukts; für das Bürgertum oder die Kapitalisten ein Anwachsen der Zahl von Lohnabhängigen und damit die Deckung des wachsenden Arbeitskräftebedarfs (bzw. des Bedarfs an Soldaten für die anstehenden Eroberungsfeldzüge des Kolonialismus). Ein gewisser Arbeitskräfteüberschuß lag auch in ihrem Interesse, weil er die Löhne drückte und auf diese Weise die Gewinne steigerte.

Allerdings schoß die Bevölkerungsentwicklung in Europa mit der Entfaltung des Kapitalismus über das ursprüngliche Ziel der Herrschenden hinaus. In Zusammenhang mit der ursprünglichen Akkumulation und der Entwurzelung von Menschenmassen aus ihren vorherigen Existenzgrundlagen kam es zu einer derartigen Überbevölkerung im Verhältnis zu den Arbeitsplätzen, daß die Probleme des sozialen Elends mit Gewalt aus der Welt geschafft wurden, mit den bereits erwähnten Massenmorden an Arbeitslosen, die sich als Bettler, Diebe oder Vagabunden ihr Überleben sichern wollten.

Die sexualfeindliche Moral und die Zerstörung von Verhütungswissen waren aber inzwischen so tief in der Gesellschaft verankert, daß es trotz Überbevölkerung im Frühkapitalismus und Hochkapitalismus bis in die Mitte des Zwanzigsten Jahrhunderts keine wesentlichen Sexualreformen gab. Dafür drängte der Überdruck des Bevölkerungswachstums in Auswanderungswellen in die übrige Welt, die »entdeckt« und erobert werden mußte. Auf diese Weise entkamen viele dem drohenden Hunger und der Gewalt in Europa und fanden eine neue Lebensperspektive. Die fernen Länder waren insofern nicht mehr nur für den Handel interessant, sondern auch als Siedlungsgebiete für europäische Auswanderer. Auch unter diesem Aspekt war der Kolonialismus ein Ventil zur Lösung des Problemdrucks im kapitalistischen Europa.

Da in diesen Ländern Menschen anderer Rassen, Kulturen und Hautfarben lebten, bedurfte es einer Herrschaftsideologie, die es rechtfertigte, diese Menschen zu unterwerfen, auszubeuten und ihren Widerstand notfalls mit Gewalt zu brechen. Nur die Weißen aus Europa galten als Menschen, die anderen waren Untermenschen, vergleichbar mit Tieren, die es zu unterjochen oder abzuschlachten galt. Die Kirche gab zu all den Völkermorden und Versklavungen, zu all der Zerstörung fremder Kulturen, Traditionen und Religionen ihren Segen und schickte ihre Missionare in die Welt hinaus, um der Kolonisierung den Weg zu ebnen und sie ideologisch abzusichern.

Durch Zerstörung noch vorhandener Naturreligionen und sexualbejahender Lebensweisen, die als heidnisch und unmoralisch bekämpft wurden, hat sie auch das noch vorhandene Wissen und die Bereitschaft und Fähigkeit zur bewußten Kinderplanung vernichtet. Nach wie vor reist der Papst in die Dritte Welt und erklärt Empfängnisverhütung zu einer kardinalen Sünde. Die katholische Kirche macht sich damit nicht zum ersten Mal mitschuldig an unglaublichem menschlichen Elend – und vertröstet ihre Gläubigen auf ein besseres Jenseits, wenn sie nur an den Gott der Kirche glauben und sich ihrem Schicksal fügen.

Wie andere patriarchalische Religionen, die in den letzten sechstausend Jahren nach dem Ursprung der Gewalt entstanden sind, ist auch der Glaube der römisch-katholischen Kirche zutiefst masochistisch geprägt: Leid und Unterwerfung statt Lust, Lebensfreude und selbstbewußter Entfaltung. Anstatt das Göttliche in sich und in der Natur wahrzunehmen und fließen zu lassen als Sexualität und Kreativität und sich mit allem Lebendigen und Liebenden in der gleichen kosmischen Lebensenergie verbunden zu fühlen, wird in den patriarchalischen und sexualfeindlichen Religionen das Göttliche im eigenen Leib verschüttet und als strafender Gott, dem man sich zu unterwerfen hat, abgespalten und ins Jenseits projiziert.

Die Spiritualität der Hexen und andere Naturreligionen, die eine direkte sinnliche Erfahrung des Göttlichen am eigenen Leib beinhalteten, mußten aus diesem Grund von der Kirche zerstört werden. Das Vertrauen in die eigene Kraft, die sinnliche Erfahrung von der heilenden und liebenden Kraft der Lebensenergie in sich selbst, in Verbindung mit anderen Menschen und der Natur insgesamt, machte jeden Glauben an einen Gott im Jenseits oder an seine vermeintlichen Stellvertreter auf Erden hinfällig.

5.7 Rationalismus und mechanistisches Weltbild

Als Abgrenzung gegenüber dem blinden Glauben und der Unterwürfigkeit unter die kirchlichen Dogmen entwickelte sich vor einigen Jahrhunderten die westliche Wissenschaft, die immer mehr an Bedeutung gewann und zur Grundlage für die Herausbildung eines neuen, des »mechanistischen Weltbildes« wurde. Fritjof Capra hat in seinem vieldiskutierten Buch »Wendezeit« die Entstehung des mechanistischen Weltbildes ausführlich nachgezeichnet. Ich möchte mich hier darauf beschränken, nur einige Entwicklungslinien anzudeuten, sie in den bisherigen Zusammenhang einzuordnen, und – bei aller Würdigung des Buches von Capra – einige kritische Anmerkungen hinzufügen, insbesondere was seine Einschätzung anlangt, die moderne Physik habe den Weg in Richtung eines »ganzheitlich-ökologischen Weltbildes« gewiesen und damit die Grundlagen zur Überwindung der ökologischen Krise geschaffen.

5.7.1 Erschütterung kirchlicher Dogmen und Inquisition

Eine grundlegende Erschütterung kirchlicher Dogmen war die These von Kopernikus, die Erde sei gar nicht der Mittelpunkt der Welt, sondern sie bewege sich um die Sonne. Die Kirche sträubte sich mit aller Macht gegen diese neue Sichtweise, weil sie damit ihr Selbstverständnis und ihre Glaubwürdigkeit gefährdet sah. Jahrhundertelang hatte sie die Lehre vertreten, Jesus Christus sei von Gott zur Erde als dem Mittelpunkt der Welt gesandt worden, und nun sollte dieser vermeintliche Mittelpunkt nur eine kleine abgelegene Provinz im Weltall sein. Dies wurde als eine Entwertung nicht nur von Christus, sondern vor allem der vermeintlichen Stellvertreter Gottes auf Erden empfunden, als narzistische Kränkung und als drohender Machtverlust. Wenn erst einmal dieses Dogma ins Wanken geriet, waren auch die anderen Dogmen nicht mehr unerschütterlich. Also galt es aus der Sicht der Kirche, mit Verbissenheit und Gewalt an der Aufrechterhaltung des alten Dogmas und des alten kirchlichen Weltbildes festzuhalten. Insofern war der Beginn der Naturwissenschaft, in der es um experimentelle Überprüfung und objektive Nachprüfbarkeit ging, eine Kampfansage an die Kirche, auch wenn dies nicht offen ausgesprochen wurde. Aber die Kirchenoberen haben sehr schnell begriffen, aus welcher Richtung dem absoluten Machtanspruch Gefahr drohte.

Als es schließlich Galilei gelang, die These von Kopernikus mit seinen astronomischen Beobachtungen zu untermauern, traf ihn der Bannstrahl der Inquisition. Unter Verwendung des damals relativ neuen Teleskops war es ihm gelungen, einige Jupitermonde zu entdecken und damit deutlich zu machen, daß sich nicht alle Himmelskörper um die Erde drehen. So geriet das geozentrische Weltbild, auf das sich die Kirche stützte, auch von der Seite der Beobachtungen her ins Wanken. Die Geschichte um Galilei ist den meisten bekannt, und Bertolt Brecht hat sie sehr eindrucksvoll in seinem Theaterstück »Leben des Galilei« verarbeitet. Die kirchliche Inquisition versuchte, Galilei mit allen Druckmitteln von seiner These abzubringen; dieser wiederum forderte die Inquisitoren auf, doch wenigstens einmal selbst durch das Teleskop zu schauen und sich von der Richtigkeit seiner Beobachtung mit eigenen Augen zu überzeugen.

Aber die Inquisitoren lehnten dies mit der Begründung ab, es könne gemäß dem kirchlichen Dogma gar keine Jupitermonde geben, und man brauche sie auch gar nicht; also sei jeder Blick durch das Teleskop überflüssig oder Gotteslästerung. Unter dem Druck und der Gewaltandrohung der Kirche hat Galilei seine umwälzende Entdeckung schließlich geleugnet, wie viele andere, die etwas grundlegend Neues entdeckt hatten und dem Druck, der ihnen entgegenschlug, nicht standhalten konnten. Als ich in meiner Schulzeit zum ersten Mal von diesen Dingen hörte, empfand ich die Reaktion der Kirche als eine Ungeheuerlichkeit, und ich war gleichzeitig erleichtert, daß wir mittlerweile diese finsteren Zeiten überwunden zu haben schienen. Die Entwicklung der westlichen Wissenschaft hatte diesen Machtmißbrauch der Kirche doch offensichtlich immer mehr in die Schranken weisen und die Grundlagen für einen allgemeinen technologischen und gesellschaftlichen Fortschritt legen können. Zu dieser Zeit hätte ich mir nicht vorstellen können, eines Tages zu der bitteren Erkenntnis kommen zu müssen, daß sich im Gewand moderner Wissenschaft ein neuer Dogmatismus herausgebildet hat, der mit ähnlicher Unerbittlichkeit alle Erkenntnisse und Erfahrungen auszugrenzen versucht, die sein eigenes Fundament zu erschüttern drohen.

5.7.2 Erschütterung wissenschaftlicher Dogmen und neue Inquisition

So wie das geozentrische Weltbild durch die Entdeckung der Jupitermonde erschüttert wurde, so wird das in den letzten Jahrhunderten vorherrschende mechanistische Weltbild durch die Wiederentdeckung der Lebensenergie erschüttert. Den experimentellen Durchbruch in diesem Punkt brachten für Wilhelm Reich 1938 die sogenannten Bionexperimente, in denen er an mikroskopisch kleinen Übergangsformen zwischen nichtlebenden und lebenden Gebilden erstmals eine lebensenergetische Strahlung entdeckte, der er später den Namen »Orgon« gab. Er hat seinerzeit die Experimente, die ihn zu einem Verständnis der Biogenese (der Entstehung neuen Lebens aus vorher nicht lebender Substanz) brachte, ausführlich in seinem Buch »Die Bione – zur Entstehung des vegetativen Lebens« dokumentiert und veröffentlicht. Diese Dokumentation hatte er an eine Reihe von Forschungsinstituten gesandt, die mit diesen Fragen beschäftigt waren. Aber das Echo war fast gleich Null.

Ich selbst gehe mit diesen Forschungen – zusammen mit einigen anderen Personen aus dem Umfeld der Berliner Wilhelm-Reich-Initiative – seit nunmehr über 20 Jahren immer wieder an die Öffentlichkeit, aber, von wenigen Ausnahmen abgesehen, ist die Resonanz von Seiten der etablierten Wissenschaften außerordentlich gering – ganz im Unterschied zu der großen Aufgeschlossenheit interessierter Laien. Gerade in den letzten Jahren scheint allerdings in dieser Hinsicht einiges in Bewegung zu geraten und scheinen sich Türen zu öffnen oder die Mauern brüchig und durchlässig zu werden, an denen lange Zeit all diese Erkenntnisse immer wieder abgeprallt sind. So wie damals die Inquisitoren nicht durch das Teleskop blicken wollten, so verhalten sich vielfach heute noch etablierte Naturwissenschaftler, die einerseits mit Spott über Reich herziehen und mehr oder weniger offen Rufmord an ihm betreiben, sich aber andererseits stur weigern, die Bione unter dem Mikroskop oder auch nur die Videodokumentation der entsprechenden mikroskopischen Aufnahmen zu betrachten. Sie tun das immer wieder mit der Begründung, daß dies ja sowieso alles gar nicht sein könne, aber nicht aufgrund einer inhaltlichen Auseinandersetzung mit diesen Forschungen, sondern aus einer irrationalen Abwehr heraus.

Reich unterscheidet sich übrigens in einem Punkt ganz wesentlich von Galilei: Er hat seine Entdeckung trotz ungeheuren gesellschaftlichen Drucks nie geleugnet. Aber er ist dafür 1956 in den USA ins Gefängnis gewandert und nicht wieder lebend herausgekommen. Seine Erforschung der Lebensenergie wurde verboten, seine Bücher wurden in den USA offiziell verbrannt, und das Verbot ist bis heute in den USA noch nicht wieder aufgehoben. Das ist moderne Inquisition, aber nicht von Seiten der Kirche, sondern von Seiten moderner Wissenschaft im Zusammenwirken mit dem Staat. Daß sich dahinter auch noch ökonomische und andere Machtinteressen verbergen, die aus der Entdeckung und Nutzung der Lebensenergie Gefahr für sich wittern, ist zu vermuten.

5.7.3 Die Entwicklung der Wissenschaft: Von der Aufklärung zur dogmatischen Erstarrung

Wie konnte es dazu kommen, daß sich die ursprünglich gegenüber der kirchlichen Macht angetretene Wissenschaft selbst zu einer derartigen dogmatischen Erstarrung, zu einem derartigen Absolutheitsanspruch entwickelte, der schließlich ebenso wenig Platz für die Wiederentdeckung und Nutzung der Lebensenergie ließ wie seinerzeit der Absolutheitsanspruch der Kirche? Zur Beantwortung dieser Frage will ich zunächst auf einige Aspekte der Herausbildung und Durchsetzung des mechanistischen Weltbildes näher eingehen.

Galileis Begründung der experimentellen Physik

Neben der Entdeckung der Jupitermonde ist Galilei unter anderem auch durch die Begründung der experimentellen Physik bekanntgeworden: die Natur nicht einfach nur zu beobachten, so wie sie ist, sondern künstliche Bedingungen in Experimenten zu schaffen, die es ermöglichen, von einer Ursache auf eine Wirkung zu schließen. Berühmtestes Beispiel sind seine Expe-

rimente zur Erforschung des Fallgesetzes und der Gravitation, die er am Schiefen Turm von Pisa durchgeführt hat.
Unter Herstellung gleicher Bedingungen der Luftreibung konnte gezeigt werden, daß alle Körper gleich schnell zur Erde fallen, mit einer Beschleunigung von 9,81 m/sec^2. In der Natur fallen Gegenstände nur deshalb unterschiedlich schnell, weil sie der Luftreibung unterschiedliche Angriffsflächen bieten. Welche Kräfte der Gravitation zugrunde lagen, trat angesichts der exakten mathematischen Formulierbarkeit in den Hintergrund. Das Gegeneinander von Fallgesetz und Reibung ermöglichte eine hinreichend exakte Vorausberechnung der Fallbewegung.

Keplers Entdeckung der Himmelsmechanik

Wichtige Anstöße für die Herausbildung eines mechanistischen Naturverständnisses kamen auch aus der Astronomie, durch die Entdeckung einer Art »Himmelsmechanik«. Während der astronomische Himmel in früheren Zeiten vielfach gleichgesetzt wurde mit dem spirituellen Himmel, dem Sitz der Götter oder des einen Gottes, führte der Fortschritt in der astronomischen Beobachtung zu einer Verweltlichung des Himmels, zu seiner Entmystifizierung. Mit den von Kepler entdeckten »Keplerschen Gesetzen« wurde die Bewegung der Planeten auf mathematisch formulierbare Gesetzmäßigkeiten zurückgeführt. Es konnte schließlich gezeigt werden, daß sich alle Planeten auf (scheinbaren) Ellipsen um die Sonne bewegen, wobei sich die Sonne in einem Brennpunkt der jeweiligen Ellipse befindet, und daß die Verbindungslinie zwischen den Planeten und der Sonne jeweils in gleichen Zeiten gleiche Flächen überstreicht und daß sich die Planeten um so langsamer bewegen, je weiter entfernt sie von der Sonne sind.
Waren die Bewegungsgesetze erst einmal mathematisch for-

mulierbar, so trat die Frage nach den zugrundeliegenden bewegenden Kräften auch hier immer mehr in den Hintergrund. Am Anfang war noch von einer »vis vitalis«, einer kosmischen Lebenskraft oder Lebensenergie die Rede, aber später fanden sich in den Lehrbüchern der Astronomie oder der Physik nur noch die abstrakten mathematischen Formeln, die für eine Vorausberechnung oder auch Rückwärtsrechnung der Planetenbewegungen ausreichend waren. Die Verbindung zum christlichen Glauben wurde noch eine Zeitlang scheinbar dadurch aufrechterhalten, daß man davon ausging, Gott oder die göttliche Ordnung würden sich in den mathematischen Gesetzmäßigkeiten zeigen. Dies schien aber mehr eine Konzession der Naturwissenschaftler gegenüber der Kirche zu sein, um nicht allzu offen in Konfrontation mit ihr zu geraten.

Descartes' Rationalismus

Descartes, der als philosophischer Begründer des wissenschaftlichen Rationalismus gilt, versuchte mit seiner Philosophie, den Geist oder die bewegende Energie vollends vom Körper abzutrennen und nur das gelten zu lassen, was mit dem Verstand, mit der »ratio«, erfaßt wird. »Ich denke, also bin ich« lautete sein bekannter Ausspruch. An allem anderen, zum Beispiel an der Aussagekraft von Emotionen und von Träumen, hatte er seine tiefen Zweifel. Und dies sicherlich aus gutem Grund, in einer Zeit, wo die emotionale und sinnliche Wahrnehmung im Zuge der Sexualunterdrückung derart verzerrt und gebrochen war. Auf eine Wahrnehmung, die nicht mehr in Kontakt mit dem Lebendigen ist, ist ja tatsächlich kein Verlaß. Sie ist getrübt und verzerrt durch neurotische bzw. psychotische Filter, die sich zwischen das wahrnehmende Subjekt und die wahrgenommene Welt schieben.

Von daher war es zunächst durchaus ein Fortschritt, die Wissenschaft auf dem Rationalen, auf dem objektiv Überprüfbaren und Nachweisbaren zu begründen. Aber durch die Verabsolutierung des Rationalismus entstand der falsche Schein, als sei das Emotionale, Sinnliche, Intuitive grundsätzlich unbrauchbar zur Erkenntnis der Welt. Damit wurde die Möglichkeit geleugnet, daß es aus dem unmittelbaren, unverzerrten Kontakt mit dem Lebendigen heraus Sinneswahrnehmungen, Intuitionen und Inspirationen, das heißt auch Erkenntnisse über das Lebendige geben kann, die mit keinem leblosen Meßgerät im Umfeld emotional lebloser Wissenschaftler gewonnen werden können.
Descartes entwickelte auch die Vorstellung, das ganze Universum funktioniere wie eine große Maschine. Selbst das Leben wurde von ihm mechanistisch interpretiert. Um das Funktionieren einer Maschine zu verstehen, muß man sie lediglich in einzelne Teile zerlegen und dann wieder zusammensetzen. Die Maschine funktioniert nicht mehr, wenn einzelne Teile kaputt sind. Also gilt es herauszufinden, um welche Teile es sich dabei handelt, um sie durch neue Teile zu ersetzen. So machte es früher der Uhrmacher, und so macht es heute der Automechaniker. In der Vorstellung von Descartes war es nur eine Frage der Zeit, wann es möglich sein werde, sogar einen Menschen als eine besonders komplizierte Maschine aus Einzelteilen zusammenzusetzen.

Newtons Vereinigung von Himmel und Erde

Das mechanistische Weltbild erhielt enormen Auftrieb durch die Forschungen von Newton. Zunächst einmal machte er es mit der von ihm entwickelten Differentialrechnung möglich, die Bewegung einzelner Körper als Folge eines Anstoßes exakt zu berechnen, zum Beispiel die Flugbahnen von Geschossen. Der Anstoß war die Ursache, die Bewegung war die Folge. Das Denken in Ursache-Wirkung-Beziehungen, das sogenannte »Kausalprinzip«, erwies sich zunehmend als scheinbar erfolgreiche Methode, um Naturvorgänge zu beschreiben. Newton betrachtete schließlich das ganze Universum als eine Ansammlung einzelner Körper oder Teile, die über Ursache-Wirkung-Beziehungen aufeinander einwirken.

Während bis dahin Himmel und Erde als getrennte Sphären wahrgenommen wurden, kam Newton dazu, Himmel und Erde miteinander zu vereinen, indem er die Bewegungen der Himmelskörper auf die gleichen Gesetzmäßigkeiten zurückführte wie die Bewegungen von Körpern auf der Erde. In beiden entdeckte er die gemeinsame Grundlage der Massenanziehung, der Gravitation.

Während eines Spaziergangs durch einen Obstgarten soll ihm die Intuition gekommen sein daß die Kräfte, die den Apfel vom Baum fallen lassen, die gleichen sind wie diejenigen, die den Mond auf seiner Umlaufbahn um die Erde halten – entgegen der Zentrifugalkraft, die ihn eigentlich ins Weltall schleudern müßte. (Hätte er auch mal darüber nachgedacht, wie der Apfel auf den Baum gekommen sein könnte, wäre er vielleicht auf die Lebensenergie als treibende Kraft aller Lebensprozesse gestoßen!)

Das von ihm formulierte Gravitationsgesetz ermöglichte tatsächlich eine exakte mathematische Beschreibung der Massenanziehung zwischen Körpern auf der Erde (z. B. zwei Bleikugeln), zwischen Erde und einzelnen Körpern sowie zwischen Erde und Mond – und schließlich sogar zwischen Sonne und Planeten. Das ganze Universum schien wie ein großes und kompliziertes Uhrwerk zu funktionieren.

Der Siegeszug des mechanistischen Weltbildes

Es ist verständlich, daß dieses immer einheitlicher werdende Weltbild eine große Überzeugungskraft und Faszination ausübte; dies um so mehr, als schließlich auch Naturprozesse mechanistisch interpretiert werden konnten, die auf den ersten Blick mit Mechanik wenig zu tun haben, zum Beispiel Wärme und Schall. Wärme löste sich auf in erhöhte Molekularbewegung von Gasen, Flüssigkeiten oder auch von festen Körpern, als deren Folge eine Ausdehnung stattfindet (weil die Moleküle bei schnellerer Bewegung jeweils mehr Raum einnehmen). Schall löste sich auf in Schallwellen als Aufeinanderfolge und Ausbreitung von Verdichtung und Verdünnung zum Beispiel von Luft. Die Chemie schließlich entwickelte das Periodensystem, mit dem sich die verschiedenen chemischen Elemente auf ganz wenige gemeinsame Bausteine der Materie reduzieren ließen. Das mechanistische Weltbild, die gedankliche Zerlegung des Universums in einzelne Teile, die in Ursache-Wirkung-Beziehungen aufeinander einwirken, trat schon allein auf der Ebene des Erkenntnisprozesses seinen unaufhaltsamen Siegeszug an.

5.8 Herrschende Wissenschaft, Technologie und Verwertungsinteresse

Noch überzeugender wurde diese Sichtweise dadurch, daß sie sich in vielfältige Technologie umsetzen ließ und dadurch offensichtlich die Bestätigung für ihre Richtigkeit erbracht schien. Es war nicht einfach nur irgend eine Philosophie, die die Welt interpretierte, sondern es war die wesentliche Grundlage der

wissenschaftlich-technischen Revolution und der Industrialisierung. Vor allem dies dürfte letztendlich ausschlaggebend dafür gewesen sein, daß sich dieses Weltbild immer mehr durchsetzte.
In seinem Buch »Wendezeit« stellt Capra die Herausbildung des mechanistischen Weltbildes so dar, als sei es nur eine Aufeinanderfolge immer neuer Erkenntnisse gewesen, als sei die Geschichte der Wissenschaft allein eine Geschichte von Ideen. Dabei wird die Tatsache vernachlässigt, daß es auch schon vor der Industrialisierung geniale Ideen über technische Konstruktionen gegeben hat, zum Beispiel von Leonardo da Vinci, die aber nie realisiert wurden. Warum nicht? Weil es damals kein ökonomisches Interesse gab, solche Erfindungen aufzugreifen und zu verwerten, und weil sich damals die ökonomisch treibende Kraft der Kapitalverwertung noch nicht durchgesetzt hatte. Neben den Hauptrichtungen von Wissenschaft und Technik hat es immer auch andere Sichtweisen und Erfindungen gegeben, die sich nicht durchgesetzt haben und die nicht gefördert wurden oder gar ausgegrenzt und zerstört worden sind – aber nicht, weil sie falsch gewesen wären, sondern weil sie den vorherrschenden ökonomischen Interessen nicht entsprachen oder ihnen gar entgegenstanden.

5.8.1 Zersplitterung und Verlust von Ganzheit

Die Hauptströmung, die sich schließlich immer mehr durchsetzte, das mechanistische Weltbild, beruht auf einem Denken, das das Ganze in einzelne Teile aufsplittert. Was die Teile zu einem einheitlichen Ganzen verbindet, was das Ganze zu mehr werden läßt als zur Summe seiner Teile, ist mit dieser Sichtweise immer mehr verlorengegangen. Die Teile sind alles, das Ganze ist nichts. In der Physik gipfelte diese Sichtweise schließ-

lich in der Vorstellung, der Raum zwischen den Teilen sei leer. Wie durch einen leeren Raum hindurch Kräfte wirken sollen, z. B. die Gravitation, bleibt zwar ein Rätsel und ist anschaulich nicht mehr vorstellbar. Aber anstelle konkreter Vorstellungskraft und sinnlicher Erfahrung ist die mathematische Abstraktion getreten, und solange die damit durchgeführten Berechnungen korrekte und technisch umsetzbare Ergebnisse bringen, ist die Frage nach der Anschaulichkeit für die meisten uninteressant.
Auf den Zusammenhang von Kapitalverwertungsinteressen, Zersplitterung und wissenschaftlich-technologischer Entwicklung, der bei Capra völlig vernachlässigt ist, möchte ich im folgenden etwas ausführlicher eingehen und dabei an Gedanken anknüpfen, wie ich sie weiter oben in bezug auf den Kapitalismus bereits entwickelt habe.

Kapitalverwertung und Zersplitterung der Arbeit

Der Druck der Kapitalverwertung erzwang ja in den frühkapitalistischen Manufakturen und später in den Industriebetrieben eine ständige Senkung der Stückkosten. Unternehmen, denen dies gelang, konnten ihre Waren billiger am Markt anbieten und zusätzliche Käufer finden, während anderen Unternehmen, die in dieser Hinsicht nicht mithalten konnten, die Käufer wegliefen und ihnen deswegen langfristig der Konkurs drohte. Zunächst wurden die Arbeitszeiten der Lohnabhängigen bei gleichzeitiger Senkung der Stundenlöhne bis an die Grenze des Möglichen ausgedehnt, dann erzwang der Konkurrenzdruck mehr und mehr Veränderungen der Arbeitsorganisation und später auch der Technologie.
Eine wesentliche Weichenstellung auf diesem Weg erfolgte durch die Einführung der innerbetrieblichen Arbeitsteilung.

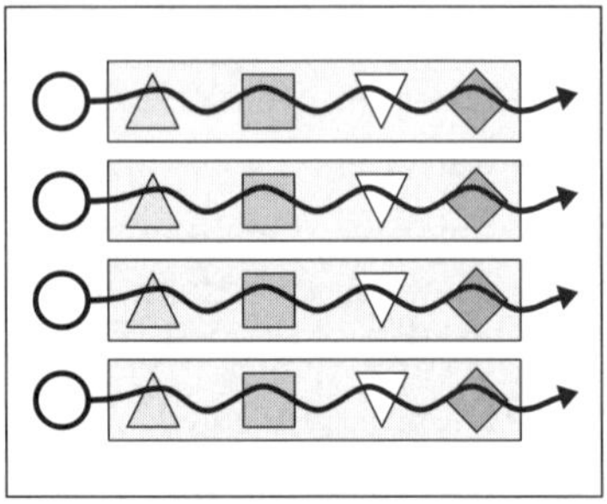
Abb. 113

Korrekter müßte es eigentlich heißen: »Arbeitszersplitterung«. In den Manufakturen des Frühkapitalismus gab es zunächst noch ein Nebeneinander handwerklicher Produktionsprozesse, wo der einzelne Handwerker das ganze Stück noch im Zusammenhang der einzelnen Teilverrichtungen fertigte (z. B. Sägen, Hobeln, Bohren und Schleifen für die Herstellung eines Tisches).

Die Durchsetzung innerbetrieblicher Arbeitsteilung splitterte diesen zusammenhängenden, ganzheitlichen Produktionsprozeß später immer mehr auf. Der einzelne Arbeiter wird nicht mehr mit der Herstellung des ganzen Stücks betraut, sondern mit der ständig sich wiederholenden Durchführung nur einer Teilverrichtung: Der eine sägt, der andere hobelt, der dritte bohrt und der vierte schleift nur noch.

Abb. 113 und *Abb. 114* zeigen diese Veränderung. Die unterschiedlichen geometrischen Figuren bezeichnen die verschiedenen Teilverrichtungen (Sägen, Bohren usw.). Die großen Rechtecke bedeuten das ganze gefertigte Stück, zum Beispiel den Tisch. Die Kreise stehen für die einzelnen Arbeiter, die in *Abb. 113* noch das ganze Stück in ganzheitlichem Zusammenhang der einzelnen Teilverrichtungen herstellen. Der Zusammenhang der einzelnen Arbeitsschritte wird symbolisch durch die Wellenlinie veranschaulicht. In

Abb. 114
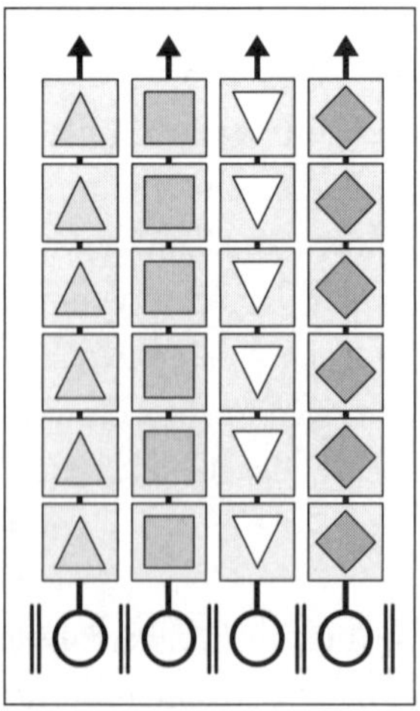

Abb. 114 hingegen ist der einzelne Arbeiter nur noch mit einer einzigen Teilverrichtung beschäftigt, und sein Blickfeld wird entsprechend verengt (dargestellt durch die »Scheuklappen« um jeden einzelnen Arbeiter).

Die Zersplitterung des ganzheitlichen Zusammenhangs der Arbeit wird in *Abb. 115* durch die mehrfach gebrochene Welle veranschaulicht.

Entsprechend der bürgerlichen Ideologie wird auf diese Weise die Produktivität erhöht: Denn durch die Spezialisierung auf nur einen Teil kann die Fertigkeit gesteigert werden, und wenn die Teile anschließend wieder zu einem Ganzen zusammengefügt werden, kommt bei

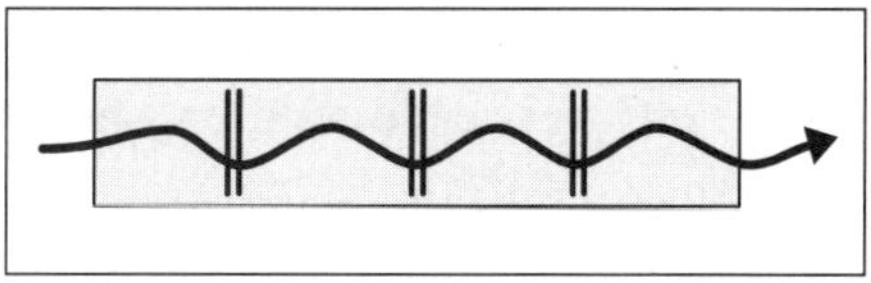

Abb. 115

gegebenem Einsatz von Arbeitskraft insgesamt mehr dabei heraus. Pro produziertem Stück lassen sich auf diese Weise die Kosten senken.

Adam Smith hat diese Erkenntnis schon 1776 in seinem Hauptwerk »Der Wohlstand der Nationen« erläutert. Die Entfaltung des Kapitalismus hat die Zersplitterung ganzheitlicher Arbeitsprozesse immer weiter vorangetrieben, nicht nur in vier, sondern manchmal in Tausende von Splittern. Daß mit der Steigerung der materiellen Produktivität ein Verlust an menschlicher Produktivität und die Herausbildung und Verfestigung von Abhängigkeit und Herrschaftsstrukturen einhergehen, hat erst Marx in seiner Kritik der bürgerlichen Ökonomie herausgearbeitet.

Um die Splitter zu einem Ganzen zusammenzufügen, werden planende, leitende und kontrollierende Funktionen erforderlich, die von anderen Menschen ausgeübt werden. Das, was bei einem einzelnen Handwerker noch eine Einheit bildete, nämlich das Planen und Durchführen, die Kopfarbeit und die Handar-

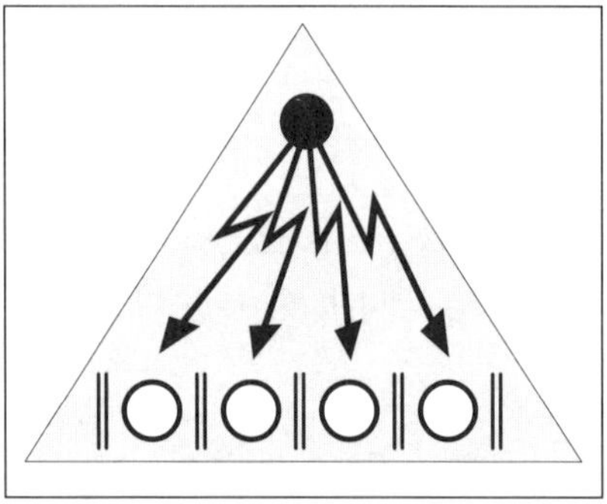

Abb. 116

beit, wird mit der Durchsetzung der Arbeitsteilung von vornherein getrennt. Zu der Aufsplitterung auf der Ebene der Handarbeit kommt also die Trennung von Hand- und Kopfarbeit hinzu und eine entsprechende Verfestigung innerbetrieblicher Hierarchie, dargestellt in *Abb. 116*. Während für die Handarbeit zunehmend ungelernte Arbeitskraft verwendet werden kann, erfordert die Kopfarbeit bestimmte neue Qualifikationen und wird entsprechend höher bewertet.

Kopfarbeiter und Handarbeiter werden gegenüber dem ursprünglich ganzheitlichen Arbeitsprozeß reduziert, in ihrer Arbeit mehr oder weniger entfremdet und sind schließlich – weil sie nicht mehr das Ganze fertigen können – wechselseitig aufeinander angewiesen. Aber es handelt sich nicht um ein wechselseitig ausgeglichenes Abhängigkeitsverhältnis, sondern um eine Dominanz der Kopfarbeit über die Handarbeit, die sich nicht nur in der ungleichen Bewertung der Arbeit ausdrückt, sondern auch im gesellschaftlichen Status. Es handelt sich eben nicht nur um eine Teilung der Arbeit, so wie man einen Kuchen in gleiche Teile aufteilen kann, sondern um die Verankerung einer Ungleichverteilung: Die einen bekommen mehr vom Kuchen (des Sozialprodukts) als die anderen. Diese Aspekte gehen meist völlig unter, wenn die produktivitätsmäßigen Vorteile der Arbeitsteilung gepriesen werden.

Der Preis der materiellen Produktivitätssteigerung besteht insoweit in wachsender Zerstückelung der Arbeitsprozesse, in der Reduzierung der Arbeit auf immer kleinere Splitter, innerhalb deren sich die arbeitenden Menschen kaum noch ausdrücken und entfalten können. Die Motivation zur Arbeit wird dadurch zunehmend zerstört, und damit überhaupt noch gearbeitet wird, bedarf es in wachsendem Maße des äußeren Drucks. Die Initialzündung dieser Art von Zersplitterung und Entfremdung erfolgte in den Manufakturen des Frühkapitalismus.

Arbeitszersplitterung als Kettenreaktion

Auch hier wieder findet sich eine Entwicklung, die an eine Kettenreaktion erinnert. Denn indem die mit Arbeitsteilung produzierenden Manufakturen sich am Markt mit ihren billigeren Waren durchsetzten, zwangen sie die anderen, entsprechend nachzuziehen, wenn sie nicht untergehen wollten. Diese Tendenz verstärkte sich immer mehr in den späteren Industriebetrieben, und mit Herausbildung des Weltmarkts und der globalen Ausbreitung des Konkurrenzdrucks wurden schließlich weltweit die bis dahin noch ganzheitlichen Produktionsprozesse niedergewalzt oder ebenfalls zersplittert. Auf diese Weise breitete sich die entfremdete Arbeit wie eine ansteckende Krankheit immer weiter aus, und die Menschen wurden auch von dieser Seite her entwurzelt, indem ihnen die Identifizierung mit ihrer Arbeit und mit dem Produkt ihrer Arbeit geraubt wurde.

Neben dem materiellen Elend, welches der Früh- und Hochkapitalismus für die lohnabhängig Beschäftigten und erst recht für die Arbeitslosen hervortrieb und bis heute in den Ländern der Dritten Welt hervortreibt, hat dieses ökonomische System insofern auch zu einem Anwachsen des psychischen, emotionalen Elends, zu einem Anwachsen der Entfremdung geführt. Menschen, deren einzige Existenzgrundlage die Lohnarbeit ist und die sich in der Arbeit nicht ausdrücken und entfalten können, entfremden sich nicht nur von der Arbeit und vom

Produkt der eigenen Arbeit, sondern auch von sich selbst und von anderen Menschen. Das hat schon der junge Marx in seinen Frühschriften über entfremdete Arbeit klar erkannt und eindrucksvoll formuliert. Die weitere Entwicklung des Kapitalismus hat ihn in diesem Punkt nicht widerlegt, sondern im Gegenteil immer mehr bestätigt.

Was Marx für die Zersplitterung der Handarbeit ausgearbeitet hatte, hat sich in den letzten Jahrzehnten zunehmend auch im Bereich der Kopfarbeit vollzogen: eine Aufsplitterung in immer kleinere Teile, die sich schließlich innerhalb eines Betriebes oder Unternehmens in so großer Zahl wiederholten, daß sie für die Mechanisierung und Automatisierung zugänglich wurden. Die Automatisierung der Kopfarbeit hat durch den Computer eine stürmische Entwicklung genommen. Zusammen mit Peter Brödner und Detlev Krüger habe ich diese Entwicklung in dem Buch »Der programmierte Kopf«[125] ausführlich dargestellt.

Mit der Einführung der innerbetrieblichen Arbeitsteilung oder -zersplitterung wurden die entscheidenden Grundlagen zur späteren Mechanisierung und Automatisierung des Produktionsprozesses geschaffen: Denn indem die einzelnen zersplitterten Teilverrichtungen und die entsprechenden Bewegungsabläufe sich täglich hundertfach oder tausendfach in gleichförmiger, mechanischer Weise wiederholten, wurde überhaupt erst die Möglichkeit geschaffen, die Bewegungen eines Menschen durch einen Mechanismus zu ersetzen: Anstelle des Menschen führte dieser nun das Werkzeug, nur ungleich schneller und dadurch auch kostengünstiger, als es der schnellste Mensch jemals hätte vollbringen können.

Auf diese Weise konnte die Produktion enorm gesteigert werden, und sie mußte es auch, denn erst ab einer bestimmten Stückzahl kamen die Vorteile der Massenproduktion zur Geltung: Die Investitionskosten für die Maschine mußten auf das einzelne Stück umgelegt und über den Preis wieder hereingeholt werden, und bei geringer Stückzahl sind die Stückkosten viel höher als bei großer Stückzahl. Dadurch entstand ein Druck auf die Unternehmen in Richtung Massenproduktion. Die Mechanisierung des Produktionsprozesses bedurfte aber der entsprechenden wissenschaftlichen und technologischen Voraussetzung. Es entsprach also insoweit dem ökonomischen Interesse der Kapitalverwertung, daß sich in der Naturwissenschaft bzw. in der Physik der Zweig der Mechanik weiterentwickelte.

5.8.2 Technologie der Naturbeherrschung

Mit der Einführung von Mechanismen oder Maschinen in den Produktionsprozeß wurde der arbeitende Mensch zunächst in die Rolle abgedrängt, die Mechanismen mit seiner Körperkraft zu bewegen. Aber der Verwertungsdruck des Kapitals erzwang bald wirksamere Antriebsmethoden und führte schließlich zur Entwicklung der Dampfmaschine und des Verbrennungsmotors. Natürlich waren es zunächst einmal Ideen oder Erfindungen, die dieser damals neuen Technologie zugrunde lagen. Aber ohne die ökonomisch treibende Kraft der Kapitalverwertung wären diese Erfindungen nicht massenweise umgesetzt und weiterentwickelt worden, und keine Industrialisierung hätte eingesetzt.

Wissenschaftliche und technologische Entwicklungslinien sind also mit ökonomischen Entwicklungslinien historisch zusammengeflossen, haben sich miteinander vereinigt und wechselseitig Impulse für die weitere Entwicklung gegeben. Andere Entwicklungslinien in Wissenschaft und Technik, die schon vorhanden waren und ebenfalls hätten weiterentwickelt werden können, wurden – wenn sie dem Verwertungsinteresse entgegenstanden – nicht nur nicht aufgegriffen, sondern ausgegrenzt, bekämpft und zerstört. So konnte der falsche Eindruck entstehen, als gäbe es nur eine mögliche Richtung wissenschaftlich-technischen Fortschritts. In Wirklichkeit handelt es sich um eine dominierende Richtung, deren wesentliche Funktion darin besteht, Herrschaftswissen zu schaffen: zur Ausübung bzw. Legitimierung von Herrschaft über Menschen und über die Natur – die »herrschende« Wissenschaft!

Mit der Dampfmaschine und dem Verbrennungsmotor sind Antriebssysteme entstanden, die Bewegung durch Druck erzeugen, also durch einen Kampf gegen die natürlichen Fließbewegungen. Damit drückt sich in der Technologie das gleiche Prinzip aus, das der Struktur der kapitalistischen Ökonomie und der emotionalen Struktur chronisch gepanzerter Menschen zugrunde liegt: der permanente Kampf gegen das spontan fließende Lebendige, und dadurch die Erzeugung eines Drucks, der seinerseits als Antriebsquelle genutzt wird. Keine Frage, daß unter Druck viel bewegt werden kann. Die Frage ist, in welche Richtung und um welchen Preis dies geschieht, wenn man die Entfaltung des Lebendigen und die Erhaltung der Lebensgrundlagen bedenkt. Meine These lautet, daß Antriebssysteme, die auf Druck beruhen – emotional, technologisch und ökonomisch-sozial – auf Dauer das Lebendige und die Lebensgrundlagen zerstören müssen.

Dampfmaschine, Wärmelehre und Entropiegesetz

In einer Dampfmaschine wird Wasser erhitzt, zum Verdampfen gebracht und damit ein Dampfdruck erzeugt, der in mechanische Bewegung umgesetzt wird. Die Grundlagen für diese Technologie lieferte einerseits die Mechanik, andererseits die

Wärmelehre, die »Thermodynamik«, ein weiterer Zweig der Physik, den es entsprechend weiterzuentwickeln galt.
Aus der Thermodynamik stammt übrigens ein naturwissenschaftliches Dogma, an dem lange Zeit mit ungeheurer Starrheit festgehalten wurde und zum großen Teil heute noch festgehalten wird: der »Zweite Hauptsatz der Wärmelehre« oder das »Entropiegesetz«. Es baut auf dem Energieerhaltungssatz auf, wonach sich die verschiedenen Energieformen ineinander umwandeln können und dabei die Gesamtsumme der Energie erhalten bleibt. Allerdings würde bei jeder Umwandlung, zum Beispiel von elektrischer Energie in mechanische Bewegung, unvermeidlich Wärme frei, die an die Umgebung abgegeben wird und ohne zusätzlichen Energieaufwand nicht wieder zurückverwandelt werden kann. Daraus folgt, daß die Umwandlung der Energien in eine Art Sackgasse führt, an deren Ende sich alles in Wärme umgewandelt hat, die sich gleichmäßig – unter Auflösung aller Strukturen und Potentialunterschiede – im Weltall verteilt, bei einer Temperatur von etwas über dem absoluten Nullpunkt von minus 273 °C. Das ist der sogenannte »Wärmetod des Universums«. Die These vom Wärmetod ist keine sehr beglückende Perspektive, aber ein gewisser Trost liegt darin, daß es bis dahin noch lange dauert und wir und auch unsere Urenkel es nicht mehr erleben werden.

Entropiegesetz als neues Dogma

Der Zweite Hauptsatz der Wärmelehre beschreibt sicherlich einen Aspekt des Naturgeschehens. Die dogmatische Erstarrung besteht darin, daß er zu einem allgemeinen Naturgesetz verabsolutiert wurde und damit Naturbeobachtungen oder technische Erfindungen, die dem entgegenstehen, immer wieder und bis heute als unmöglich ausgegrenzt wurden – von

der Wissenschaft, von der Patentierung und auch von der staatlichen Forschungsförderung –, nach der Devise, daß nicht sein kann, was nicht sein darf.
Als Reich auf die Entdeckung der Lebensenergie kam und in ihr Eigenschaften der spontanen, natürlichen Selbstorganisation erkannte, warfen ihm Naturwissenschaftler vor, er habe keine Ahnung von Physik. Werden dem Patentamt technische Erfindungen zur Patentierung vorgelegt, die einen höheren Energie-Output haben, als der (in der Physik bekannte) Energie-Input beträgt (d. h. einen technischen Wirkungsgrad von über 100 % besitzen), dann wird die Patentierung abgelehnt, weil so etwas laut Entropiegesetz gar nicht sein kann. Die staatliche Forschungsförderung erfolgt bis heute nach den gleichen Kriterien, wie sie Gottfried Hilscher in seinem Buch »Energie im Überfluß« ausführlich dokumentiert hat.
Da aber alles Lebendige, von Lebensenergie Bewegte, entgegen dem Entropiegesetz funktioniert und einer spontanen Selbstorganisation und Selbstregulierung unterliegt, paßt die Entdeckung, Erforschung, Entfaltung und Nutzung des Lebendigen nicht in das Dogma des Zweiten Hauptsatzes der Wärmelehre und wird unter Berufung auf die herrschende Wissenschaft immer wieder ausgegrenzt.
Es gibt mittlerweile eine Reihe von Naturwissenschaftlern, die den Absolutheitsanspruch des Entropiegesetzes in Frage stellen und darauf verweisen, daß es in der Natur auch ein aufbauendes Prinzip, ein aus sich heraus und ohne äußeren Antrieb wirkendes Prinzip der natürlichen Selbstorganisation gibt, so zum Beispiel Erich Jantsch in seinem Buch »Die Selbstorganisation des Universums«. Und dennoch wird beharrlich an diesem Dogma festgehalten, weil es herrschenden Interessen entgegenkommt.
Die Erkenntnisse der Wärmelehre, die seinerzeit die physikali-

schen Grundlagen technologischer Antriebssysteme, besonders für die Dampfmaschine, lieferte, wirkt also bis heute nach. Die Verabsolutierung des Entropiegesetzes leugnet grundsätzlich die Möglichkeit von Antriebssystemen, die sich aus sich heraus bewegen. Statt dessen hat sich auf der Grundlage dieses physikalischen Weltbildes eine industrielle Technologie durchgesetzt, die mit einem noch nie dagewesenen Raubbau an der Natur einherging und im Begriff ist, die Lebensgrundlagen auf diesem Planeten zu zerstören. Die Dampfmaschine leitete diese Entwicklung ein.

Industrielle Technologie und Raubbau an der Natur

Zur Betreibung der Dampfmaschine war die Verbrennung von Kohle erforderlich, und also mußte der Erde Kohle entrissen werden, mußten Kohlevorkommen ausgebeutet werden – ein Ausbeutungsverhältnis, das Naturvölkern mit ihren spirituellen Traditionen und Werten übrigens völlig fremd war und ihnen als Vergewaltigung der Erde vorgekommen wäre.
Aber die westliche Kultur hatte in dieser Hinsicht keinerlei Skrupel, weil die Gewalt historisch bereits vorher das vorherrschende Prinzip im Umgang mit Menschen und mit der Natur geworden war. Kaum jemand machte sich auch Gedanken darüber, daß die Rohstoffvorkommen (von denen Kohle nur ein Beispiel ist) sich in der Erdgeschichte über sehr lange Zeiträume gebildet hatten und nicht unerschöpflich, sondern begrenzt sind und daß – wenn man der Erde schon etwas entnimmt – dafür gesorgt werden muß, daß sie ihre Schätze wieder regenerieren kann.
Hätte aber jemand daran gedacht und vor einem solchen Raubbau gewarnt, wäre er von dem blinden Fortschrittsglauben und

den sich damit verbindenden Verwertungsinteressen hinweggefegt worden. Selbst Marx, der in bezug auf den Raubbau an der menschlichen Arbeitskraft und das sich daraus ergebende soziale Elend den Blick weit geöffnet und den Zusammenhang zur Kapitalverwertung aufgedeckt hatte, war auf dem ökologischen Auge weitgehend blind geblieben.
Was die Kohlevorkommen anlangt, suchte die sich im Frühkapitalismus entwickelnde Industrie zwecks Einsparung von Kohletransportkosten ihre Standorte in den Kohleregionen und ballte sich dort immer mehr zusammen. Die Dampfmaschine und der Energieträger Kohle hatten dadurch einen stark prägenden Einfluß auf die Entwicklung der räumlichen Struktur der Industrialisierung: Zusammenballung von Fabriken und Menschen in den Industriezentren einerseits, zunehmende Entleerung der ländlichen Räume andererseits.
Die Dampfmaschine auf Schienen, die Eisenbahn, hatte ebenfalls wesentlichen Anteil an der Hervortreibung einer unausgewogenen räumlichen Struktur: Nicht mehr nur in natürlich begünstigten Verkehrslagen (Häfen, schiffbare Flüsse), sondern auch entlang der Eisenbahnlinien siedelten sich Industrie und Städte an, und die entfernt gelegenen Gebiete wurden immer mehr von der Entwicklung abgeschnitten. Einmal entstandene räumliche Ungleichgewichte entwickelten schließlich die Tendenz, sich immer weiter zu verstärken und immer mehr soziale und ökologische Probleme nach sich zu ziehen.
Am Beispiel der Dampfmaschine und des Verbrennungsmotors können noch verschiedene andere problematische Aspekte industrieller Technologie verdeutlicht werden. Der Raubbau an den entsprechenden Rohstoffen (Kohle, Erdöl) führt – da es sich um nichtregenerierbare Rohstoffe handelt – zwangsläufig zur Rohstoffverknappung, und also auch zu ökonomischen Interessenkonflikten um die Kontrolle über die

Rohstoffvorkommen, die teilweise politisch, oftmals aber auch militärisch, ausgetragen werden. Der Golfkrieg um Kuwait ist bislang der jüngste, aber sicherlich nicht der letzte Krieg im Kampf um die Kontrolle von Rohstoffvorkommen, in diesem Fall des Erdöls.

Ein weiterer problematischer Aspekt dieser Art von Verbrennungstechnologie ist, daß bei der Verbrennung des Brennstoffs nicht alle Wärme in Bewegung umgesetzt werden kann, sondern ein Teil unvermeidlich verlorengeht, an die Umgebung abgegeben wird und damit die Umwelt durch Aufwärmung von Gewässern und Atmosphäre belastet. Hinzu kommt die Lärmbelastung von Mensch und Umwelt – insbesondere durch die Kette von Explosionen, die im Verbrennungsmotor erzeugt und durch Schalldämpfung lediglich gedämpft, selten aber ganz vermieden werden können. Die Lärmbelastung durch Autos, Motorräder und Flugzeuge gehört in diesen Zusammenhang. Schließlich werden bei der Verbrennung noch Schadstoffe frei, die zu einer Bedrohung für Mensch und Umwelt geworden sind und unter denen das Leben auf dieser Erde mittlerweile zu ersticken droht.

Die Nutzung der elektrischen Energie scheint auf den ersten Blick in vieler Hinsicht unproblematischer. Elektrizität scheint eine saubere Energie zu sein, aber ihre Erzeugung in Großkraftwerken ist in gleicher Weise umweltbelastend. Bei Wasserkraftwerken handelt es sich wieder um die Erzeugung eines Drucks, der durch das Aufstauen des Wassers in Stauseen entsteht und auf die Turbinen geleitet wird. Die physikalischen Grundlagen für den Elektromotor und die Turbine liefert die Elektrodynamik, die unter anderem besagt, daß durch sich verändernde Magnetfelder in einer den Magneten umgebenden Spule elektrischer Strom entsteht (»induziert« wird). Also mußte man Magnete in Bewegung bringen, zum Beispiel

durch Turbinen, auf die aufgestautes Wasser stürzte. Bei dieser Gelegenheit wird das Wasser, das in der Natur ein lebender Organismus ist, in tausend Stücke zerhackt, aus seiner zusammenhängenden und wirbelnden Fließbewegung herausgerissen, zersplittert und auf diese Weise abgetötet.
Eine andere Möglichkeit der Stromerzeugung ist die Dampfturbine, eine Kombination von Dampfmaschine und Elektrodynamo, wo der durch Dampf erzeugte Überdruck auf die Turbine geleitet wird. Als Antrieb können die Verbrennung von Kohle, Erdöl, Erdgas oder auch die im Atomkraftwerk erzeugte Hitze genommen werden. In Großkraftwerken wird Elektrizität erzeugt und mit Überlandleitungen teilweise über Hunderte von Kilometern zu den Stromabnehmern transportiert. Der Wirkungsgrad dieser Großkraftwerke ist jedoch geradezu jämmerlich: Ganze 33 Prozent der in die Kraftwerke hineingesteckten Energie kommen beim Stromabnehmer aus der Steckdose wieder heraus. Zwei Drittel davon gehen im Kraftwerk selbst oder unterwegs verloren und belasten die Umwelt.

Monopolisierung der Energieversorgung

Warum kann sich eine solche ineffiziente Stromversorgung halten, anstatt wirksameren und weniger umweltbelastenden Energienutzungen Platz zu machen? Der Grund dafür sind ganz konkrete ökonomische und Machtinteressen. In Deutschland geht das System der Energieversorgung auf das Energiebewirtschaftungsgesetz aus der Zeit des Nationalsozialismus zurück. Dieses Gesetz sichert den Energieversorgungsunternehmen jeweils ein Monopol in dem ihnen zugeteilten Gebiet. Als einziger Anbieter brauchen sie in ihrer Energiepolitik und Preisgestaltung keine Rücksicht auf irgendwelche Konkurrenten zu nehmen.

Die Gestaltung der Stromtarife in Deutschland regt über Mengenrabatt an die gewerbliche Wirtschaft geradezu zur Stromverschwendung an und bietet den Haushalten keinen Anreiz zur Stromeinsparung; denn unabhängig vom Stromverbrauch müssen die Haushalte monatlich allein für den Stromanschluß einen festen Betrag bezahlen, selbst dann, wenn der Verbrauch Null wäre. Unternehmen oder Gemeinden, die sich mit kleinen dezentralen Kraftwerken selbst versorgen und bei der Stromerzeugung freiwerdende Wärme teilweise noch als Fernwärme nutzen könnten (»Wärme-Kraft-Kopplung«), werden durch die Tarifgestaltung von derartigen ökologisch sinnvolleren Wegen abgehalten: Für die Einspeisung von zeitweise erzeugten Stromüberschüssen in das sogenannte Verbundnetz der Energieversorgungsunternehmen bekommen sie nicht einmal die Kosten erstattet, und gegenüber den günstigen gewerblichen Stromtarifen ist der selbsterzeugte Strom vergleichsweise teuer.

Der hohe Grad an Zentralisierung und Monopolisierung der Stromversorgung diente seinerzeit im Faschismus strategischen Zielen der Kriegsvorbereitung und Kriegsführung. Das Energiebewirtschaftungsgesetz hat jedoch nicht nur den Krieg, sondern Jahrzehnte von Nachkriegsentwicklung in Deutschland unbeschadet und unverändert überstanden und ist nach dem Fall der Mauer auch auf die neuen Bundesländer übertragen worden. Es bildet in Deutschland einen wesentlichen Hintergrund für eine Politik der Energieverschwendung anstelle der Energieeinsparung.

Die angeblich unvermeidlich sich auftuende Energielücke (wachsender Stromverbrauch und begrenzte Stromerzeugung durch konventionelle Kraftwerke) sowie die Ölkrise Anfang der siebziger Jahre lieferten schließlich die ideologische Legitimation für den Bau von Atomkraftwerken – mit den unverantwortlichen Risiken für das Leben auf dieser Erde. Dabei wurde die angebliche Energielücke erst durch die Energiepolitik der Stromkonzerne mit erzeugt!

Machtinteressen gegen freie Energie

Diese Andeutungen mögen genügen, um deutlich zu machen, daß an einer dezentralen, ökologisch verträglichen Energieversorgung von Seiten der Energiekonzerne keinerlei Interesse besteht, sondern daß sie mit ihrer Macht eher alles unternehmen werden, um die Realisierung solcher Möglichkeiten auf breiter Ebene zu verhindern. Die dezentrale Nutzung kosmischer Lebensenergie oder »freier Raumenergie«, ihre Umwandlung in elektrische oder Bewegungsenergie in beliebigem Umfang an jedem Flecken der Erde, unabhängig von irgendwelchen Verbundnetzen und unabhängig von irgendwelchen Rohstoffen, mit deren Kontrolle Geschäfte gemacht werden können, scheint zwar möglich; ihre Durchsetzung stößt aber immer wieder auf den erbitterten Widerstand von Seiten ökonomischer und politischer Machtinteressen.[126] Daß entsprechende Erfindungen und Erfinder bis in die Gegenwart hinein immer wieder bekämpft worden sind, dürfte ein Ausdruck davon sein. Das bedeutet aber nicht, daß sich die Wiederentdeckung der Lebensenergie und ihre Nutzungsmöglichkeiten, auch im Bereich der Energieversorgung, nicht dennoch durchsetzen werden. Das Wissen und die Erfahrung um die Existenz dieser Energie und ihre vielfältigen Nutzungsmöglichkeiten scheinen mir mittlerweile so weit durchgesickert und verbreitet zu sein, daß die Ausschaltung einzelner Personen, die sich auf diesem Gebiet hervorgetan haben, eine weitere Verbreitung gar nicht mehr wird aufhalten können. Das mechanistische Weltbild und die aus ihm hervorgegangene Technologie der Naturbeherrschung haben sich offensichtlich in eine solche Sackgasse verrannt, daß das Bedürfnis nach grundsätzlich anderen Wegen bei immer mehr Menschen anwächst. Die lebenspositiven Perspektiven der Wiederentdeckung des Lebendigen und der Lebensenergie sind kraftvoll und überzeugend genug, um vielen Menschen neue Hoffnungen, neue Kraft und neuen Mut zu geben, sich auf diesen Weg zu begeben – selbst unter Inkaufnahme von Schwierigkeiten und Gefahren.

5.9 Moderne Physik – Grundlage eines ökologischen Weltbilds?

Es war weiter oben die Rede davon, daß das mechanistische Naturverständnis bis hin zu Newton immer mehr an Überzeugungskraft gewann, weil es einerseits auf der Erkenntnisebene ein immer einheitlicheres Weltbild ermöglichte und sich andererseits aus seinen Erkenntnissen verwertbare Technologie entwickeln ließ. Dampfmaschine und Verbrennungsmotor wurden als Beispiele genannt. Allerdings sind die scheinbar unerschütterlichen Grundfesten des mechanistischen Weltbilds durch Weiterentwicklungen in der Physik selbst immer mehr ins Wanken geraten – mit dem Übergang von der klassischen Physik zur modernen Physik. Meilensteine auf diesem Weg sind die Entdeckung des Elektromagnetismus, die Entdeckung des radioaktiven Zerfalls von Materie, die Quantentheorie und die Relativitätstheorie. F. Capra, der selbst Physiker ist, mißt dieser Weiterentwicklung insofern große Bedeutung bei, als er in der modernen Physik Grundlagen eines ganzheitlich-ökologischen Weltbilds sieht, als Voraussetzung für die Überwindung der ökologischen Krise. Ich habe an dieser Interpretation erhebliche Zweifel und möchte im folgenden näher darauf eingehen.

Radiowellen und physikalischer Äther

Die Entdeckung und Erforschung des Elektromagnetismus durch Maxwell lieferte die physikalischen Grundlagen für die Entwicklung der Radiotechnologie. In einem Radiosender werden akustische Schwingungen in elektromagnetische Schwingungen umgewandelt, durch den Raum gesendet, vom Empfangsgerät empfangen und wieder in akustische Schwingungen zurückverwandelt, so daß am Ende der Kette der gleiche Klang wiedergegeben wird, wie er am Anfang der Kette aufgenommen wurde.

Bei der Ausbreitung von Wellen geht man normalerweise davon aus, daß es ein Medium gibt, das in Schwingung versetzt wird und die Ausbreitung der Wellen vermittelt. Bei Wasserwellen ist dies das Wasser, bei Schallwellen ist es die Luft. Welches Medium aber liegt der Ausbreitung elektromagnetischer Wellen zugrunde?

In der Physik gab es darüber große Kontroversen. Manche gingen davon aus, daß der Raum mit einem sogenannten »Äther« gefüllt ist, der in Schwingung versetzt werden kann. Das Umwälzende an dieser Vorstellung lag darin, daß der Äther nicht aus stofflichen Teilen bestand. Das hätte bedeutet, daß die Welt eben doch nicht nur aus stofflichen Teilen besteht, sondern daß es darüber hinaus noch etwas anderes gibt, in das die Teile eingebettet und durch das sie untereinander verbunden sind. Diese Vorstellung von einem physikalischen Äther war schließlich weit verbreitet. Wir sprechen heute noch davon, daß »eine Sendung über den Äther geht«.

Für die Radiotechnologie war es aber schließlich wichtiger, die technische Anwendung weiterzuentwickeln, als sich über irgendwelche Grundfragen von Äther oder Nicht-Äther Gedanken zu machen. Die Kontroversen wurden statt dessen in der

Physik ausgetragen. Es gab Sichtweisen, die sich den Äther als etwas in sich Bewegtes vorstellten, als etwas Strömendes und Wirbelndes. Andere vermuteten den Äther als etwas Statisches, etwas in sich Ruhendes, das nur durch äußere Anstöße in Bewegung gebracht werden könnte. Diese Auffassung lag dem mechanistischen Naturverständnis, daß Bewegung nur durch äußere Anstöße entsteht, wesentlich näher und hatte sich in der Physik auch mehr und mehr durchgesetzt.

Die angebliche Widerlegung der Äthertheorien

Diese Version einer statischen Äthertheorie wurde schließlich auch experimentell überprüft – zu Beginn des 20. Jahrhunderts durch das sogenannte Michelson-Morley-Experiment. Wenn der statische Äther den ganzen Raum ausfüllt und die Erde sich darin bewegt, müsse es schließlich möglich sein, einen »Ätherwind« nachzuweisen – ähnlich dem Fahrtwind, der entsteht, wenn man sich auf dem Fahrrad in ruhender Luft bewegt. Und wenn der Äther tatsächlich das Medium für die Ausbreitung elektromagnetischer Wellen (zu denen auch Lichtwellen gehören) ist, dann müßte die Ausbreitung von Licht unterschiedlich schnell sein, je nachdem, ob sich das Licht mit oder gegen den vermeintlichen Ätherwind ausbreitet.
Als im Michelson-Morley-Experiment keine deutlichen Unterschiede in der Ausbreitung des Lichtes nachgewiesen werden konnten, wurde von da an in den Hauptströmungen der Physik die Vorstellung von einem physikalischen Äther als widerlegt angesehen – obwohl doch nur die Hypothese von einem statischen Äther widerlegt worden war! Man hat sozusagen das Kind mit dem Bade ausgeschüttet und gleich alle anderen Äthervorstellungen aus dem vorherrschenden physikalischen

Weltbild herausgekippt. Im Grunde war die Physik in dieser Phase nah an der Wiederentdeckung der kosmischen Lebensenergie, aber sie hat gerade noch einmal die Kurve bekommen, um diese Entdeckung zu vermeiden.

Die Wiederentdeckung eines wirbelnden Äthers

Die Auffassung von der Nichtexistenz eines physikalischen Äthers ist seither ein weiteres starres Dogma der Physik geworden und wird derart verabsolutiert, daß jede andere Sichtweise ausgegrenzt wird, die sich den angeblich leeren Raum mit kosmischer Energie angefüllt vorstellt. Wissenschaftler mit solcher Auffassung wurden und werden immer wieder als Spinner abgestempelt, die nicht auf dem neueren Stand der Physik sind. Und vielleicht ist der Ausdruck »Spinner« – in einem gewissen Wortsinn – sogar korrekt, denn »spin« bedeutet »Wirbel«. Und in der Tat sind verschiedene Wissenschaftler auf ganz verschiedenen Wegen bei der Wiederentdeckung der kosmischen Lebensenergie zu der übereinstimmenden Auffassung gelangt, daß es sich dabei um ein aus sich heraus wirbelndes Medium handelt und daß die Wirbelbewegung die Grundbewegungsform des Äthers ist, die nicht eines äußeren Anstoßes bedarf: Bewegung entsteht also nicht erst durch äußeren Druck oder Anstoß oder durch Explosion, sondern aus sich heraus, allein durch das Fließenlassen in Wirbelbewegungen. Diese Vorstellung ist für das mechanistische Weltverständnis, aber auch für das der modernen Physik so ungeheuerlich, daß Naturforscher, die auf diese Spur gekommen sind, immer wieder heftig bekämpft wurden und werden.
Im Wirbel vollzieht sich ein Naturgeschehen, das mit den Mitteln weder der klassischen noch der modernen Physik hinrei-

chend beschrieben, geschweige denn verstanden werden kann. Und dabei brauchen wir nur die Augen aufzumachen, die Natur ist voll von Wirbeln und Spiralen: in der größten Dimension als Spiralnebel im Weltall, wovon unsere Milchstraße nur einer ist; als Tiefdruckwirbel in der Atmosphäre, als Wasserwirbel unmittelbar vor unseren Augen und sogar als »Elektronenspin«, wie die moderne Physik die Bewegung des Elektrons nennt, ohne sie zu verstehen und in ein größeres physikalisches Weltbild einer wirbelnden kosmischen Lebensenergie einzuordnen, wie das mittlerweile andere getan haben.[127]

Radioaktivität und die Erschütterung des mechanistischen Weltbilds

Mit der Entdeckung des radioaktiven Zerfalls von Materie kam es zu einer weiteren Erschütterung der Grundlagen klassischer Physik: Die scheinbar festen Bausteine der Materie, die Atome, lösten sich teilweise in Strahlung auf und verwandelten sich in andere Atome. Und mit der freiwerdenden Strahlung ließen sich sogar andere Atomkerne zertrümmern und Kettenreaktionen von Kernspaltungen in Gang setzen, bei denen ungeheure Energien freigesetzt werden konnten.

Der experimentelle Durchbruch in dieser Hinsicht gelang Otto Hahn 1938 mit seiner ersten im Labor erzeugten Kernspaltung. Es war übrigens fast zur gleichen Zeit, als Wilhelm Reich mit seinen Bionexperimenten der kosmischen Lebensenergie experimentell auf die Spur kam. Seither hat die Atomtechnologie eine stürmische und alles Leben auf dieser Erde bedrohende Entwicklung genommen, während die Entdeckung der Lebensenergie und ihr Entdecker vernichtet wurden.

Ungeachtet dessen sieht Capra in der modernen Physik die Grundlagen für ein ganzheitlich-ökologisches Weltbild. Ich frage mich, wie er allen Ernstes zu einer solchen Einschätzung kommen konnte, angesichts der furchtbaren Konsequenzen, die sich aus den Entdeckungen der modernen Physik im technologischen Bereich ergeben haben. Capra sieht den Fortschritt im Erkenntnisprozeß der modernen Physik darin, daß sie die sogenannten Elementarteilchen nicht mehr als isoliert und losgelöst vom übrigen Naturgeschehen interpretieren konnte, sondern nur noch als eingebettet in ein größeres zusammenhängendes Ganzes.

Beim radioaktiven Zerfall zum Beispiel ist der Zeitpunkt des Zerfalls eines einzelnen Atoms nicht mehr exakt voraussehbar, sondern unterliegt lediglich gewissen Wahrscheinlichkeitsgesetzen. Erst für eine große Anzahl von Atomen kann man exakt ermitteln, nach welcher Zeit die Hälfte der Materie zerstrahlt sein wird (»Halbwertszeit«). Das einzelne Atom muß sich also zu den anderen Atomen in irgendeinem – wenn auch nicht verstandenen – Zusammenhang befinden, sein Verhalten ist nicht mehr isoliert vom Ganzen zu verstehen.

Diese Erkenntnis ist in der Tat ein Schritt in Richtung eines umfassenderen, ganzheitlicheren Verständnisses von Naturprozessen, in dem die scheinbar festen Bausteine der Materie sich immer mehr in sogenannte Wahrscheinlichkeitsstrukturen auflösen, wodurch sozusagen der scheinbar feste Boden der klassischen Physik immer mehr dahinschmolz. Aber ist diese mehr ganzheitliche Betrachtung deshalb automatisch auch schon ökologisch? Und handelt es sich wirklich um eine ganzheitliche Betrachtung, wenn sie zwar Wechselwirkungen zwischen den einzelnen Teilchen und dem ganzen Universum einräumt, aber gleichzeitig den Raum, durch den hindurch solche Wechselwirkungen vermittelt werden, als leer ansieht? Wenn also gerade das, was das Ganze zu mehr werden läßt als der bloßen Summe seiner Teile (indem es die einzelnen Teile miteinander verbindet), aus der Betrachtung herausgekippt wird? Was nützt dann die nur noch mathematisch-abstrakte Formulierung von Wechselwirkungen, wenn sie nicht mehr sinnlich-konkret vorstellbar und anschaulich sind?

Die moderne Physik rechtfertigt sich damit, daß es nicht anders geht, daß eine anschauliche Vorstellung des Naturgeschehens, wenn es den subatomaren Bereich mit einschließt, gar nicht möglich sei. Die Erkenntnis, daß das Licht zum Beispiel einmal als Teilchen und ein anderes Mal als Welle erscheint, der sogenannte Doppelcharakter des Lichts, sei einfach nicht vorstellbar und sei lediglich mathematisch zu beschreiben. Aber auf dieser Grundlage lasse sich wenigstens technisch damit umgehen. Und das schlagendste Argument für die Richtigkeit der modernen Physik scheint doch nun wirklich die Atombombe zu sein ...

Es gehört also mittlerweile zur Pflichtübung des modernen Physikers oder des Studenten der Physik, sich die Illusion von der Vorstellbarkeit und Anschaulichkeit oder gar der sinnlichen Erfahrbarkeit von Naturprozessen gründlich abzuschminken. Wer daran festhält, ist in dieser Fakultät verkehrt. Nicht von ungefähr wird im Physikstudium erst einmal mehr Mathematik gemacht als irgend etwas anderes. Ich selbst habe mich seinerzeit Anfang der sechziger Jahre mit Grauen von dieser Art Physikstudium abgewendet, weil ich das Gefühl hatte, daß mein tiefes lebendiges Interesse am Verständnis von Naturgeschehen durch diese Art von mathematisch-abstrakter Naturwissenschaft eher zerstört als gefördert würde.

Eine weitere Pflichtübung des Physikers oder Naturwissenschaftlers allgemein ist das Abtrennen eigener sinnlicher Erfahrungen und Wahrnehmungen von Natur und das Delegieren an objektive Meßinstrumente. Der Anspruch auf Objektivität in der Wissenschaft verbietet es geradezu, eigene sinnliche Wahrnehmungen (außer denen, das Meßinstrument abzulesen) in den Forschungsprozeß einzubringen. Obwohl seit Heisenberg und seiner Entdeckung der »Unschärferelation« längst erwiesen ist, daß der Beobachter grundsätzlich auf das beobachtete Objekt einwirkt (um so mehr, je kleiner die beobachteten Dimensionen sind), wird an dem Anspruch von Objektivität immer noch mit Verbissenheit festgehalten. Der Student oder die Studentin der Physik lernen also, wenn sie es bis dahin noch nicht gelernt haben, ihre Emotionen zurückzuhalten und aus der Naturbeobachtung herauszuhalten, das heißt sich emotional leblos zu machen. Mit zuviel Lebendigkeit und sinnlicher Wahrnehmungsfähigkeit wird man in dieser Struktur des Studiums nur anecken und es entweder nicht lange durchhalten oder sich gleichermaßen verhärten wie die meisten anderen. Damit wird aber ein ganz wesentliches Wahrnehmungsinstrument für den Kontakt zur lebendigen Natur, für die sinnliche Wahrnehmung und das Einfühlungsvermögen in lebendige Prozesse zerstört (was Reich den »ersten orgonotischen Sinn« nannte) – mit der Konsequenz, daß bei der Erforschung der Natur das Lebendige gründlich übersehen, gemieden oder vorher zerstört wird, bevor es an die Untersuchung geht.

Moderne Physik in der Sackgasse

Nicht nur durch die Struktur des mathematisch-abstrakten Denkens, sondern auch durch die emotionale Abrichtung des Nachwuchses im üblichen Studien- und Forschungsbetrieb ist die moderne Physik zu einer toten Wissenschaft geworden. Von dieser Grundstruktur her ist es nur konsequent, wenn sie dem Lebendigen nicht auf die Spur kommt – und in ihrer Umsetzung in Technologie mit dazu beigetragen hat, Todesmittel zu produzieren, anstatt Lebensgrundlagen zu erhalten. Auf ihrem Fundament ist keine neue Welt zu bauen. Sie hat vielmehr wesentlichen Anteil daran, daß die Welt mittlerweile am Abgrund steht.

Der Irrweg der modernen Physik kommt für mich auch besonders drastisch in ihren Renommier-Forschungsprojekten, in den großen Teilchen-Beschleunigern mit einem Durchmesser von mehreren Kilometern, zum Ausdruck, die Milliarden von Forschungsmitteln verschlingen und mit deren Hilfe die Wissenschaftler auf der Suche nach den letzten Rätseln der Natur sind. Die Öffentlichkeit wird hin und wieder darüber informiert, daß in diesen unterirdischen kreisförmigen Tunneln schon wieder neue Teilchen im subatomaren Bereich entdeckt worden sind. Was dabei in der Regel unerwähnt bleibt, ist die Tatsache, daß alle diese Phänomene, die da neu beobachtet werden, vorher erst künstlich durch die technische Apparatur erzeugt werden. Es ist nicht die Natur, die dort beobachtet wird, sondern die von den Physikern erst künstlich geschaffene Welt. Zum tieferen Verständnis der Natur haben alle diese Großforschungen so gut wie nichts beigetragen – und schon gar nicht zum Verständnis oder zur Wiederentdeckung des Lebendigen.

Die moderne Physik – so scheint mir – hat sich in einer Sackgasse verrannt. Die Beobachtungen, daß immer neue Teilchen aus dem scheinbaren Nichts, aus dem angeblich leeren Raum auftauchen, drängen immer mehr zu der Einsicht, daß der leere Raum eben doch nicht leer ist, sondern voll von Energie, die sich durch Einwirbeln zu sogenannten Teilchen verdichten kann. Aber diese Konsequenz zu ziehen, die das Weltbild der modernen Physik grundlegend erschüttern würde, sind die wenigsten Physiker bereit. Wer von ihnen wollte schon zugeben, daß sie sich mit ihrer Vorstellung vom leeren Raum solange auf dem falschen Dampfer befunden haben?

Daß die moderne Physik wenig Zugang zum Verständnis lebendiger Prozesse eröffnet, wird mittlerweile auch von dem

Atomphysiker F. Capra eingestanden. Zumindest hat er sich in dieser Weise vor einigen Jahren während eines öffentlichen Workshops geäußert, den ich organisiert hatte und in dem er mit anderen kritischen Wissenschaftlern wie Arnim Bechmann, Claudio Hofmann, Hanspeter Seiler, Bernhard Schaeffer und mir konfrontiert wurde. Alle waren sich darin einig, daß das mechanistische Weltbild viel zu eng geworden ist, aber außer Capra war niemand der Meinung, daß die moderne Physik den Weg zu einem ökologischen Weltbild weise, sondern man behauptete, daß die Grundlagen dafür in anderen Ansätzen zu suchen seien. In diesem Zusammenhang räumte Capra ein, daß ihm mittlerweile – was das Verständnis des Lebendigen betreffe – auch Zweifel am Erklärungswert der Physik gekommen seien. Aber für den Bereich der unbelebten Natur sei sie immer noch das bislang beste Erklärungsmodell. Interessant genug, daß ein so weitsichtiger Wissenschaftler schließlich doch wieder in den Grenzen der eigenen Disziplin gefangen bleibt und die Natur in »belebt« und »unbelebt« aufspaltet, während sich im Rahmen einer lebensenergetischen Interpretation des Universums diese Trennung aufhebt, die Übergänge fließend werden und sich das Universum als ein einheitlicher großer lebendiger Organismus darstellt – ausgestattet mit der Eigenschaft der spontanen Selbstorganisation, die jedem lebenden Organismus eigen ist und die die Physik, solange sie das Entropiegesetz verabsolutiert, nicht verstehen kann.

Nekrologie statt Biologie

Wenn nun schon die Physik kein Verständnis des Lebendigen eröffnet, ist es dann wenigstens die Biologie, die Wissenschaft vom Leben? Auch hier sieht es in dieser Hinsicht finster aus. Im Grunde müßte sich die Hauptströmung der Biologie umbenennen in »Nekrologie«, weil im großen und ganzen durch die Untersuchungsmethoden der modernen Biologie das Leben erst abgetötet wird, bevor man sich mit aufwendigen Forschungsmethoden auf die Suche nach dem Leben macht. Am drastischsten kommt dies zum Ausdruck in der Elektronenmikroskopie, die sich in den letzten Jahrzehnten in den Laboren immer mehr durchgesetzt hat. Mit ihrer Hilfe lassen sich zwar sehr hohe und scharfe Vergrößerungen herstellen, die die Möglichkeiten des Lichtmikroskops bei weitem übersteigen. Aber das untersuchte Objekt muß vorher so präpariert werden, daß es dabei abgetötet wird.

Ein Verfahren der Elektronenmikroskopie besteht zum Beispiel darin, das Objekt in Paraffin, also in Wachs, einzulegen und dann dünnste Scheiben herauszuschneiden und mit dem Elektronenmikroskop zu untersuchen. Eine andere Methode besteht in der Quecksilberverdampfung des Objekts im Vakuum. Unter solchen Bedingungen kann kein Leben überleben, und es ist auch nicht möglich, auf diese Weise lebendige Prozesse in ihrer Entwicklung zu beobachten. Statt dessen werden Strukturen schärfstens abgebildet, die mit dem Leben nichts mehr zu tun haben und teilweise erst durch die Präparierungs- und Untersuchungsmethode selbst geschaffen werden.

Dennoch sind im Bereich der Biologie, was die Untersuchung der stofflichen Struktur von Zellen anlangt, enorme Erkenntnisfortschritte erzielt worden, zum Beispiel durch die Entdeckung der Molekularstruktur der Chromosomen in den Zellkernen, die den Weg in die Genforschung öffneten. Aber ein lebender Organismus ist mehr als nur die Summe seiner stofflichen Bausteine. Selbst wenn über die Bausteine des Lebens immer detailliertere Erkenntnisse gewonnen wurden, bis hin zu der Möglichkeit, die Gene künstlich zu manipulieren, ist damit kein Verständnis der Grundfunktionen des Lebendigen gewonnen oder dessen,

was die Bausteine zu einem lebenden Organismus organisiert, strukturiert und diesen Organismus selbst reguliert.
Kein Wunder also, daß die moderne Biologie bis heute den Prozeß der Biogenese, der Entstehung von Leben aus vorher nichtlebender Substanz, nicht verstanden hat und sich notdürftig mit der Wahrscheinlichkeitstheorie behilft: Auch wenn der Übergang von Nichtleben zu Leben ganz unwahrscheinlich sei (weil er dem Entropiegesetz widerspricht), könne er dennoch irgendwann einmal stattgefunden haben. Und aus der ersten noch so unwahrscheinlich entstandenen lebenden Zelle sei dann alles andere Leben hervorgegangen.
Daß sich die Entstehung neuen Lebens nicht irgendwann in Urzeiten einmal vollzogen hat, sondern sich ständig überall in der Natur vollzieht und im Labor beobachten läßt, wenn man den lebendigen Prozeß nicht vorher abtötet (worauf Reich in seinen Bionexperimenten geachtet hat), wollen die Biologen seit über 50 Jahren nicht zur Kenntnis nehmen, weil durch diese Entdeckung ihre Grundannahmen erschüttert und sich ihre vorherrschenden Beobachtungsmethoden als ein großer Irrweg erweisen würden.

6 Zusammenfassung

In diesem Buch geht es um die Wiederentdeckung des Lebendigen, und Wiederentdeckung heißt, daß das Lebendige schon einmal bekannt gewesen ist: ein Leben im Einklang mit den Funktionen des Lebendigen und der Lebensenergie, und ein Wissen um diese Funktionen und um die Möglichkeiten ihrer vielfältigen Nutzung. Dabei handelte es sich um sexualbejahende, liebevolle, gewaltfreie und friedliche Lebensweisen, in der es ein partnerschaftliches Miteinander der Geschlechter, der Generationen und der Menschen mit der übrigen Natur gegeben hat.

Die Vorstellung von der Möglichkeit derartiger Lebensweisen fällt uns heute deshalb so schwer, weil das Lebendige in einem sechstausendjährigen Prozeß von Menschheitsgeschichte immer mehr verschüttet wurde – ausgehend vom Ursprung der Gewalt im Gebiet von Saharasia, die sich von dort in Wellen immer weiter über die Erde ausbreitete. Der Auslöser dafür war eine ökologische Katastrophe größten Ausmaßes, die die ursprünglich fruchtbaren Gebiete von Saharasia zu Wüsten werden ließ und dramatische Hungersnöte hervorrief, mit der Folge nicht nur körperlicher Abmagerung, sondern auch emotionaler Kontraktionen und chronischer Panzerungen der damals in diesen Gebieten überlebenden Menschen.

Ich bin dann näher darauf eingegangen, wie sich die Gewaltwellen in den letzten 600 Jahren in Europa und von Europa aus über die ganze Welt ausgebreitet haben. Dabei ging es um die diesbezügliche Rolle der Hexenverfolgung, der Auflösung des Feudalismus (ursprüngliche Akkumulation) sowie der Entfaltung des Kapitalismus und Kolonialismus. In diesem Zusammenhang war es mir wichtig, anzudeuten, daß dadurch jeweils mit offener Gewalt Strukturen geschaffen wurden, innerhalb derer die Gewalt als strukturelle Gewalt fortwirkte und die offene Gewalt mehr und mehr in den Hintergrund treten konnte.

Ein gemeinsames Merkmal struktureller Gewalt scheint mir die Zersplitterung ursprünglich ganzheitlicher Systeme oder Prozesse zu sein. Ich habe von »emotionaler Kernspaltung« gesprochen als einer Spaltung der inneren lebensenergetischen Quelle des Menschen, vor allem durch Sexualunterdrückung und Unterdrückung lebendiger Entfaltung hervorgerufen. Es war auch von »sozialer Kernspaltung« die Rede, der Zersetzung oder Zerschlagung ursprünglich ganzheitlicher sozialer Systeme, die auf der Grundlage von Selbstversorgung und Genügsamkeit lebten. Und schließlich habe ich die These vertreten, daß die »technologische Kernspaltung«, also die Atomtechnologie, nur der zugespitzte Ausdruck einer wissenschaftlich-technologischen Entwicklung ist, in der das Lebendige keinen Platz hat.

Ich habe auch anzudeuten versucht, daß die Herausbildung des mechanistischen Weltbildes im Zusammenhang mit den Kapitalverwertungsinteressen gesehen werden kann, die sowohl der Wissenschaft wie der Technologie eine bestimmte Entwicklungsrichtung gegeben haben, so daß andere mögliche Entwicklungslinien, die diesen Interessen entgegenstanden, ausgegrenzt wurden.

Mir kam es darauf an, aufzuzeigen, wie tief die Lebendigkeit – individuell wie gesellschaftlich – verschüttet wurde, auf wie vielen Ebenen die Herrschaft des Erstarrten über das Lebendige sich durchgesetzt hat, wie subtil die Formen von Gewalt geworden sind, die sich bis in unser Denken und Fühlen eingenistet haben. Deshalb fällt es uns auch so schwer, uns ein liebevolles, gewaltfreies, friedliches Leben und Zusammenleben vorzustellen, und es befallen uns tiefe Ängste, sobald wir in Berührung mit solchen Möglichkeiten in uns und um uns herum kommen. Auch das war mir wichtig anzudeuten, daß es nicht immer nur die anderen sind, die uns von einem lebendigeren, erfüllteren Leben abhalten. Wir selbst haben unseren Anteil daran.

Die Erfahrungen aus der Arbeit am Charakter- und Körperpanzer zeigen immer wieder, daß es Menschen gar nicht aushalten können, wenn ihre Erstarrungen zu schnell gelöst werden, wenn sie zu schnell in Kontakt mit ihrer verschütteten Lebendigkeit kommen. Wir haben mehr oder weniger Angst vor dem Lebendigen und können uns ihm nur ganz behutsam wieder nähern. Es ist, als hätten wir zu lange Zeit in dunklen Höhlen verbracht und würden total geblendet, wenn wir uns zu schnell ans Licht bewegten. Aber es gibt das Licht, und es gibt Wege dorthin.

Die Wiederentdeckung der Lebensenergie in uns und um uns, in der Wissenschaft und in unserer Erfahrung, eröffnet Perspektiven auf vielen Ebenen, die uns aus der Gewalt gegen uns selbst, gegen andere und gegen die Natur herausführen können, die uns Menschen und die krankgewordene Natur wieder heilen können.

7 Innere und äußere Heilung durch Resonanz und Inspiration

Der Rationalismus, die wissenschaftlich-technische Revolution, die politische Demokratisierung, all das erschien gegenüber dem Machtmißbrauch vorangegangener Epochen als großer Fortschritt. Aber all das hat offenbar nicht ausgereicht, um der weltweiten Lebenszerstörung Einhalt zu gebieten. Mit der emotionalen Blockierung und Panzerung, wie sie sich in den letzten sechstausend Jahren entwickelt und ausgebreitet hat, hat der Mensch seine intuitiven Fähigkeiten weitgehend verloren. Sein bioenergetisches System befindet sich nicht mehr in Resonanz mit den übrigen Teilen des Organismus Erde und mit der Erde insgesamt, oder noch weiter: mit dem Kosmos – ganz ähnlich wie eine Krebszelle, die die Resonanz mit den übrigen Zellen, Organen und dem Gesamtorganismus verloren hat.

Die emotionale Blockierung des gepanzerten Menschen verhindert mehr oder weniger das Einströmen und Durchströmen der kosmischen Lebensenergie, verhindert auf diese Weise, daß die Informationen des übergeordneten Systems unverzerrt in den menschlichen Organismus gelangen können und ihn auf diese Weise mit dem Ganzen verbinden. Der gepanzerte Mensch empfängt nicht mehr die »Inspiration«, das ungebrochene Durchströmtwerden von Lebensenergie (von »Geist«, wie es manche auch nennen), als Voraussetzung für die harmonische Einbettung in das Ganze.

Das Gespür dafür, was im Sinne der Lebenserhaltung des

Gesamtorganismus Erde richtig ist und worin die eigene Teilfunktion im Rahmen des größeren Ganzen liegt, dieses Gespür ist dem gepanzerten Menschen abhanden gekommen. Weitgehend abgeschnitten von dieser Inspirationsquelle ist er orientierungslos geworden, wie die einzelne Krebszelle im menschlichen Organismus, und hat die Resonanzfähigkeit im größeren kosmischen Zusammenhang verloren.

Aber dieser Verlust ist nicht unabänderlich, nicht unwiderruflich. Der emotional und bioenergetisch blockierte Mensch kann wieder lernen, sich den natürlichen energetischen Fließprozessen in sich und um sich und durch sich hindurch allmählich wieder zu öffnen, sich selbst emotional und bioenergetisch wiederzubeleben und die Blockierungen der Lebensenergie langsam aufzulösen. Durch entsprechende Therapie, Meditation, Selbsterfahrung; durch Freisetzen verschütteter Kreativität und lebendiger Ausdrucksfähigkeit aller Art, in Musikmachen, Tanzen, Malen, Theaterspielen – was auch immer; durch Wiederbelebung der Sinne und der Sinnlichkeit.

Was die Erwachsenen vielleicht nur noch zum Teil wieder freilegen und wiederbeleben können, können sie um so mehr bei den emotional lebendig auf diese Welt kommenden Kindern schützen – eine der größten Aufgaben für eine glücklichere, friedlichere und liebevollere Zukunft: Schutz und Unterstützung der natürlichen Lebensfreude und Liebesfähigkeit in Kindern und Jugendlichen.

Menschen, die gar nicht erst so tief in die emotionale Blokkierung hineingeraten, werden ihre Resonanzfähigkeit mit der lebendigen Natur und ihre Intuition und Inspiration besser bewahren und ein Fühlen, Denken und Handeln entwickeln können, das sich wieder mehr im Einklang mit der lebendigen Natur befindet, mit dem lebendigen Organismus Erde, mit dem lebendigen Universum. Solche Menschen werden es viel leichter haben, sich mit den Funktionen der Lebensenergie vertraut zu machen und sie in ihren vielfältigen Anwendungsmöglichkeiten für die Heilung der inneren und äußeren Natur zu nutzen.

Vielleicht können sie, können wir, der Kettenreaktion der Gewalt, die bisher in den letzten sechstausend Jahren die Erde dominiert hat, eine Kettenreaktion der Liebe entgegensetzen. Liebe kann Berge versetzen! Ihre Energie kann nicht nur uns, sondern auch die kranke Erde heilen.

»Liebe, Arbeit und Wissen sind die Quellen unseres Lebens. Sie sollen es auch regieren.«

WILHELM REICH

Anhang

Allgemeine Hinweise zu Lagerung, Standort, Benutzung, Transport und Entsorgung von Orgonakkumulatoren

Die folgenden Hinweise gelten ganz allgemein für alle Varianten von Orgonakkumulatoren (ORACs). Sie sind um so strenger zu beachten, je stärker die ORACs wirken, d.h. – bei sonst gleichen Bedingungen – je größer die Anzahl ihrer wechselnden Schichten von Isolator und Metall ist. Stärker ist übrigens nicht unbedingt besser! Es kann auch zuviel des Guten werden – und dann in seinen Wirkungen ins Gegenteil umschlagen.

a) Lagerung und Standort

ORACs sind von gesundheitsgefährdenden Strahlungsquellen (Quellen von Elektrosmog) fernzuhalten, wie z. B.

- radioaktive Substanzen
- Röntgengeräte
- Bildschirmgeräte
- Neonröhren
- Mikrowellenherde
- Leuchtziffern und Digitaluhren
- Funktelefone
- Platinkatalysatoren
- Hochspannungsleitungen
- Sendemasten und Radargeräte
- Atomkraftwerke

Darüber hinaus sollten nicht mehrere ORACs auf engem Raum gelagert werden, um den Aufbau eines zu starken Feldes zu vermeiden. Das Ganze (Feld) ist mehr als die Summe seiner Teile!

b) Benutzung

Die Reaktionen auf Bestrahlung durch einen ORAC sind individuell unterschiedlich. Manche spüren die Wirkungen schon bei der ersten Anwendung nach wenigen Minuten, bei anderen braucht es mehrere (und insbesondere regelmäßige) Anwendungen über längere Zeit. Manchmal treten spürbare Wirkungen auch erst nach der Anwendung auf und können bei zu langer oder zu starker Bestrahlung unangenehm werden.
Es ist deshalb ratsam, sich langsam in das Neuland dieser Erfahrungen hineinzutasten: Die erste Anwendung nur für einige Minuten – und dann erst einmal 24 Stunden warten, wie der Organismus darauf reagiert. Wenn die Anwendung gut verträglich war, kann die Bestrahlungsdauer erhöht werden (um dann wiederum die Reaktionen in den nächsten 24 Stunden abzuwarten) usw. Auf diese Weise kann jede(r) die für sich geeignete Dosierung selbst herausfinden.

c) Transport

ORACs sollten zum Transport grundsätzlich in ihre Einzelteile bzw. einzelnen Bauelemente zerlegt werden.
Das ORAC-Rohr sollte wegen der Gefahr der Überladung nicht längere Zeit dicht am Körper getragen werden (auch nicht vom Briefträger!). Im Auto sollte es möglichst weit weg von Personen gelegt werden (am hinteren Ende des Kofferraums). Für den Versand ist es ratsam, lediglich die Metallschicht des ORAC-Rohrs zu versenden (die Isolator-Schicht – Frischhaltefolie – hat fast jede(r) im Haushalt oder kann sie sich besorgen) und eine Bauanleitung beizulegen.
Der Chakra-ORAC sollte nur auseinandergezogen transportiert bzw. versendet werden (z.B. in einer Pappröhre).

d) Entsorgung

Zur Entsorgung sollten ORACs aller Art auf jeden Fall in ihre einzelnen Schichten zerlegt und die Metallteile für mehrere Tage in Wasser gelegt werden.

Bauanleitungen für Orgonakkumulatoren

a) Der ORAC-Kasten für Ganzkörperbestrahlung

vgl. S. 100 ff.

b) Das ORAC-Rohr für Orgon-Akupunktur und die Bestrahlung kleiner Wunden

Frischhaltefolie (130 cm lang und ca. 30 cm breit) *(Abb. 1)*, Stahldrahtgewebe (100 cm x 25 cm, Maschenweite ca. 0,2 mm), als Hilfsmittel: ein Stab oder Rohr mit 10 mm Außendurchmesser.

Den Stab bzw. das Rohr dicht mit der Doppelschicht von Isolator und Metall umwickeln *(Abb. 2)*. Anschließend den Stab bzw. das Rohr herausziehen und die an beiden Seiten überstehende Frischhaltefolie abschneiden *(Abb. 3)*.

Grundsätze:

1. Nur zur Anwendung in die Nähe von Personen bringen!
2. Möglichst einige Meter von Personen entfernt und einzeln lagern!
3. Von schädlichen Strahlungsquellen fernhalten!
4. Vor der Entsorgung wieder auseinanderwickeln und in Einzelteile zerlegen!

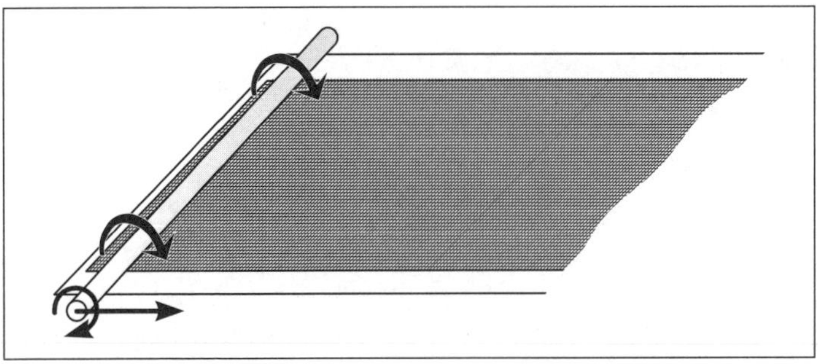

Abb. 1

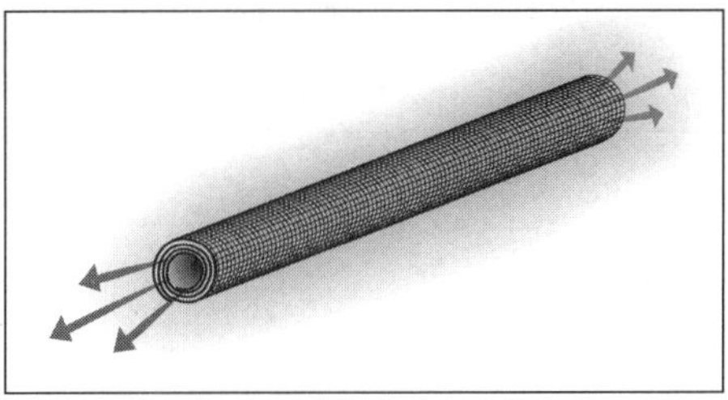

Abb. 2 links
Abb. 3 rechts

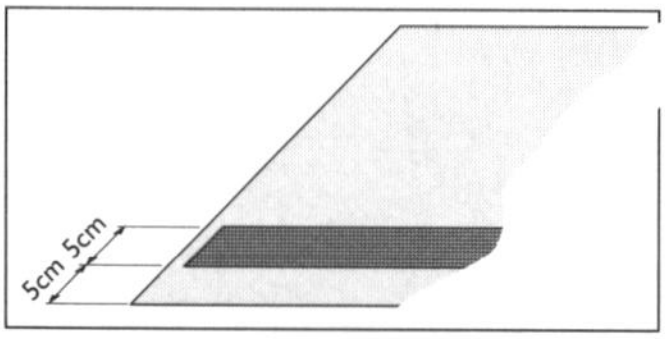

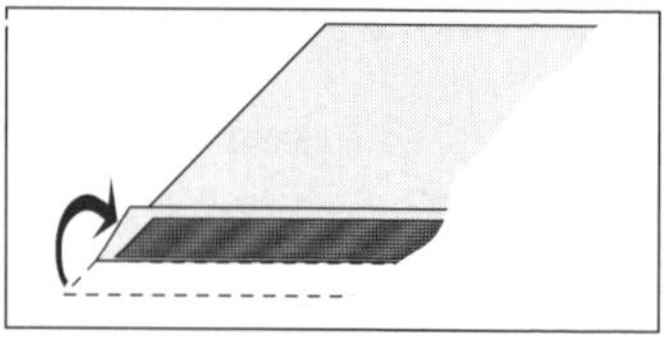

Abb. 1 links
Abb. 2 rechts

Abb. 3

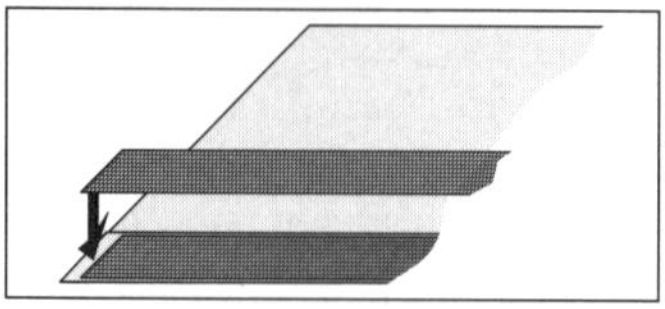

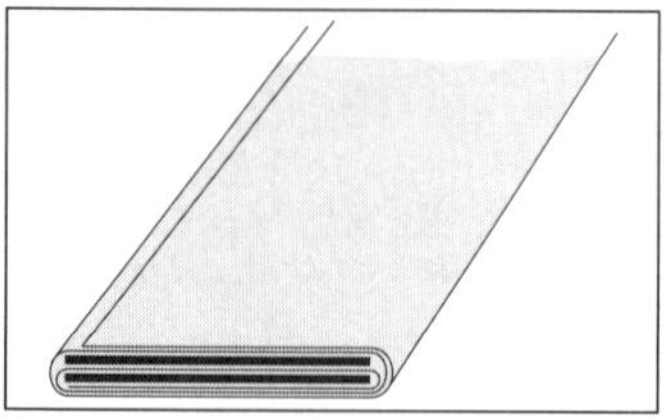

Abb. 4

Abb. 5

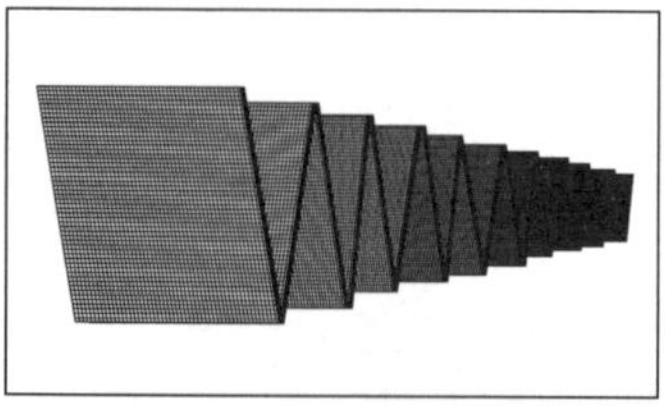

Abb. 6

c) Der Chakra-ORAC

2 Streifen Stahldrahtgewebe (je 100 cm x 5 cm, Maschenweite ca. 0,2 mm), Frischhaltefolie (100 cm lang und ca. 30 cm breit).

Den ersten Streifen Stahldrahtgewebe auf die Frischhaltefolie legen *(Abb. 1)* und zweimal umschlagen *(Abb. 2)*. Dann den zweiten Streifen darauflegen und solange umschlagen, bis die Frischhaltefolie nicht mehr übersteht *(Abb. 3 und 4)*. Den Doppelstreifen wie eine Ziehharmonika in Quadrate (5 cm x 5 cm) knicken *(Abb. 5)* und nur für die Anwendung zu einem Päckchen zusammendrücken und mit zwei Schnipsgummis zusammenhalten *(Abb. 6)*.

Grundsätze:

1. Nur für die Anwendung zu einem Päckchen zusammendrücken und mit zwei Schnipsgummis zusammenhalten!
2. Von schädlichen Strahlungsquellen fernhalten!
3. Vor und nach der Anwendung sowie zum Transport immer auseinanderziehen!

d) Das ORAC-Kissen

6 Schichten Watte (45 cm x 45 cm) und
5 Schichten feine Stahlwolle (45 cm x 45 cm).
Wechselnde Schichten von Watte (6x) und feiner Stahlwolle (5x) *(Abb. 1)*, umschnürt und etwas zusammengedrückt mit Streifen von Tesakrepp *(Abb. 2)* und umhüllt von einer Kissenhülle aus Baumwolle oder Seide *(Abb. 3)*.

Grundsätze:

1. Zum Auflegen auf Bauch oder Rücken.
2. Zum Auflegen von Handflächen oder Fußsohlen.
3. Vorsicht bei der Anwendung im Kopfbereich: Überladungsgefahr!
4. Nicht als Kopfkissen benutzen!

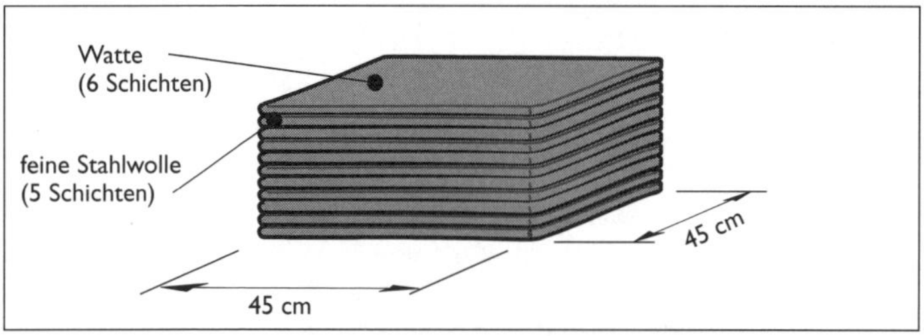

Abb. 1

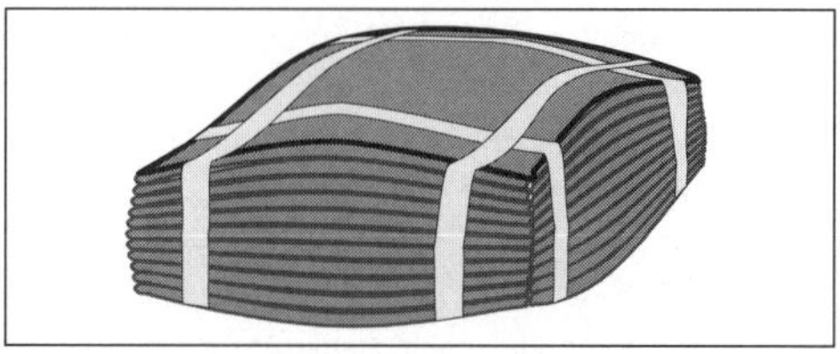

Abb. 2

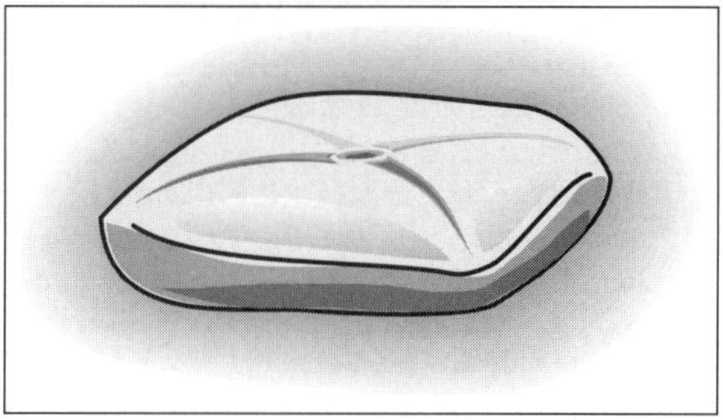

Abb. 3

Anmerkungen

1 Die Entstehung des »mechanistischen Weltbildes« ist sehr gut beschrieben in Fritjof Capra: Wendezeit – Bausteine für ein neues Weltbild, Scherz-Verlag Bern, München, Wien 1983.

2 Robert Anton Wilson: Die neue Inquisition – Irrationaler Rationalismus und die Zitadelle der Wissenschaft, Zweitausendeins, Frankfurt/Main 1992.

3 Siehe Wilhelm Reich: Die Entdeckung des Orgons, Bd. 1: Die Funktion des Orgasmus, 1942.

4 Diese Zusammenhänge werden ausführlich entwickelt in Wilhelm Reich: Christusmord, Zweitausendeins, Frankfurt 1997.

5 Siehe Kapitel 4.2.

6 Durch den langjährigen Leiter des Sigmund-Freud-Archivs in London, Jeffrey Masson, in seinem Buch »Was hat man Dir, Du armes Kind, getan?« Masson verlor nach dieser Veröffentlichung seinen Posten und wurde aus der Psychoanalytischen Vereinigung ausgeschlossen.

7 Hintergründe und Einzelheiten dieses Prozesses sind sehr gut dokumentiert in Jerome Greenfield: USA gegen Wilhelm Reich, Zweitausendeins, Frankfurt 1995.

8 Siehe hierzu Bernd Nitzschke: Wilhelm Reich, Psychoanalyse und Nationalsozialismus, in: emotion 10/1992.

9 Béla Grunberger/Janine Chasseguet-Smirgel: Freud oder Reich? Frankfurt/Berlin/Wien 1979.

10 Arnim Bechmann, der später Professor für Landschaftsökonomie an der TU Berlin wurde und das Zukunftsinstitut Barsinghausen (Rehbrinkstr. 5, D-30890 Barsinghausen) gründete. Dieses Institut beschäftigt sich auch mit den Forschungen Wilhelm Reichs und anderen »postmaterialistischen« lebensenergetischen Forschungsansätzen und deren Nutzungsmöglichkeiten.

11 Zum Orgonakkumulator, seiner Bauweise und einigen Anwendungsmöglichkeiten siehe Kapitel 4.1.6 und Anhang.

12 Vor allem die Veranstaltungsreihe »Einführung in die Arbeiten von Wilhelm Reich«, die ich seit 1979 jedes Semester an der Fachhochschule für Wirtschaft Berlin anbiete und durch die Tausende von Menschen mit dem Reichschen Werk näher in Berührung gekommen sind. Außerdem habe ich eine große Zahl von Vorträgen, Seminaren und Workshops über Reich im In- und

Ausland durchgeführt und war von Anfang an (1980) bis 1997 Mitherausgeber bzw. Autor der Wilhelm-Reich-Zeitschrift »emotion«.

13 Eine Einführung in das Gesamtwerk von Reich findet sich in meiner Artikelserie: Bernd Senf: Die Forschungen Reichs (I–IV), in emotion 1–3 / 1980–81. Über neuere Reich-Forschungen (Sexualökonomie, Entdeckung der Orgonenergie) berichtet das Sammelwerk: Nach Reich – Neue Forschungen zur Orgonomie, herausgegeben von James DeMeo und Bernd Senf, Zweitausendeins, Frankfurt/Main 1997. Zum Lebens- und Forschungsweg Reichs siehe auch die umfangreiche Biografie von Myron Sharaf: Wilhelm Reich – Der heilige Zorn des Lebendigen, 1983 (deutsch 1994).

14 Siehe seine wissenschaftliche Autobiografie (bis 1939): Wilhelm Reich: Die Entdeckung des Orgons, Bd. 1: Die Funktion des Orgasmus, 1942.

15 Siehe Wilhelm Reich: Charakteranalyse, 3. Aufl. 1945, Neuauflage im Verlag Kiepenheuer & Witsch, Köln/Berlin 1970, Kapitel III/II: Die Ausdruckssprache des Lebendigen.

16 Bernd Senf: Triebunterdrückung, zerstörte Selbstregulierung und Abhängigkeit, in: emotion 6, Berlin 1984

17 Dieser Zusammenhang ist schon vor 20 Jahren sehr klar gesehen worden von Hans Krieger in seinem Artikel über Wilhelm Reich mit dem Untertitel »Der Mann, der an unsere tiefsten Ängste rührte« (Die Zeit, 10. 10. 1969).

18 Siehe Wilhelm Reich: Die sexuelle Revolution: Zur charakterlichen Selbststeuerung des Menschen, 1945.

19 Siehe Wilhelm Reich: Die Entdeckung des Orgons, Bd. 1: Die Funktion des Orgasmus, 1942.

20 Siehe Wilhelm Reich: Die Bione – Zur Entstehung des vegetativen Lebens, 1938, Neuausgabe unter dem Titel: Die Bionexperimente. Zur Entstehung des Lebens, Zweitausendeins, Frankfurt 1995, sowie Wilhelm Reich: Die Entdeckung des Orgons, Bd. 2: Der Krebs, 1948.

21 Z. B. von einer Forschungsgruppe um den Berliner Arzt Heiko Lassek, die mit modernster lichtmikroskopischer Ausrüstung gearbeitet und ihre Beobachtungen auf Video dokumentiert hat. Siehe auch Heiko Lassek: Über Wilhelm Reichs Bionenexperiment – Eine Lesebegleitung, Zweitausendeins, Frankfurt 1995, mit lichtmikroskopischen Aufnahmen von Bionen.

22 Siehe Heiko Lassek/Michael Gierlinger: Blutdiagnostik und Bion-Forschung nach Wilhelm Reich, in: emotion 6, Berlin 1984.

23 Siehe Wilhelm Reich: Die Entdeckung des Orgons, Bd. 2: Der Krebs, 1948, Kapitel II. 4: Erstrahlung und Attraktion.

24 Die sog. Credésche Prophylaxe, die vor der Jahrhundertwende in Deutschland eingeführt wurde und von den meisten Ländern mit westlicher Medizin als gesetzlicher Zwang übernommen wurde. Erst seit 1989 besteht in der Bundesrepublik die Möglichkeit, daß die Eltern auf Unterlassung dieser Tortur bestehen. Aber die wenigsten Eltern wissen überhaupt davon.

25 Siehe Volker Knapp-Diederichs: Orgonomische Aspekte des Stillens, in: emotion 9, Berlin 1989.

26 Siehe Bernd Senf: Triebunterdrückung, zerstörte Selbstregulierung und Abhängigkeit, in: emotion 6, Berlin 1984.

27 Fritz Albert Popp: So könnte Krebs entstehen, Fischer Taschenbuch Verlag, Frankfurt 1979, sowie: Biophotonen – Ein neuer Weg zur Lösung des Krebsproblems, 1984 (vfm), Verlag für Medizin. Ein umfangreiches Buch über die Biophotonenforschung ist 1995 im Verlag Zweitausendeins, Frankfurt/Main erschienen: Marco Bischof: Biophotonen – Das Licht in unseren Zellen.

28 Siehe Stanley Krippner/Daniel Rubin: Lichtbilder der Seele, Goldmann Verlag, München 1980.

29 Eine sehr gute Einordnung von Mesmer in den historischen Zusammenhang der Entdeckung des Unbewußten findet sich in Henry F. Ellenberger: Die Entdeckung des Unbewußten, Bd. 1, Verlag Hans Huber, Bern/Stuttgart/Wien 1973. Siehe auch: Franz Anton Mesmer und die Geschichte des Mesmerismus – Beiträge anläßlich des 250. Geburtstages von Mesmer, Hrsg.: Heinz Schott, Steiner-Verlag, Stuttgart 1985.

30 Siehe Bernd Senf: Wilhelm Reich – Entdecker der Akupunktur-Energie? (1976), Nachdruck u. a. in: emotion 2, Berlin 1981, sowie: Bernd Senf: Orgon-Akupunktur – Synthese von Reichscher Orgon-Forschung und chinesischer Akupunktur, in emotion 8, Berlin 1987.

31 Siehe FDA vs The People of the United States – Five Years of Assault on »Self Care«, hrsg. v. Dr. Jonathan Wright, Legal Defense and Victory Fund, PO Box 368 Tacoma, WA 98401, USA.

32 Einzelheiten und Hintergründe über den Prozeß gegen Wilhelm Reich finden sich in Jerome Greenfield: USA gegen Wilhelm Reich (1974), erweiterte deutsche Ausgabe (1995) im Verlag Zweitausendeins, Frankfurt/Main.

33 Siehe Bernd Senf: Die Forschungen Wilhelm Reichs (III), in: emotion 2, Berlin 1981.

34 Über die Besonderheit der Reichschen Forschungsmethode und ihr Verhältnis zur mechanistischen Wissenschaft siehe Bernd Senf: Orgonomischer Funktionalismus – Wilhelm Reichs Forschungsmethode, in: emotion 4, Berlin 1982.

35 Siehe Michael Gierlinger/Heiko Lassek: Blutdiagnostik und Bion-Forschung nach Wilhelm Reich (I) , in emotion 6, Berlin 1984.

36 Siehe Wilhelm Reich: Die Entdeckung des Orgons, Bd. 2: Der Krebs, Kapitel II. 3: Die T-Bazillen, sowie: Die Bionexperimente, Zweitausendeins, Frankfurt 1995.

37 Siehe James DeMeo: Der Orgonakkumulator – Ein Handbuch, Verlag Zweitausendeins, Frankfurt/Main 1994, sowie Jürgen F. Freihold: Der Orgonakkumulator nach Wilhelm Reich (mit ausführlicher Bauanleitung), Berlin, o. J. – Außerdem Jürgen Fischer: Lebens-Energie aus der Atmosphäre – Orgontechnik, Worpswede 1994 (Am Friedhof 10, D-27412 Tarmstedt) mit

einem Angebot unterschiedlicher Orgonakkumulatoren, sowie ders.: Orgon und DOR – Die Lebensenergie und ihre Gefährdung, Simon und Leutner, Berlin 1995.

38 Siehe Heiko Lassek: Orgonakkumulator-Therapie bei schwerkranken Menschen, in: emotion 10, Berlin 1992. Nachdruck in: James DeMeo: Der Orgonakkumulator – Ein Handbuch, Verlag Zweitausendeins, Frankfurt/Main 1994

39 Wilhelm Reich: Die Entdeckung des Orgons, Bd. 1: Die Funktion des Orgasmus (1942), Bd. 2: Der Krebs (1948).

40 Insbesondere James DeMeo: Der Orgonakkumulator – Ein Handbuch, Verlag Zweitausendeins, Frankfurt/Main 1994, sowie Jürgen F. Freihold: Der Orgonakkumulator nach Wilhelm Reich, Eigenverlag, Berlin, o. J.

41 Der optimale Abstand zwischen den Innenwänden und dem Körper der darin sitzenden Person beträgt 5–10 cm. Bei größerem Abstand läßt die Wirkung deutlich nach.

42 Siehe Bernd Senf: Die Forschungen Wilhelm Reichs (II+III) in: emotion 1/1980 bzw. 2/1981. Siehe auch David Boadella: Wilhelm Reich – Leben und Werk, München 1980.

43 Die von Reich im Dunkelraum beobachteten Leuchtphänomene decken sich übrigens weitgehend mit Beobachtungen, wie sie schon 1844 von Karl Freiherr von Reichenbach beschrieben und als Ausdruck einer Lebensenergie interpretiert wurden, die er »Od« nannte. Es gibt eine Reihe sehr interessanter Parallelen und Übereinstimmungen zwischen den Ergebnissen beider Forschungen, wobei der Zugang jeweils ein völlig anderer gewesen ist. Siehe hierzu Karl Freiherr von Reichenbach: Odisch-magnetische Briefe, 1852.

44 Siehe Orgonomic Medicine, 1955 und 1956, als Kopie zu beziehen über das Wilhelm-Reich-Museum in Orgonon/Rangeley/Maine/USA. Eine Zusammenfassung von Veröffentlichungen über Orgonakkumulator-Behandlungen findet sich in Rainer Gebauer/Stefan Müschenich: Wissenschaftliche Untersuchungen zum Orgonakkumulator, in: emotion 8, Berlin 1987.

45 Den ersten Bericht darüber habe ich 1976 veröffentlicht in den von Bernd A. Laska herausgegebenen Wilhelm-Reich-Blättern 4/76. Darin waren auch Berichte über entsprechende Erfahrungen anderer Personen enthalten, die meinen Akkumulator benutzt hatten und jeweils individuell unterschiedlich darauf reagierten.

46 Der von mir entwickelte »Orgon-Punktstrahler« ist nicht zu verwechseln mit dem mißverständlich so genannten »Orgonstrahler« von Arno Herbert, der später entwickelt wurde und auf einem anderen (radionischen) Prinzip beruht und inzwischen eine weite Verbreitung gefunden hat.

47 Eine genaue Bauanleitung sowie Hinweise zur Anwendung finden sich im Anhang. Entsprechendes Material ist nur über den Fachhandel für Drahtgewebe zu haben und wird üblicherweise u. a. für bestimmte Filter verwendet. Es handelt sich um feinstes Stahldrahtgewebe (Rohstahl) mit einer Ma-

schendichte von 0,16 bis 0,20 mm (zu beziehen z. B. über die Firma Willy Kaldenbach, Curtiusstr. 10, 12205 Berlin).

48 Als Kern verwendete ich ein 25 cm langes Stahlrohr mit einem Außendurchmesser von 1 cm und einer Wandstärke von 1 mm.

49 Auf die Anwendung des Cloudbusters im Zusammenhang der Reichschen Wetterexperimente komme ich weiter unten zurück.

50 Als Metallschlauch kann man einen normalen Duschenschlauch aus verzinktem Stahl verwenden, nachdem man dessen Enden mit einer Zange abgeknipst und den inneren Gummischlauch herausgezogen hat. In einer ersten Version hatte ich einfach nur ein dreiadriges Elektrokabel benutzt, dessen Enden von der Isolierung befreit worden waren und dessen eines Ende mit dem Ende des Stahlrohrs verlötet wurde, während das andere Ende zur Anwendung in Wasser gelegt wurde.

51 Bernd Senf: Wilhelm Reich – Entdecker der Akupunktur-Energie? Erstmals veröffentlicht in: Akupunktur – Theorie und Praxis 4/1976 (Medizinisch-literarische Verlagsgesellschaft, Uelzen). Nachdruck u. a. in: emotion 2, Berlin 1981. Erste Ergebnisse dieser Versuche wurden schon vorher publiziert, u. a. in: Quaderni Reichiani 5/1974, hrsg. v. Centro Studi Reich (Cupa Caiafa 26, Napoli, Italia).

52 Eine genaue Bauanleitung und einige Hinweise zur Anwendung finden sich im Anhang.

53 Näheres über das System der Chakras und deren jeweilige Bedeutung findet sich in Shalila Sharamon/Bodo Baginski: Das Chakra-Handbuch, Windpferd-Verlag, Aitrang 1989.

54 Siehe Bernd Senf: Neue Bauweise und neue Anwendungsmöglichkeiten für Orgon-Akkumulatoren, in: Wilhelm-Reich-Blätter 1/79, hrsg. v. Bernd A. Laska; außerdem Bernd Senf: Möglichkeiten orgonenergetischer Behandlung von Pflanzen, in: emotion 7, Berlin 1985 (mit detaillierten Bauanleitungen für kleine Orgonakkumulatoren; sowie Bernd Senf: Orgon-Akupunktur – Synthese von Orgon-Forschung und chinesischer Akupunktur, emotion 8, Berlin 1987.

55 Siehe Rainer Gebauer/Stefan Müschenich: Der Reichsche Orgonakkumulator. Naturwissenschaftliche Diskussion – Praktische Anwendung – Experimentelle Untersuchung, Verlag Stroemfeld/Roter Stern/Nexus, Frankfurt 1987. Eine Zusammenfassung davon findet sich in emotion 8, Berlin 1987.

56 Eine Zusammenstellung wissenschaftlicher Untersuchungen zum Orgonakkumulator mit detaillierten Quellenangaben findet sich in James DeMeo: Der Orgonakkumulator – Ein Handbuch, Verlag Zweitausendeins, Frankfurt/Main 1994.

57 Die energetische Qualität der Umgebung wird u. a. beeinträchtigt durch in der Nähe befindliche Strahlungsquellen wie Radioaktivität (einschließlich Röntgenstrahlung), Leuchtstoffröhren (z. B. Neonlicht), laufende Bildschirm- und Kopiergeräte, Mikrowellenherde bzw. -sender. Näheres hierzu findet sich im Orgonakkumulator-Handbuch von James DeMeo.

58 James E. Lovelock: Das Gaia-Prinzip – Die Biographie unseres Planeten, 1991, sowie: Die Erde ist ein Lebewesen – Was wir heute über Anatomie und Physiologie des Organismus Erde wissen, 1992.

59 Siehe David Hatcher Childress (1987): Antigravity and the World Grid, Adventure Unlimited Press, PO Box 22, Stelle, Illinois 60919/9899, USA, Tel.: 001-815-253-6390.

60 Siehe Johanna Markl: Geomantie – Eine Einführung, in: Lichtzeichen, Sonderheft 1: Heilung von Mensch und Natur, 1993 (Manfred Johannes Hartmann Verlag, Friedrichstr. 24, 33615 Bielefeld).

61 In dem hervorragenden Buch »Der Heimatplanet«, herausgegeben von Kevin W. Kelley im Verlag Zweitausendeins, sind Aufnahmen beider Art enthalten.

62 Siehe Bernd Senf: Strahlenbelastung, energetische Erstarrung der Atmosphäre (»DOR«), Waldsterben und Smog – Wilhelm Reichs ökologische Grundlagenforschung, in: emotion 7, Berlin 1985.

63 Zur Entstehung der Energiewirbel siehe Wilhelm Reich: Die kosmische Überlagerung, Zweitausendeins, Frankfurt, 1997; »Ether, God and Devil«, 1972, Farrar, Straus and Giroux, New York. Siehe hierzu auch Bernd Senf: Unbegrenzte Energie – Ausweg aus der ökologischen Krise?; in: emotion 6, Berlin 1984, wo die Reichsche Hypothese kosmischer Energieüberlagerung und Einwirbelung erläutert wird.

64 Bernd Senf: Die Forschungen Wilhelm Reichs (I–IV), in: emotion 1–3, Berlin 1980–1982.

65 Siehe Wilhelm Reich: Das Oranur-Experiment, Erster Bericht (1947 bis 1951), Zweitausendeins, Frankfurt 1997.

66 Der verantwortungsvolle Einsatz des Cloudbusters erfordert neben meteorologischen und klimatischen Kenntnissen jahrelange Erfahrungen im Umgang mit konzentrierter Orgonenergie, auch am eigenen Leib, und eine ausgeprägte emotionale und energetische Kontakt- und Wahrnehmungsfähigkeit. Näheres hierzu bei James DeMeo: So, du willst also einen Cloudbuster bauen? in: emotion 9, Berlin 1990.

67 Die Platin-Katalysatoren erzeugen neben der schadstofflichen Belastung durch Platin und Benzol auch ein starkes Magnetfeld, das auf das Lebensenergiefeld der Insassen einwirkt. In einer umfangreichen Dokumentation berichtet Hans Nieper über schwere Gesundheitsschäden im Zusammenhang mit Platin-Kat-Autos, u. a. starke Ermüdungserscheinungen und schwere Erschöpfungszustände. Siehe Hans Nieper: Der steuerbegünstigte Lungenkrebs, raum&zeit spezial 2.

68 Siehe raum&zeit special 6: Gesundheitsrisiko Elektrosmog, Ehlers-Verlag 1992 (Geltinger Str. 14e, D-82515 Wolfratshausen) mit einer Zusammenstellung entsprechender Artikel aus mehreren Jahrgängen der Zeitschrift raum&zeit.

69 Wolfgang Volkrodt hat verschiedene Artikel zu dieser Problematik veröffent-

licht in der Zeitschrift »Wetter – Boden – Mensch« Nr. 25, 26 (1989) sowie 1, 4 (1990).

70 Günther Reichelt: Zusammenhänge zwischen Radioaktivität und Waldsterben? in: Ökologische Konzepte, Heft 20, Kaiserslautern 1984; ders.: Zum Zusammenhang von Radioaktivität und Waldsterben! Wo das Waldsterben begann, KKW-info 3/1984 des B.U.N.D., Landesverband Baden-Württemberg, Erbprinzstr. 18, D-79098 Freiburg.

71 Entsprechende Beobachtungen werden von James DeMeo laufend dokumentiert in der von ihm herausgegebenen Zeitschrift »Pulse of the Planet«, PO Box 1148, Ashland, Oregon 97520, USA.

72 The Journal of Orgonomy, Orgonomic Publications, PO Box 490, Princeton, NJ 08542, USA.

73 Zu beziehen über das Orgone Biophysical Research Laboratory, PO Box 1148, Ashland, Oregon 97520, USA.

74 Siehe James DeMeo: The Drought Abatement Outreach Program of the Orgone Biophysical Research Laboratory, PO Box 1148, Ashland, Oregon 97520, USA.

75 Ein erster Bericht hierüber findet sich in »Pulse of the Planet« No. 4/1993, S. 115.

76 Eine längere Literaturliste über Schauberger hat Lars Jörgenson in seinem Buch »Über die Grauzone in der Wissenschaft« zusammengetragen (das übrigens auch ein langes Kapitel vor allem über Details der physikalischen Forschungen von Wilhelm Reich enthält). Weitere ausführliche Hinweise finden sich in der hervorragenden Zusammenstellung von Norbert Moch: »Die alternative naturwissenschaftliche Literaturliste«, Annelie-Moch-Verlag, Krendelstr. 21, D-30916 Isernhagen.

77 Wilhelm-Ennsthaler-Verlag, A-Steyr 1993. Das Buch ist erstmals im Schwedischen 1976 erschienen. Die englische Übersetzung trägt den Titel: Living Water – Viktor Schauberger and the Secrets of Natural Energy.

78 Diese Interpretation habe ich von Hanspeter Seiler, der in seinem ausgezeichneten Buch »Der Kosmonenraum« den Versuch unternimmt, Erkenntnisse der modernen Physik vor dem Hintergrund eines wirbelnden physikalischen Äthers zu interpretieren und daraus das Bild eines lebendigen Universums zu entwickeln. (Verlag Ganzheitsmedizin, Essen 1986.) Eine Zusammenfassung dieser Sichtweise findet sich in: emotion 8, Berlin 1987.

79 Siehe Gottfried Hilscher: Energie im Überfluß – Ergebnisse unkonventionellen Denkens, Adolf Spohnholz Verlag, Hameln 1981.

80 Hans Cousto: Die Oktave – Das Urgesetz der Harmonie. Planeten, Töne, Farben, Kräfte innerer Schwingungen (1987); Rudolf Haase: Hans Kayser – Ein Leben für die Harmonik der Welt, Verlag Schwalbe u. Co., Basel 1968; Joachim Ernst Berendt: Nada Brahma – Die Welt ist Klang, Insel-Verlag, Frankfurt/Main 1983 (mit Kassetten). Weitere Hinweise zu dieser Thematik finden sich in: Norbert Moch (Anm. 76) unter dem Stichwort »Harmonik, Urtöne«.

81 Der sog. Quellwasser-Generator (Vortext Water Spring) von Rhetta Jacobson Baumgartner – nach Viktor Schauberger. Siehe raum&zeit 52/1991.

82 Siehe Friedrich Hacheney: Levitiertes Wasser in Forschung und Anwendung, Dingfelder Verlag, 1992. Weitere Hinweise finden sich in Norbert Moch (Anm. 76) unter dem Stichwort »Levitiertes Wasser« bzw. »Beeinflussung von Wasser«.

83 Wilfried Zeckai (Westendstr. 12, D-65195 Wiesbaden): »In Zukunft: Wasser. – Der Erfinder Wilfried Hacheney.«

84 Siehe Hans-Joachim Ehlers: Wie Hacheney die Abfallwirtschaft revolutioniert und die Müllprobleme löst, in: raum&zeit 67/1994.

85 Walter Schauberger hat das Andenken an das Werk seines Vaters bewahrt mit dem Aufbau des Viktor-Schauberger-Museums in der Pythagoras-Kepler-Schule, A-4821 Lauffen.

86 Zur UFO-Thematik finden sich umfangreiche Literaturhinweise in Norbert Moch (Anm. 76) unter dem Stichwort »UFOs«; siehe auch Wolfgang Wiedergut: Die Flugkreisel des Viktor Schauberger, in raum&zeit, 78/1995.

87 In dem Buch »Jenseits von Top Secret« von Timothy Good, 1991 erschienen bei Zweitausendeins, ist eine Menge solcher Geheimdokumente abgedruckt, die aufgrund des Freedom-of-Information-Act in den USA nach 30 Jahren der Öffentlichkeit zur Einsicht freigegeben wurden.

88 Auf der Grundlage der Einwirbelung kosmischer Energie haben übrigens auch David Ash und Peter Hewitt in ihrem Buch »Wissenschaft der Götter« eine Physik übersinnlicher Phänomene entwickelt. Sie nehmen allerdings erstaunlicherweise weder auf Reich noch auf Schauberger Bezug. (Verlag Zweitausendeins, Frankfurt/Main 1991).

89 Siehe Wilhelm Reich: Das Oranur-Experiment, Zweiter Bericht, Zweitausendeins, Frankfurt 1997, sowie: Expedition OROP Desert Ea – DOR-Clouds over the USA, in: CORE, Vol. VII/1955. Eine Gegenüberstellung der Reichschen Beobachtungen und Interpretationen von UFO-Phänomenen mit denen der sonstigen UFO-Literatur findet sich in dem Aufsatz von Peter Robbins: Wilhelm Reich and the UFOs (I+II), Journal of Orgonomy 24/2 und 25/1, 1990/91.

90 Siehe Wilhelm Reich: Das Oranur-Experiment, Erster Bericht, Zweitausendeins, Frankfurt 1997.

91 Siehe Pat Delgado & Colin Andrews: Kreisrunde Zeichen – Eine Untersuchung des Phänomens der spiralförmig flachgelagerten Bodenmuster in Kornfeldern, Verlag Zweitausendeins, Frankfurt/Main 1990; sowie weitere Literaturhinweise in Norbert Moch (Anm. 76) unter dem Stichwort »Kornkreise«.

92 Erstmals 1929 im Französischen und 1931 in Deutsch erschienen, neu aufgelegt im Verlag für Ganzheitsmedizin Essen, 1981.

93 Siehe hierzu Wolfgang Volkrodt: »Neuartige Waldschäden als Folge des ›Kalten Krieges‹«, in: Wetter, Boden, Mensch 26/1989. – Ders.: »Stoffsamm-

lung für an die Bundesregierung zu richtende ›Große Anfragen‹«, Stand: 30. Oktober 1988, in: Wetter, Boden, Mensch 25/1989. – Ders.: Manipulation von Menschen durch ELF-Wellen, in: Wetter, Boden, Mensch 25/1989.

94 Siehe raum&zeit special 6: Gesundheitsrisiko Elektrosmog; sowie Robert O. Becker: Der Funke des Lebens – Elektrizität und Lebensenergie, Scherz-Verlag 1990. Ausführliche Hinweise finden sich auch in Norbert Moch (Anm. 76) unter dem Stichwort »Elektrosmog«; siehe auch Jürgen Fischer (1995): Orgon und DOR, Die Lebensenergie und ihre Gefährdung.

95 Zur Geschichte der Äthertheorien siehe Hanspeter Seiler: Geschichte und neue Perspektiven der Ätherwirbeltheorie, in emotion 12, Berlin 1996.

96 Ausführliche Literaturhinweise finden sich in Norbert Moch (Anm. 76). Besonders verweisen möchte ich auf Ernst Hartmann: Krankheit als Standortproblem, Band I+II, Haug-Verlag Heidelberg 1967, 1986.

97 Gustav Freiherr von Pohl: Erdstrahlen als Krankheits- und Krebserreger (1932), Neudruck 1986.

98 Wilhelm Reich: Dowsing as an Object of Orgonomic Research, in: Orgone Energy Bulletin (OEB), Vol. III (1951).

99 Siehe Wilhelm Reich: Ether, God and Devil / Cosmic Superimposition, Verlag Farrar, Straus & Giroux, New York 1972.

100 Zu beziehen über Rayonex, Postfach 4060, D-57368 Lennestadt 1 (Saalhausen).

101 Siehe Ernstfried Prade (Hrsg.): Das Plocher-Energie-System – Anstoß zum Umdenken, Bioenergetik-Verlag, Herzogstr. 1, 86981 Kinsau, 1993. Weitere Informationen hierzu über das »Institut für Bioenergetik« unter der gleichen Adresse.

102 Bernd Senf: Strahlenbelastung, energetische Erstarrung der Atmosphäre (»DOR«), Waldsterben und Smog, in: emotion 7, Berlin 1985.

103 Siehe den Artikel »Waldsterben: Der zweite Tod durch Ammoniak«, in: Der Spiegel 1/1994.

104 Arno Herbert nennt es inzwischen »MEDEA 7 Orgon-Strahler«.

105 Nähere Informationen zum Herbert-Strahler (»Orgon-Strahler«) über: MEDEA-Verlag, Am Neugraben 10, D-91598 Colmberg. Siehe auch Verena van Ogtrop: Geist formt Körper – Kosmische Energie in der Anwendung, Euro-Verlag Falshöft, 1992. Außerdem, N. N. (1994): Kongreß und Erfahrungsaustausch über die Orgonstrahler in den Jahren 1991/92/93 – Auszüge: Bioenergie – eine echte Alternative; sowie Silvia Breves (1994): Das große Handbuch zum Orgonstrahler und Schwingungspotenzierer; und Günter Harnisch (1993): Orgonenergie – geballte Lebenskraft. Die heilende Wirkung des Orgonstrahlers.

106 Zur Bedeutung der Chakras siehe S. Sharamon/B. J. Baginski: Das Chakra-Handbuch, Windpferd-Verlag Aitrang, 1989.

107 Zur Einführung Peter W. Köhne: Radionik – Heilmethode mit Zukunft (I–III), in: raum&zeit 64, 65, 66/1993, sowie ders./Don Paris (1996): Die vorletzten Geheimnisse: Radionik – Wo Wissenschaft und Weisheitslehren zusammenfinden.

108 Die Beseitigung des Herdes durch Ziehen des kranken Zahns bringt manchmal schwerste Krankheitssymptome zum Verschwinden – ein Zusammenhang, der noch kaum bekannt ist; siehe Ernesto Adler: Störfeld und Herd im Trigeminusbereich – Ihre Bedeutung für die ärztliche und zahnärztliche Praxis, 4. erw. Aufl. 1990.

109 Forschungsinstitut für Radiästhesie und Biophysik, Fahrenbacher Str. 22, 64658 Fürth/Odenwald.

110 Siehe Dieter Knapp: Unser strahlender Körper, Droemer & Knaur Verlag, München 1996, sowie ders.: Gesundheit – Erkenntnis des Lebens, Karl F. Haug Verlag Heidelberg, 2. erweiterte Auflage 1986. Zu den bioenergetischen Forschungen von Dieter Knapp siehe auch Krystina Kauffmann: Plasma-Print – ein neues Diagnose-Verfahren, in: raum&zeit 37/1988.

111 Welche Fülle an Veröffentlichungen allein schon auf dem Gebiet alternativer Naturwissenschaften existiert, zeigt die umfangreiche »Alternative naturwissenschaftliche Literaturliste« von Norbert Moch (Anm. 76).

112 Peter Mandel: Energetische Terminalpunkt-Diagnose, Energetik-Verlag Sulzbach, 1990.

113 Die Ergebnisse wurden von Dieter Knapp vorgestellt auf einer von mir veranstalteten »Tagung für Lebensenergie-Forschung« (16.–18. 1. 87) in der Fachhochschule für Wirtschaft, Berlin.

114 Siehe die Titelgeschichte »Südsee – das Insel-Glück der Trobriander« der Zeitschrift »GEO« Nr. 11/93, sowie den ZDF-Dokumentarfilm »Lockende Südsee – Die Trobriander« vom 2. 1. 1996.

115 Eine Zusammenfassung dieser Forschungen findet sich in: emotion 10/92: James DeMeo: Entstehung und Ausbreitung des Patriarchats; sowie Hanspeter Seiler: Lebensenergie und Matriarchat. Ausführlich siehe James DeMeo: On the Origins and Diffusion of Patrism: The Saharasian Connection, Dissertation, University of Kansas, Geography Department, University Microfilms International 1987; überarbeitete Fassung in Buchform: Saharasia: The Origins of Child Abuse, Sexual Repression, Female Subordination and Social Violence in Old World Desertification, c. 4000 BC, Orgone Biophysical Research Lab, PO Box 1148, Ashland, Oregon 97520, USA.

116 Verrier Elwin: The Muria and their Ghotul (1947); sowie: The Kingdom of the Young (1968)

117 Siehe Bernd Senf: Der Nebel um das Geld – Zinsproblematik, Währungssysteme und Wirtschaftskrisen, Gauke-Verlag, Lütjenburg 1996.

118 Bernd Senf: Politische Ökonomie des Kapitalismus, 2 Bände (mehrwert 17 u. 18), Berlin 1978.

119 Siehe Karl Marx: Das Kapital, Bd. 1, Kapitel 23.

120 Wesentliche Anregungen zu diesem Thema verdanke ich auch Ottmar Lattorf, der mehrfach im Rahmen meiner Seminarreihe über »Hexenverfolgung und Durchsetzung der Sexualunterdrückung in Europa« referiert hat. In emotion 12/1996 ist ein entsprechender Artikel erschienen.

121 Siehe Starhawk: Der Hexenkult als Ur-Religion der großen Göttin, Goldmann-Verlag, 2. Aufl. 1992.

122 Siehe James DeMeo in: emotion 11, Berlin 1994.

123 Die Wirtschaftskrisen wurden offenbar ausgelöst durch einen plötzlichen Zusammenbruch des Geldumlaufs nach der gewaltsamen Vernichtung des Templerordens durch den Papst und den König von Frankreich. Der Templerorden hatte bis dahin die Funktion einer Art Zentralbank und hatte die Wirtschaft kontinuierlich mit dem notwendigen Geld versorgt. Siehe Hans Weitkamp: Das Hochmittelalter – ein Geschenk des Geldwesens, HOLZ-Verlag, CH-3652 Hilterfringen, 3. Aufl. 1993.

124 Jakob Sprenger/Heinrich Institoris: Der Hexenhammer, dtv-Bibliothek, München 1983.

125 Peter Brödner/Detlev Krüger/Bernd Senf: Der programmierte Kopf – Eine Sozialgeschichte der Datenverarbeitung, Wagenbach-Verlag, Berlin 1981.

126 Siehe Bernd Senf: Unbegrenzte Energie – Ausweg aus der ökologischen Krise? in: emotion 6/1984.

127 Z. B. Hanspeter Seiler: Kosmonenraum, Verlag Ganzheitsmedizin Essen. Zusammenfassung in: emotion 8, Berlin 1987.

Literatur

Alexandersson, Olof (1993): Lebendes Wasser – über Viktor Schauberger und eine neue Technik, um unsere Umwelt zu retten, Wilhelm-Ennsthaler-Verlag, A-Steyr

Ash, David/Hewitt, Peter (1991): Wissenschaft der Götter, Verlag Zweitausendeins, Frankfurt/Main

Becker, Robert O. (1990): Der Funke des Lebens – Elektrizität und Lebensenergie, Scherz-Verlag, Bern/München/Wien

Berendt, Joachim Ernst (1983): Nada Brahma – Die Welt ist Klang, Insel-Verlag, Frankfurt/Main

Bischof, Marco (1995): Biophotonen – Das Licht in unseren Zellen, Verlag Zweitausendeins, Frankfurt/Main

Boadella, David (1980): Wilhelm Reich – Leben und Werk, München

Breves, Silvia (1994): Das große Handbuch zum Orgonstrahler und Schwingungspotenzierer – Der richtige Umgang mit feinstofflichen Heilenergien, MEDEA-Verlag, Am Neugraben 10, D-91598 Colmberg

Brödner, Peter/Krüger, Detlev/Senf, Bernd (1981): Der programmierte Kopf – Eine Sozialgeschichte der Datenverarbeitung, Wagenbach-Verlag, Berlin

Capra, Fritjof (1983): Wendezeit – Bausteine für ein neues Weltbild, Scherz-Verlag, Bern/München/Wien

Childress, David Hatcher (1987): Antigravity and the World Grid, Adventure Unlimited Press, PO Box 22, Stelle, Illinois 60919/9899, USA, Tel.: 001-815-253-6390

Cousto, Hans (1984): Die kosmische Oktave – Der Weg zum universellen Einklang, Synthesizer-Verlag, Essen

Cousto, Hans (1987): Die Oktave – Das Urgesetz der Harmonie. Planeten, Töne, Farben, Kräfte innerer Schwingungen

Delgado, Pat/Andrews, Colin (1990): Kreisrunde Zeichen – Eine Untersuchung des Phänomens der spiralförmig flachgelagerten Bodenmuster in Kornfeldern, Verlag Zweitausendeins, Frankfurt/Main

DeMeo, James (1986): Bibliography on Orgone Biophysics-Selected Citations of Books and Articles by Wilhelm Reich and Others on the Orgone Energy, Orgone Biophysical Research Laboratory, PO Box 1148, Ashland, Oregon 97520, USA

–, – (1986): On the Origins and Diffusion of Patrism: The Saharasian Connection, Dissertation, University of Kansas, Geography Department, University Microfilms International edition 1987

–, – (1990): So, du willst also einen Cloudbuster bauen? in: emotion 9/1990, Berlin

–, – (1992): Entstehung und Ausbreitung des Patriarchats, in: emotion 10/1992, Berlin

–, – (1994): Der Orgonakkumulator – Ein Handbuch, Verlag Zweitausendeins, Frankfurt/Main

–, – (1994): Empfängnisverhütung bei Naturvölkern, in: emotion 11/1994, Berlin

–, – (1997): Saharasia: The Origins of Child Abuse, Sexual Repression, Female Subordination and Social Violence in Old World Desertification, c. 4000 BC, Orgone Biophysical Research Lab, PO Box 1148, Ashland, Oregon 97520, USA

–, – The Drought Abatement Outreach Program of the Orgone Biophysical Research Laboratory, PO Box 1148, Ashland, Oregon 97520, USA

Eden, Jerome (1974): Animal Magnetism and the life Energy, Exposition Press, Hicksvill, 900 South Oyster Bay Road, New York 11801, USA

Ehlers, Hans-Joachim (1994): Wie Hacheney die Abfallwirtschaft revolutioniert und die Müllprobleme löst, in: raum&zeit Nr. 67/1994

Ellenberger, Henry F. (1973): Die Entdeckung des Unbewußten, Bd. 1, Verlag Hans Huber, Bern/Stuttgart/Wien

Elwin, Verrier (1946): The Kingdom of the Young, Neuauflage Oxford 1968

–, – (1947): The Muria and their Ghotul

emotion – Wilhelm-Reich-Zeitschrift (seit 1980) Ulrich Leutner Verlag Berlin bzw. Volker Knapp-Diederichs, Ruppiner Chaussee 291 b, D-13503 Berlin

Fischer, Jürgen (1994): Lebensenergie aus der Atmosphäre – Orgontechnik, Worpswede (Am Friedhof 10, D-27412 Tarmstedt)

–, – (1995): Orgon und DOR, Die Lebensenergie und ihre Gefährdung, Verlag Simon und Leutner, Berlin 1995

Freihold, Jürgen F. (o. J.): Der Orgonakkumulator nach Wilhelm Reich (mit ausführlicher Bauanleitung), Berlin (zu beziehen über Jürgen Fischer, Schlußdorfer Str. 52, D-27726 Worpswede)

Gebauer, Rainer/Müschenich, Stefan (1987): Der Reichsche Orgonakkumulator. Naturwissenschaftliche Diskussion – Praktische Anwendung – Experimentelle Untersuchung, Verlag Stroemfeld/Roter Stern/Nexus, Frankfurt

–, – (1987): Wissenschaftliche Untersuchungen zum Orgonakkumulator, in: emotion 8/1987, Berlin

Good, Timothy (1991): Jenseits von Top Secret, Verlag Zweitausendeins, Frankfurt/M.

Abendroth, Heide (1988): Das Matriarchat, Bd. I–IV, Kohlhammer-Verlag, Stuttgart/Berlin/Köln

Greenfield, Jerome (1974) Wilhelm Reich vs. the USA, deutsche Neuauflage (1995): USA gegen Wilhelm Reich, Verlag Zweitausendeins, Frankfurt/Main

Grunberger, Béla/Chasseguet-Smirgel, Janine (1979): Freud oder Reich? Frankfurt/Berlin/Wien

Haase, Rudolf (1968): Hans Kayser – Ein Leben für die Harmonik der Welt, Verlag Schwalbe u. Co., Basel

Hacheney, Friedrich (1992): Levitiertes Wasser in Forschung und Anwendung, Dingfelder Verlag

Harnisch, Günter (1983): Orgonenergie – geballte Lebenskraft. Die heilende Wirkung des Orgonstrahlers, Tum-Verlag, D-74308 Bietigheim

Hartmann, Ernst (1967): Krankheit als Standortproblem, Band I+II, Haug-Verlag Heidelberg, Neuauflage 1986

Hilscher, Gottfried (1981): Energie im Überfluß – Ergebnisse unkonventionellen Denkens, Adolf Spohnholz Verlag, Hameln

Jantsch, Erich (1979): Die Selbstorganisation des Universums – Vom Urknall zum menschlichen Geist, Hanser-Verlag, München

Jörgenson, Lars (1990): Über die Grauzone in der Wissenschaft, WDB-Verlag, Brauhofstraße 5A, D-10587 Berlin

Journal of Orgonomy, Orgonomic Publications, PO Box 490, Princeton, NJ 08542, USA

Kauffmann, Krystina (1988): Plasma-Print – ein neues Diagnose-Verfahren, in: raum&zeit 37/1988

Kelley, Kevin W. (Hrsg.) (1989): Der Heimatplanet, Verlag Zweitausendeins, Frankfurt/Main

Knapp, Dieter (1986): Gesundheit – Erkenntnis des Lebens, 2. erweiterte Auflage, Karl F. Haug Verlag, Heidelberg

–, – (1996): Unser strahlender Körper, Droemer & Knaur Verlag, München

Knapp-Diederichs, Volker (1989): Orgonomische Aspekte des Stillens, in: emotion 9, Berlin 1989

Köhne, Peter W. (1993): Radionik – Heilmethode mit Zukunft (I–III), in: raum&zeit 64, 65 und 66/1993

Köhne, Peter/Paris, Don (1996): Die vorletzten Geheimnisse. Radionik – Wo Wissenschaft und Weisheitslehren zusammenfinden, Pronova Energetik Verlag, Dormagen

Krieger, Hans (1969): Wilhelm Reich – der Mann, der an unsere tiefsten Ängste rührte, in: DIE ZEIT, 10. 10. 1969

Krippner, Stanley/Rubin, Daniel (1980): Lichtbilder der Seele, Goldmann Verlag, München

Lakhovsky, Georges (1981): Das Geheimnis des Lebens, Verlag für Ganzheitsmedizin Essen

Laska, Bernd A. (Hrsg.): Wilhelm-Reich-Blätter, Chameerstr. 27, D-90480 Nürnberg

–, – (o. J.): Wilhelm Reich, rororo-Bildmonografie 298, Reinbek bei Hamburg (mit ausführlicher Bibliografie)

Lassek, Heiko (1992): Orgonakkumulator-Therapie bei schwerkranken Menschen, in: emotion 10/1992, Berlin; Nachdruck u. a. in: James DeMeo: Der Orgonakkumulator – Ein Handbuch, Verlag Zweitausendeins, Frankfurt

–, – (1995): Über Wilhelm Reichs Bionenexperimente – Eine Lesebegleitung, Zweitausendeins, Frankfurt/Main

–, –/Gierlinger, Michael (1984): Blutdiagnostik und Bion-Forschung nach Wilhelm Reich (I), in: emotion 6/1984, Berlin

Lattorf, Ottmar (1996): Hexenverfolgung und Durchsetzung der Sexualunterdrükkung in Europa, in emotion 12/1996, Berlin

Lovelock, James E. (1991): Das Gaia-Prinzip – Die Biographie unseres Planeten

–, – (1992): Die Erde ist ein Lebewesen – Was wir heute über Anatomie und Physiologie des Organismus Erde wissen

Luxemburg, Rosa (1913): Die Akkumulation des Kapitals, in: Gesammelte Werke, Bd. 2, Dietz-Verlag, Berlin 1974

Mandel, Peter (1990): Energetische Terminalpunkt-Diagnose, Energetik-Verlag, Sulzbach

Markl, Johanna (1993): Geomantie – Eine Einführung, in: Lichtzeichen, Sonderheft 1: Heilung von Mensch und Natur, Manfred Johannes Hartmann Verlag, Friedrichstr. 24, D-33615 Bielefeld

Marx, Karl (1890): Das Kapital, Bd. 1, 4. Aufl., Hamburg. Neuauflage: Marx-Engels-Werke (MEW), Bd. 23, Dietz-Verlag, Berlin 1969

Masson, Jeffrey (1984): Was hat man Dir, Du armes Kind, getan? Sigmund Freuds Unterdrückung der Verführungstheorie, Rowohlt-Verlag, Reinbek bei Hamburg

Moch, Norbert (1993): Die alternative naturwissenschaftliche Literaturliste (185 Seiten), Annelie-Moch-Verlag, Krendelstr. 21, D-30916 Isernhagen

N. N. (1993): Südsee – das Insel-Glück der Trobriander, in GEO Nr. 11/1993

N. N. (1994): Waldsterben: Der zweite Tod durch Ammoniak, in: DER SPIEGEL 1/1994

N. N. (1994): Kongreß und Erfahrungsaustausch über den Orgonstrahler in den Jahren 1991/92/93: Bioenergie – eine echte Alternative, MEDEA-Verlag, Am Neugraben 10, D-91598 Colmberg

Nieper, Hans (1992): Der steuerbegünstigte Lungenkrebs, in: raum&zeit special 2

Nitzschke, Bernd (1992): Wilhelm Reich, Psychoanalyse und Nationalsozialismus, in: emotion 10/1992, Berlin

Nogier, Paul F. M. (1969): Lehrbuch der Auriculotherapie, Maisonneuve-Verlag, 57-Sainte-Ruffine, Frankreich

Ogtrop, Verena van (1992): Geist formt Körper – Kosmische Energie in der Anwendung, Euro-Verlag, Falshöft 13, D-24395 Nieby

Orgonomic Medicine (1955/56), als Kopie zu beziehen über das Wilhelm-Reich-Museum, PO Box 687, Rangeley, Maine, Orgonon 4970, USA

Pohl, Gustav Freiherr von (1932): Erdstrahlen als Krankheits- und Krebserreger, Neudruck 1983, Fortschritt für alle-Verlag, Feucht

Popp, Fritz Albert (1979): So könnte Krebs entstehen, Fischer Taschenbuch Verlag, Frankfurt/Main

–, – (1984): Biophotonen – Ein neuer Weg zur Lösung des Krebsproblems, Verlag für Medizin (vfm)

Prade, Ernstfried (Hrsg.) (1993): Das Plocher-Energie-System – Anstoß zum Umdenken, Bioenergetik-Verlag, Herzogstr. 1, D-86981 Kinsau

Pulse of the Planet, Zeitschrift über Wilhelm Reich und Orgonomie, hrsg. v. James DeMeo, PO Box 1148, Ashland, Oregon 97520, USA

raum&zeit, Ehlers-Verlag, Geltinger Str. 14e, D-82512 Wolfratshausen

raum&zeit special 2: Zur Gesundheits- und Umweltbelastung durch Kat-Autos: » Der steuerbegünstigte Lungenkrebs«, Ehlers-Verlag

raum&zeit special 6 (1992): Gesundheitsrisiko Elektrosmog, Ehlers-Verlag

Reich, Wilhelm (1938): Die Bione – Zur Entstehung des vegetativen Lebens; Neuauflage (1995): Die Bionexperimente. Zur Entstehung des Lebens, Zweitausendeins, Frankfurt/Main

–, – (1942): The Function of the Orgasm (The Discovery of the Orgone, Vol. I), deutsche Neuauflage (1969): Die Entdeckung des Orgons, Bd. 1: Die Funktion des Orgons, Verlag Kiepenheuer & Witsch, Köln

–, – (1945): Character Analysis. 3rd edition, deutsche Neuauflage (1970): Charakteranalyse, Verlag Kiepenheuer & Witsch, Köln

–, – (1945): The Sexual Revolution, deutsche Neuauflage (1966): Die sexuelle Revolution, Europäische Verlagsanstalt, Frankfurt/Main

–, – (1948): The Cancer Biopathy (The Discovery of the Orgone, Vol. II), deutsche Neuauflage (1974): Die Entdeckung des Orgons, Bd. 2: Der Krebs; Verlag Kiepenheuer & Witsch, Köln

–, – (1949): Ether, God and Devil/Cosmic Superimposition, Verlag Farrar, Straus & Giroux, New York; deutsche Neuauflage (1983): »Äther, Gott und Teufel«, Nexus-Verlag, Frankfurt/Main; deutsche Ausgabe »Die kosmische Überlagerung«, Zweitausendeins, Frankfurt/Main 1997

–, – (1951): Dowsing as an Object of Orgonomic Research, in: Orgone Energy Bulletin (OEB), Vol. III/1951

–, – (1951): The ORANUR-Experiment – First Report, Rangeley/Maine; deutsche Ausgabe »Das Oranur-Experiment. Erster Bericht«, Zweitausendeins, Frankfurt/Main 1997

–, – (1953): The Emotional Plague of Mankind, Vol. I: The Murder of Christ, deutsche Neuauflage (1978): Christusmord, Walter-Verlag, Olten und Freiburg im Breisgau; Neuausgabe bei Zweitausendeins, Frankfurt/Main 1997

–, – (1955): Expedition OROP Desert Ea – DOR-Clouds over the USA, in: CORE, Vol. VII/1955

–, – (1957): Contact with Space, ORANUR Second Report, New York; deutsche Ausgabe »Das Oranur-Experiment. Zweiter Bericht«, Zweitausendeins, Frankfurt 1997

Reichelt, Günther (1984): Zum Zusammenhang von Radioaktivität und Waldsterben. Wo das Waldsterben begann, KKW-info 3/1984 des B.U.N.D., Landesverband Baden-Württemberg, Erbprinzstr. 18, D-79098 Freiburg

–, – (1984): Zusammenhänge zwischen Radioaktivität und Waldsterben? in: Ökologische Konzepte, Heft 20/1984, Kaiserslautern

Reichenbach, Karl Freiherr von (1852): Odisch-magnetische Briefe, J. G. Cotta'scher Verlag, Stuttgart, Neuauflage im Verlag Age d'Homme/Karolinger, Wien 1980

Remus, Niko (1993): Wenn der Wassermann kommt, ZDF-Dokumentarfilm

–, – (1995): Wassermann – und was dann?, ZDF-Dokumentarfilm

Robbins, Peter (1990/91): Wilhelm Reich and the UFOs (I+II), Journal of Orgonomy 24/2 und 25/1, 1990/91

Schmidt, Paul (1983): Das Biomosaik, Rayonex-Verlag, Postfach 4060, D-57368 Lennestadt

–, – (1983): Krebs – eine Vollblockade im Zellerneuerungszentrum des Gehirns, Rayonex-Verlag, Postfach 4060, D-57368 Lennestadt

–, – (1986): Symphonie der Lebenskräfte, Rayonex-Verlag, Postfach 4060, D-57368 Lennestadt

Schott, Heinz (Hrsg.) (1985): Franz Anton Mesmer und die Geschichte des Mesmerismus – Beiträge anläßlich des 250. Geburtstages von Mesmer, Steiner-Verlag, Stuttgart

Seiler, Hanspeter (1986): Der Kosmonenraum, Verlag Ganzheitsmedizin, Essen; Kurzfassung in emotion 8/1987, Berlin

–, – (1992): Lebensenergie und Matriarchat, in: emotion 10/1992, Berlin

–, – (1994): Geschichte und neue Perspektiven der Ätherwirbeltheorie, in: emotion 12/1995, Berlin

Senf, Bernd (1976): Erfahrungen mit der Bestrahlung durch den Orgon-Akkumulator, in: Wilhelm-Reich-Blätter 4/1976, hrsg. v. Bernd A. Laska

–, – (1976): Wilhelm Reich – Entdecker der Akupunktur-Energie? in: Akupunktur – Theorie und Praxis 4/1976 (Medizinisch-literarische Verlagsgesellschaft, Uelzen). Nachdruck in: emotion 2/1981, Berlin

–, – (1978): Politische Ökonomie des Kapitalismus, 2 Bände (mehrwert 17 u. 18), Berlin

–, – (1979): Neue Bauweise und neue Anwendungsmöglichkeiten für Orgon-Akkumulatoren, in: Wilhelm-Reich-Blätter 1/1979, herausgegeben von Bernd A. Laska

–, – (1980–82): Die Forschungen Wilhelm Reichs (I–IV), in: emotion 1–3 / 1980–82, Berlin

–, – (1982): Orgonomischer Funktionalismus – Reichs Forschungsmethode, in: emotion 4/82, Berlin

–, – (1984): Triebunterdrückung, zerstörte Selbstregulierung und Abhängigkeit, in: emotion 6/1984, Berlin

–, – (1984): Unbegrenzte Energie – Ausweg aus der ökologischen Krise, in: emotion 6/1984, Berlin

–, – (1985): Möglichkeiten orgonenergetischer Behandlung von Pflanzen, in: emotion 7/1985, Berlin

–, – (1985): Strahlenbelastung, energetische Erstarrung der Atmosphäre (»DOR«), Waldsterben und Smog – Wilhelm Reichs ökologische Grundlagenforschung, in: emotion 7/1985, Berlin

–, – (1987): Orgon-Akupunktur – Synthese von Reichscher Orgon-Forschung und chinesischer Akupunktur, in: emotion 8/1987, Berlin

–, – (1995): Der Nebel um das Geld – Zinsproblematik, Währungssysteme und Wirtschaftskrisen, Gauke Verlag, Lütjenburg 1996

Sharaf, Myron (1983): Fury on Earth – A Biography of Wilhelm Reich, St. Martin's/ Marek, New York; deutsche Ausgabe: »Wilhelm Reich: der heilige Zorn des Lebendigen«, Verlag Simon und Leutner, Berlin 1994

Sharamon, Shalila/Baginski, Bodo (1989): Das Chakra-Handbuch, Windpferd-Verlag, Aitrang

Sprenger, Jakob/Institoris, Heinrich (1983): Der Hexenhammer, dtv-Bibliothek, München

Starhawk (1992): Der Hexenkult als Ur-Religion der großen Göttin, 2. Aufl., Goldmann-Verlag

Tompkins, Peter/Bird, Christopher (1974): Das geheime Leben der Pflanzen – Pflanzen als Lebewesen mit Charakter und Seele und ihre Reaktionen in den physischen und emotionalen Beziehungen zum Menschen, Scherz-Verlag, Bern/München/ Wien

Volkrodt, Wolfgang (1989): Manipulation von Menschen durch ELF-Wellen, in: Wetter, Boden, Mensch 25/1989

–, – (1989): Neuartige Waldschäden als Folge des »Kalten Krieges«, in: Wetter, Boden, Mensch 26/1989

–, – (1989): Stoffsammlung für an die Bundesregierung zu richtende »Große Anfragen« Stand: 30. Oktober 1988, in: Wetter, Boden, Mensch 25/1989

–, – (1989): Verschiedene Artikel, in: Wetter – Boden – Mensch, Nr. 25/1989, 26/1989 sowie 1/1990, 4/1990

Weitkamp, Hans (1993): Das Hochmittelalter – ein Geschenk des Geldwesens, 3. Aufl., Holz-Verlag, CH-3652 Hilterfringen

Wiedergut, Wolfgang (1995): Die Flugkreisel des Viktor Schauberger, in: raum&zeit 78/1995

Wilhelm-Reich-Blätter, hrsg. v. Bernd A. Laska, Chameerstr. 27, D-90480 Nürnberg

Wilson, Robert Anton (1992): Die neue Inquisition – Irrationaler Rationalismus und die Zitadelle der Wissenschaft, Verlag Zweitausendeins, Frankfurt/Main

Wright, Jonathan v. (Hrsg.) (o. J.): FDA vs The People of the United States – Five Years of Assault on »Self Care«, Legal Defense and Victory Fund, PO Box 368 Tacoma, WA 98401, USA

Zeckai Wilfried (o. J.): In Zukunft: Wasser. – Der Erfinder Wilfried Hacheney, W3-Fernsehfilm

Zukunftsinstitut Barsinghausen: Rundbriefe des Instituts für ökologische Zukunftsperspektiven, Rehbrinkstr. 5, D-30890 Barsinghausen

Über den Autor

Bernd Senf ist Professor für Ökonomie, Reich-Kenner, Lebensenergieforscher und Bioenergetiker. Er ist bekannt für seine allgemeinverständliche und lebendige Vermittlung komplexer Zusammenhänge. Sein besonderes Engagement gilt der Herausarbeitung tieferer Ursachen der Störungen des Lebendigen und wesentlicher Grundlagen zu ihrer Überwindung – damit es sich mehr und mehr entfalten kann.

Veröffentlichungen u.a.:

Der Nebel um das Geld – Zinsproblematik, Währungssysteme und Wirtschaftskrisen, Gauke Verlag, 6. Auflage, Lütjenburg 2001.

Die blinden Flecken der Ökonomie – Wirtschaftstheorien in der Krise, 2. Auflage, dtv, München 2002.

Nach Reich – Neue Forschungen zur Orgonomie (hrsg. zusammen mit James DeMeo), Zweitausendeins Verlag, Frankfurt am Main, 1997

Verschiedene Artikel in emotion (Wilhelm-Reich-Zeitschrift), Ulrich Leutner Verlag, Berlin, seit 1980.

Adresse des Autors:

Bernd Senf, Karlsbergallee 25 E, D-14089 Berlin,
Tel.: 0049-(0)30-3680 1458
e-mail: senf@fhw-berlin.de

Einige Internet-Adressen:

zu Wilhelm Reich:

www.orgonelab.org

Orgone Biophysical Research Laboratory,
James DeMeo, PO Box 1148,
Ashland, Oregon 97520, USA

www.wilhelm-reich-gesellschaft.de

www.vkdnet.de

Volker Knapp-Diederichs,
Infos über körperorientierte Psychotherapien
und über die Wilhelm-Reich-Zeitschrift "emotion"
Ruppiner Chaussee 291 b, D-13503 Berlin

zu James DeMeo:

www.orgonelab.org

(siehe oben)

zu Viktor Schauberger:

www.pks.or.at

Pythagoras-Kepler-Schule,
Leitung: Jörg Schauberger,
Kaltenbach 162
A-4821 Laufen / Bad Ischl

zu Roland Plocher: **www.plocher.de**

zu Arno Herbert: **www.bioaktiv.de**

Bezugsadresse (für Stahldrahtgewebe zum Bau kleiner Orgonakkumulatoren):

Firma Willy Kaldenbach, Curtiusstr. 10
D-12205 Berlin
Tel.: 0049-(0)30-833 36 47

Register

Bildnachweise

Wir danken folgenden Autoren und Verlagen für die freundlicherweise erteilte Abdruckerlaubnis:

Olof Alexandersson, »Lebendes Wasser. Über Viktor Schauberger und eine neue Technik, um unsere Umwelt zu retten«, Ennsthaler Verlag: Steyr 1993 (Abbildungen 58, 61, 64, 65, 71)

emotion. beiträge zum werk von wilhelm reich, Heft 10, 1992, Volker Knapp-Diederichs Publikationen, Berlin (Abbildungen 90, 91, 93, 94, 95)

Wilfried Hacheney, »Wasser – ein Geist der Erde«, Dingfelder Verlag: Andechs 1992 (Abbildung 70)

Kevin W. Kelley (Hg.), »Der Heimatplanet«, Zweitausendeins, Frankfurt 1989 (Farbtafel 1–3)

Dieter Knapp, Forschungsinstitut für Radiästhesie und Biophysik, Fürth/Odenwald (Farbtafeln 5–8)

Georges Lakhovsky, »Das Geheimnis des Lebens. Kosmische Wellen und vitale Schwingungen. Wie Zellen miteinander reden«, VGM – Verlag für Ganzheitsmedizin: Essen 1981 (Abbildungen 73, 75, 77)

Paul F. M. Nogier, »Lehrbuch der Auriculotherapie«, Maisonneuve-Verlag: Sainte-Ruffine 1969 (Abbildung 89)

Bernd Senf, Berlin (Farbtafel 4)

Wolfgang Wiedergut, »Die Flugkreisel des Viktor Schauberger«, in raum&zeit, Heft 78, 1995 (Abbildung 72)